集成电路系列丛书 · 电子设计自动化 ·

国产EDA系列教材

集成电路工艺PDK技术

——基于华大九天设计平台的PDK开发教程

刘　军　陈展飞　朱能勇 / 编著

電子工業出版社
Publishing House of Electronics Industry
北京 · BEIJING

内 容 简 介

本书是在总结工艺设计套件（Process Design Kit，PDK）开发经验的基础上编写而成的，主要内容包括 PDK 的简介、分类、平台介绍、开发基础以及国产自主工具华大九天 PDK 关键组件的开发方法、器件模型基础和前仿真与后仿真过程、华大九天 Aether PDK 开发实例和验证方法。本书以丰富的实例，为读者提供内容学习和实践操作的指导，配以相应的习题，可引导读者举一反三、深入理解并尽快掌握 PDK 的开发方法。

本书适用于从事 PDK 开发的工程技术人员、需要了解 PDK 工作原理的集成电路设计工程师和对 PDK 开发感兴趣的同学。

图书在版编目（CIP）数据

集成电路工艺 PDK 技术 ：基于华大九天设计平台的 PDK 开发教程 / 刘军，陈展飞，朱能勇编著. -- 北京 ：电子工业出版社，2024. 10. --（集成电路系列丛书）.

ISBN 978-7-121-48936-5

Ⅰ. TN405

中国国家版本馆 CIP 数据核字第 2024YF7949 号

责任编辑：魏子钧（weizj@phei.com.cn）
印　　刷：中煤（北京）印务有限公司
装　　订：中煤（北京）印务有限公司
出版发行：电子工业出版社
　　　　　北京市海淀区万寿路 173 信箱　　　　邮编：100036
开　　本：787×1092　1/16　印张：13.75　字数：352 千字
版　　次：2024 年 10 月第 1 版
印　　次：2025 年 3 月第 2 次印刷
定　　价：55.00 元

凡所购买电子工业出版社图书有缺损问题，请向购买书店调换。若书店售缺，请与本社发行部联系，联系及邮购电话：（010）88254888，88258888。

质量投诉请发邮件至 zlts@phei.com.cn，盗版侵权举报请发邮件至 dbqq@phei.com.cn。

本书咨询联系方式：（010）88254613。

前　　言

工艺设计套件（Process Design Kit，PDK）是连接工艺与设计的桥梁，是整个集成电路设计产业的数字底座。根据众多电路设计工程师的经验，完整、可靠的PDK是集成电路设计成功的关键之一。PDK可用来设计版图和原理图，并涵盖器件、工艺、模型等多方面内容。用当下热门的词来形容，PDK就是整个代工厂（Foundry）的“数字孪生”。

从集成电路设计流程来看，PDK服务于从前端设计到后端版图的各个环节。例如，设计原理图需要用到器件符号（Symbol）和器件模型（Model），开发版图需要用到参数化单元（Parameterized Cell，Pcell）并进行寄生参数提取（Parasitic Extraction，PEX），在流片之前需要进行设计规则检查（Design Rule Check，DRC）、版图与原理图一致性检查（Layout Versus Schematic，LVS）。PDK的重要性不言而喻。

尽管PDK在集成电路产业中占有重要地位，但多年来，作为一项技术，受工具和生产的限制，只被少数公司掌握。随着我国在相关技术领域的突破，以及华大九天公司的发展壮大，PDK有机会被更多人掌握。尤其是设计工程师可以根据实际需求，对PDK进行优化和二次开发，达到成功设计的目的。

作为PDK技术开发的入门书籍，本书介绍了PDK的开发过程及器件模型等相关延伸内容，方便读者理解PDK各组成部件之间的相互关系，并为读者提供理论学习和实践操作的指导。为了便于阅读和理解，本书提供了部分图片的彩色原图，读者可以扫描相应的二维码查阅。

由于PDK涵盖的内容众多，本书在编写过程中难免存在遗漏与不足。欢迎各位读者批评斧正，以使本书真正成为一线设计工程师及对集成电路行业有兴趣的朋友了解PDK、掌握PDK、开发PDK的参考材料。

编著者

前言

[illegible]

[illegible]

[illegible]

[illegible]

[illegible]

目　录

第1章 绪论

集成电路（Integrated Circuit，IC）是工业的粮食，影响着人类生活的方方面面。现代集成电路的核心环节是设计与制造，设计的目的是通过一定的设计流程设计出先进的集成电路芯片，通常在设计公司（Design House）中进行。制造的目的是开发出尖端的工艺技术，通常在晶圆代工厂（Foundry）中进行。PDK 可以看作将两者结合起来的一座桥梁。通过 PDK，尖端的工艺技术可以被应用到集成电路芯片的制造中，这使得先进的集成电路设计有了实现的可能，从而推动我国的现代化进程不断迭代。

本书将通过 PDK 原理、架构、编程语言、开发流程和应用实例等多个章节，详细介绍 PDK 的开发过程，为读者提供内容学习与实践操作的指导。

需要指出的是，现代集成电路工艺日趋复杂，我们在电路图中只是使用最简单的图标（Icon）来描述组成集成电路的基本电子元器件，但它们在不同的外部激励条件（包括电流、电压、频率、温度等）下的响应，均是由芯片内部组分复杂的体材料和不同的器件结构所决定的。例如，在不同的频率激励下，电阻的特性曲线会表现出电容（如上层金属与衬底间的电容）和电感的特性（如器件引出金属线）。因此，在本书中涉及集成电路的基本组成部分——电子元器件——的地方，均使用“器件”一词来描述，以体现现代集成电路工艺的复杂性。

1.1 PDK 简介

PDK 是一组描述半导体工艺细节的文件，供芯片设计的 EDA（Electronic Design Automation，电子设计自动化）工具使用。

PDK 中包含了一系列完整的技术文件和基础器件单元库，能够实现集成电路工艺数据/器件模型与集成电路设计环境/工具的无缝集成。PDK 是联系集成电路设计公司、晶圆代工厂与 EDA 厂商的桥梁[1]。PDK 整合了基于晶圆代工厂提供的各类工艺设计文件和数据，可以确保设计师方便而高效地把它们运用于产品开发中。每当晶圆代工厂采用新的半导体工艺时，首先要做的事就是开发一套PDK，即用晶圆代工厂的语言描述反映半导体工艺，形成一套专业的文档资料，并能够被相应的EDA工具读取。PDK是集成电路设计公司用来做物理验证的基石，也是决定流片（Tape Out）成败的关键因素。

从20世纪90年代，Cadence公司提出PDK这一设计服务方案以来，PDK已经发展了30多年，PDK随着半导体行业的技术进步和市场需求的发展，经历了不同的阶段。

早期阶段：在这个阶段，PDK是一种简单的文件集合，包含工艺技术的参数、规则、模型和器件库，用于帮助设计师进行集成电路设计。PDK是由晶圆代工厂根据其工艺特性创建的，并传递给其用户使用。并且用户可以根据自己的设计风格和市场需求对PDK进行定制。PDK主要支持Cadence公司的Virtuoso平台，使用Cadence公司的Skill语言编写[2]。

中期阶段：在这个阶段，PDK变得更加复杂和精确，因为工艺技术和设计规则越来越复杂。PDK需要支持不同的设计流程和工具，包括验证、提取、仿真等。PDK还需要包含标准单元库、抽象布局数据、符号库、GDSII布局数据等。同时，由于Virtuoso不再是唯一的布局编辑器，其他EDA公司推出了自己的定制布局编辑器，但它们无法读取Virtuoso PDK，因此晶圆代工厂需要为每种布局编辑器创建不同的PDK，这增大了开发成本和维护难度。

目前阶段：在这个阶段，PDK出现了一些新的标准和格式，以实现跨平台和跨工具的互操作性。例如，IPL（可交互PDK库联盟）与TSMC公司合作，推出了基于Ciranova的PyCell方法（基于Python而非Skill）的iPDK（可交互PDK），它可以被所有的布局编辑器（包括Virtuoso）支持[3]。又如，Si2（硅集成计划）组织下的OpenPDK项目旨在创建一个开放、可扩展、可验证的PDK标准。这些新的标准和格式可以降低晶圆代工厂和设计师之间的沟通成本和风险。

1.2 PDK分类

1.2.1 CPDK

CPDK（Cadence PDK）是最早出现的PDK，它的出现定义了PDK这一设计服务方案，也定义了PDK的框架和基本文件系统，如器件模型、参数化单元等，是PDK产业的行业标杆。目前所有的模拟集成电路PDK的基本框架均采用了CPDK的标准。其组成的文件系统均是相同的。为了满足集成电路设计师多方面的需要，其中包含了各个不同领域数据的文件系统。文件系统之间的格式作用各异，但彼此联系。因此，根据各个文件系统的划分，一套完整的PDK应该包括如下方面。

（1）器件模型（Device Model）：使用数学方程和物理模型表征器件输入输出特性的仿真模型。

（2）原理图符号（Symbol and View）：绘制电路原理图时用来代替实际器件的符号，能反映器件的引脚端口数量，符合器件国际标准及用户使用习惯。

（3）技术文件（Technology File，TF）：PDK 的 DNA 文件，用于版图设计和物理验证的文件，包括工艺制程图层的属性定义、简单设计规则、电气规则、显示色彩定义、通孔（Via）单元的编译等，提供特定于工艺技术的信息，包含技术资源文件、显示资源文件和映射文件。

（4）参数化单元（Parameterized Cell，Pcell）：PDK 的核心组件。参数化单元经过了版图结构优化并通过了 DRC/LVS 的验证，是一种图形化的可编程单元，各项形状结构特征均被参数化表征。

（5）组件描述格式（Component Description Format，CDF）：定义了表征参数化单元的形状结构特征和仿真器的参数，如组件的名称、组件的参数类型、组件网表等。

（6）回调函数（Callback）：参数化单元的参数调用关系函数集。回调函数是参数化单元的核心，参数化单元所有参数的设置，包括是否可显示、可编辑、参数与参数间的调用关系、参数的取值范围等，以及相关工艺参数和器件仿真参数的计算等都由回调函数来完成。

（7）物理验证规则（Physical Verification Rule）：由晶圆代工厂提供的版图物理验证文件，包括设计规则检查（DRC）、版图与原理图一致性检查（LVS）和寄生参数提取（PEX），现在主流的 EDA 版图物理验证工具有 Mentor 公司提供的 Calibre，Cadence 公司开发的 Assura、QRC，以及 Synopsys 公司开发的 Hercules、StarRC 等。

对于一些结构简单的器件，可以通过手写 Skill 代码来完成参数化单元的开发。但随着器件结构越来越复杂，器件所需工艺参数越来越多样化，单纯利用手写代码来完成参数化单元的开发变得不切实际。为此，Cadence 公司提供了一种图形化技术编辑器（Graphical Technology Editor，GTE）来帮助 PDK 工程师开发参数化单元。这种工具可以让 PDK 工程师像版图工程师那样，利用图形间的相对位置来描述器件结构和各种不同的几何图形组合，然后用编译工具 PAS（PDK Automation System，PDK 自动化系统）[4]把图形描述的器件结构，转换为 Skill 语言的程序代码，从而大大提高 PDK 的开发效率。

1.2.2　iPDK 和 OpenAccess 数据库

iPDK 是开放标准 PDK 之一，是由 IPL 于 2010 年建立的一个新的 PDK 行业标准，在业内被视为 TSMC 标准。iPDK 基于 OpenAccess 数据库，使用标准语言（如 TCL 和 Python）。iPDK 包含一套完整的 API（应用程序接口）来支持定制服务、高级 PDK 特性和 PDK 开发的交互环境。iPDK 使用了 PyCell，这是一种由 Synopsys 公司提供的 OpenAccess 扩展参数化单元[5]。使用 OpenAccess 数据库（OA 库）是 iPDK 最大的特点和优势，OpenAccess 数据库目前已经被确立为集成电路行业中存储设计数据的标准数据库，用来管理电路原理图设计数据和工艺制造版图布局信息数据，包含结构网表、层次结构、布局和布线等，为 EDA 工具的互操作性奠定了基础。

OpenAccess 数据库是一种开放的半导体设计数据库，它由 Si2 组织开发和维护，旨在实现 EDA 公司、半导体设计师和制造商之间的真正的互操作性。OpenAccess 数据库使用一种通用的数据模型，可以存储和管理不同设计层次和领域的信息，如逻辑、物理、电路、版图等。OpenAccess 数据库使用 C++语言编写，提供了一套标准的 API，可以让不同的 EDA 工具访问和修改数据库中的数据，从而实现设计流程的无缝集成。

OpenAccess 数据库是目前世界上广泛使用的开放参考数据库，已经得到了多家知名的半导体公司和 EDA 公司的支持和采用。OpenAccess 数据库是 iPDK 的基础，它使得 iPDK 可以在不同的 EDA 工具之间实现互操作性和兼容性。

OpenAccess 数据库有以下特点。

（1）OpenAccess 数据库使用一种通用的数据模型，可以存储和管理不同设计层次和领域的信息，如逻辑、物理、电路、版图等。这样，不同的 EDA 工具可以共享和访问同一份数据，而不需要进行格式转换或数据复制。

（2）OpenAccess 数据库提供了一个标准的 API，可以让不同的 EDA 工具访问和修改数据库中的数据，从而实现设计流程的无缝集成。这样，设计师可以使用最符合他们需求的工具，而不受限于某个特定的供应商或平台。

（3）OpenAccess 数据库支持多线程和多进程的并行应用，可以显著提高设计效率和性能。OpenAccess 数据库还支持一些扩展功能，如 oaScript、oaxPop、oatDebug 等，它们可以增强 OpenAccess 数据库的灵活性和可用性。

支持 iPDK 的 EDA 工具有很多，如下所示。

（1）Cadence 公司的自定义编译器（Custom Compiler），它是一款基于 OpenAccess 数据库的 iPDK 兼容的版图编辑器，可以支持多种工艺库和设计方法。

（2）Mentor 公司的 Tanner 软件解决方案（Tanner EDA），它是一款集成了模拟信号、数字信号和混合信号设计的 EDA 工具，可以支持 iPDK 和 oaPDK。

（3）Keysight 公司的 PathWave 高级设计系统（ADS），它是一款针对射频、微波和高速数字应用的电路系统仿真平台，可以支持 iPDK 和 oaPDK[6]。

（4）Synopsys 公司的 Laker[7]，它是一款面向模拟信号、混合信号和定制数字信号设计的 EDA 工具，可以支持 iPDK 和 oaPDK。

1.2.3 OpenPDK

OpenPDK 是由 Si2 组织于 2010 年推出的一种开放式、可移植的 PDK 标准，旨在提高不同 EDA 工具之间的互操作性和可复用性。

OpenPDK 的主要特点如下。

（1）基于 OpenAccess 数据库，提供了一个独立于工艺和工具的抽象层，可以用来创建 PDK，而不影响专有的算法、产品或方法。抽象层使用 XML 语言描述其工艺的参数和特性。OpenPDK 包含一个设计参数数据库，可以与 CDF/iCDF 互操作。在回调函数方面，OpenPDK 支持多种语言的回调函数参数规范，以及一个增强的 OpenAccess 数据库技术文件规范。OpenPDK 还提供了一个通用的验证环境，用于 DRC/LVS/DFM，与 OpenDFM（及 iDRC/iLVS）互操作。OpenPDK 定义了一个标准的 API，用于 SPICE 网表生成，以提高与 SPICE 引擎的互操作性。

（2）OpenPDK 支持多种开源 EDA 工具，如 magic、netgen、qflow 等。这些工具可以通过 open_pdks 项目自动安装和配置，以适应不同的工艺节点。目前，open_pdks 项目已支持 SkyWater SKY130 130nm 和 Global Foundries 180nm 的开源工艺，未来有可能支持更多工艺制程。

（3）除开源 EDA 工具外，OpenPDK 还考虑了与市场上已有的专利 EDA 工具的互操作性，如 Cadence、Mentor、Synopsys 等公司的 EDA 工具。

1.2.4　ADSPDK

ADS 软件中的 PDK 主要有两种：ADS Native PDK 和 iPDK。ADS Native PDK 由 Keysight 公司开发并由晶圆代工厂验证，专门用于在 PathWave ADS 中设计和仿真射频集成电路（RFIC）。与前文介绍的 PDK 一样，ADS Native PDK 具有相同的文件架构，包含器件模型、回调函数、参数化单元、原理图符号、组件描述格式、物理验证规则和技术文件等内容。不同的是，ADS Native PDK 中各个组件的制作均基于 ADS 公司的 AEL（Application Extension Language，应用扩展语言）。

ADS Native PDK 的特点如下。

（1）ADS Native PDK 包含基本的器件库、符号库、GDSII 布局数据、LEF 格式的抽象布局数据等，可以用于电路设计、验证、提取和仿真。

（2）ADS Native PDK 支持多种先进的工艺技术，如 FinFET、多重图案化、电迁移、DFM 填充等，可以模拟工艺节点的特性和设计流程。

（3）ADS Native PDK 可以与 Keysight 公司的其他产品进行协同设计，如 OrbitIO 系统规划、Sigrity 分析技术、Clarity 电磁场求解器等。

1.3　PDK 平台介绍

PDK 平台是指一套集成了 PDK、EDA 软件、设计辅助工具和自动化流程的系统，用于提高设计的效率和质量，减少错误。不同的 PDK 适用于不同的设计工具，不同的设计工具搭配不同的仿真工具及物理验证工具来使用。不同 PDK 对应的工具如图 1.1 所示。

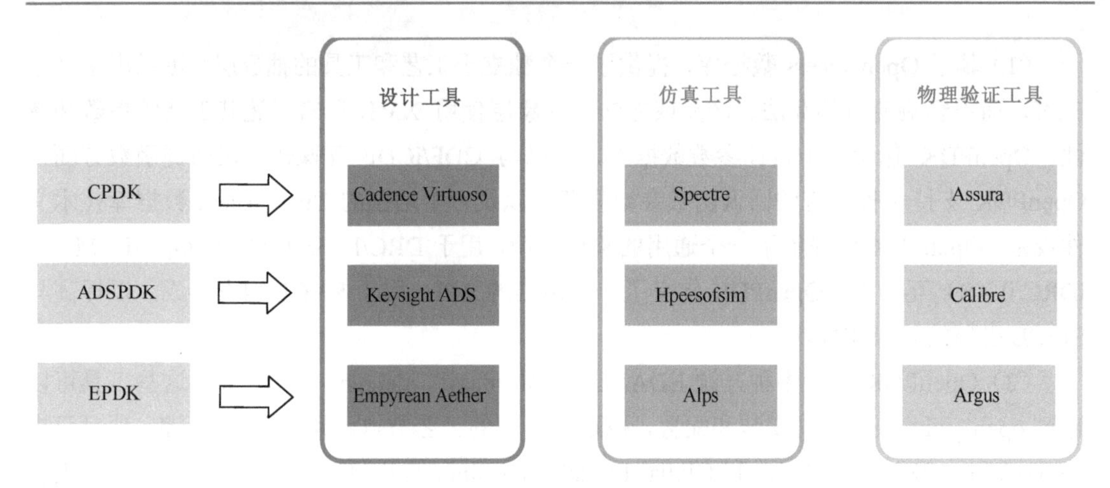

图 1.1　不同 PDK 对应的工具

1.3.1　国外设计平台

1．Cadence Virtuoso

Cadence Virtuoso 是 Cadence 公司开发的一套用于设计、仿真和验证定制集成电路的工具。它在行业中广泛用于创建模拟信号、混合信号，以及射频（RF）设计，是一套完整的 EDA 工具，包括多个模块和工具，如 Virtuoso Schematic Editor（原理图编辑器）、Virtuoso Analog Design Environment（模拟设计环境，ADE）、Virtuoso Layout Suite（布局套件）等，帮助工程师进行各种集成电路设计任务，包括原理图设计、电路仿真、布局布线、物理验证等。Cadence Virtuoso 的运行平台只支持 Linux 系统，不支持 Windows 系统。

Cadence Virtuoso 为集成电路和封装/系统级设计提供了一个无缝的协作环境，使工程师能够跨芯片、封装和电路板同时进行设计。Cadence Virtuoso 提供一系列布局自动化功能，从交互式编辑到辅助布局和布线，再到完全自定义布局自动化，并提供签核质量的设计验证和分析功能。通过 ADE 套件，Cadence Virtuoso 能够对电路性能、可靠性、功耗、噪声和良率进行快速准确的仿真和分析。Cadence Virtuoso 支持多种仿真工具，如 Spectre、Hspice 等，可以进行精确的电路仿真和分析，如噪声分析、功耗分析、EMI/EMC 分析等。

2．Keysight ADS

ADS（Advanced Design System）是一种电子设计软件，由 Keysight 公司开发，适用于射频、微波和信号完整性应用。ADS 能够借助集成平台中的无线库及电路系统和电磁协同仿真功能，对 WiMAX™、LTE、多千兆位/秒数据链路、雷达和卫星应用等提供基于标准的全面设计和验证。ADS 集成了多种仿真技术，包括线性频域、谐波平衡、*X* 参数、电路包络、瞬态/卷积、信号完整性通道、托勒密系统、Momentum 3D 平面电磁和有限元全 3D 电磁等。ADS 还提供了丰富的元器件库、模型编辑器、优化器、版图编辑器等工具，方便用户进行原理图和版图的创建、修改和优化[8]。ADS 支持 Windows 和 Linux 两个平台，软件方便易用。

ADS 不太适合中大规模（上百个管子）电路的设计与仿真，因为版图电磁仿真速度很慢，占用内存特别大，只能仿真平面或 2.5D 的结构，对于天线、键合线等第三维度上非均匀延展的结构，需要使用全波 3D 求解器。

1.3.2 国外仿真平台

1. Spectre

Spectre 仿真器是 Cadence 公司开发的一种基于 SPICE 仿真器的电路仿真软件，它可以用于模拟微分方程级别的模拟和数字电路，提供高精度和高性能的仿真功能。Spectre 仿真器支持最新的行业标准器件模型，实现精确的仿真结果。同时，Spectre 仿真器和 SPICE 仿真器在基本功能和引用方面类似[9]，但 Spectre 仿真器并非来源于 SPICE 仿真器。在一些基本算法上，Spectre 仿真器和 SPICE 仿真器是相同的，但是算法的实现方式不同。例如，Spectre 仿真器和 SPICE 仿真器使用相同的基本算法，如隐式积分、牛顿拉夫逊法和直接矩阵求解，但每个算法都是新的实现。Spectre 仿真器支持 Verilog-A 建模语言。Spectre 仿真器有增强版本，还支持射频模拟（SpectreRF）和混合信号模拟（AMS Designer）。

与 SPICE 仿真器相比，Spectre 仿真器在准确度、运行速度和稳定性方面提升了很多。

（1）Spectre 仿真器改进了器件模型和核心算法，因此比其他仿真器更加准确。Spectre 仿真器在傅里叶分析上进行了改进，其傅里叶分析仪具有更高的分辨率，可测量大正弦信号的小失真产物，且 Spectre 仿真器不会出现混叠现象，因此 Spectre 仿真器可以准确计算高度不连续波形的傅里叶系数。许多其他仿真器在使用非线性 MOS 电容模型时，在每个时间步长上产生或破坏少量电荷，但 Spectre 仿真器避免了这个问题，因此 Spectre 模型都是电荷守恒的。此外，时间步长控制算法、数值误差等方面的改进均提升了 Spectre 仿真器的准确度。

（2）Spectre 仿真器在不损害精度的情况下提升仿真速度。小型电路的平均 Spectre 仿真速度通常比 SPICE 快 2～3 倍。当 SPICE 仿真器因模型不连续性或代码问题而受到阻碍时，Spectre 仿真器的仿真速度可以比 SPICE 仿真器快 10 倍以上。在大型电路仿真上，Spectre 仿真器通常比 SPICE 仿真器快 2～5 倍，并且可以快速分解和求解大型稀疏矩阵。

Spectre 仿真器在射频集成电路方面有着出色的表现。Spectre RF 是 Spectre 仿真器的一个选项，它为 Spectre 仿真器增加了一系列特别适用于射频集成电路的分析。Spectre RF 提供了许多基于硅验证的模拟引擎在时间和频域模拟中的射频分析。广泛的分析范围提供了设计洞察力，并能够验证广泛的射频集成电路类型，包括混频器、收发器、功率放大器、分频器、开关电容器、滤波器和锁相环。Spectre 仿真器在射频方面支持高效计算常见模拟和射频通信电路的工作点、传输函数、噪声和失真。Spectre RF 为 Spectre 仿真器添加了 4 种类型的分析功能，分别为周期性稳态分析、周期性小信号分析、周期性失真分析和包络跟踪分析。

Verilog-A 语言是一种硬件描述语言，它可以与 Spectre 仿真器配合使用。Verilog-A 语言向上兼容 Verilog-AMS 语言，这是一种功能强大且符合行业标准的混合信号语言。Verilog-AMS 语言使用功能描述文本文件（模块）对电路和其他系统的行为进行建模，并允许通过简单地写下方程式来创建自己的模型。Verilog-A 语言提供了一种灵活且强大的方法来建模和模拟各种系统和组件，使设计师能够更快地完成设计工作。在 Spectre 仿真器中，Verilog-A 语言可以用于创建和使用封装系统和组件的高级行为描述的模块，从而提高仿真效率和精度。

Spectre 仿真器的工作流程可以分为如下 4 个步骤：①Spectre 仿真器解析输入的电路网表，将电路器件和连接关系转换为一个线性或非线性方程组；②Spectre 仿真器根据用户选择的分析类型，如直流、交流、瞬态、周期性稳态等，选择合适的解算器来求解方程组；③Spectre 仿真器根据用户指定的参数范围，如温度、电压、频率等，进行参数扫描或蒙特卡罗分析，以考虑工艺变化和不确定性对电路性能的影响；④Spectre 仿真器输出仿真结果，如波形图、噪声谱、眼图等，并提供一些电路检查和可靠性分析功能，如漏电流、IR 压降、电迁移等。

Spectre 仿真器具有以下优点。

（1）Spectre 仿真器可以支持多种行业标准的器件模型，实现精确的仿真结果。

（2）Spectre 仿真器可以与 Virtuoso ADE 紧密集成，提供通用的使用模式，便于波形分析、交叉探测和参数反标。

（3）Spectre 仿真器可以提供可扩展的分布式仿真，使用多核架构机器集群，实现快速仿真更高级别的模拟设计集成。

（4）Spectre 仿真器可以提供一套完整的全芯片内置可靠性仿真及分析的解决方案，可以让设计师从早期设计阶段就考虑到可靠性的影响，直至流片。

（5）Spectre 仿真器可以作为 Cadence 扩展生态系统设计流程和解决方案的分析引擎，支持混合信号、混合语言、混合层级、功能描述语言、行为描述语言、门级描述语言和晶体管级的仿真。

但 Spectre 仿真器也存在一些缺点，如 Spectre 仿真器可能会与其他公司的工具或 PDK 不兼容，导致网表转换或模型匹配的问题，以及 Spectre 仿真器可能会有一些特殊的语法或设置要求，对用户的要求较高等。

2. Hpeesofsim

Hpeesofsim 仿真器是 ADS 软件中的一种仿真器，它可以对射频电路和微波电路进行时域、频域和混合域的仿真分析。时域仿真可以用于研究信号完整性、时域反射、瞬态响应等问题；频域仿真可以用于研究谐波平衡、S 参数、噪声、非线性失真等问题；混合域仿真可以用于研究时变电路、调制信号、混频器等问题。Hpeesofsim 仿真器支持多种信号源、控制器、测量方程式和数据显示。Hpeesofsim 仿真器可以与其他软件进行数据交换和联合仿真，如 ICCAP、Momentum 等。

Hpeesofsim 仿真器使用的语言是 AEL，这是一种基于 LISP（表处理）的编程语言，可以用于定义电路器件、控制仿真流程、处理数据等。AEL 的语法和结构与 LISP 类似，但有一些特殊的关键字和函数，用于与 ADS 环境交互。

要使用 Hpeesofsim 仿真器进行电路仿真，需要遵循以下步骤：①在 ADS 中创建一个新的工程，并选择合适的工艺库和仿真设置；②在 Schematic 窗口中绘制要仿真的电路图，并添加相应的信号源、控制器和测量方程式；③在 Simulation 窗口中选择 Hpeesofsim 仿真器，并设置相应的仿真参数，如仿真类型、频率范围、信号调制等；④单击 Run 按钮启动仿真，并在 Data Display 窗口中查看和分析仿真结果，如波形图、频谱图、眼图等。

Hpeesofsim 仿真器可以对线性和非线性电路进行高效的谐波平衡仿真，计算电路的小信号和大信号响应，如 *S* 参数、功率、增益、互调产物等。它可以对电路进行电路包络仿真、瞬态卷积仿真、通道仿真等。Hpeesofsim 仿真器可以与 ADS 软件中的其他工具进行无缝集成，如 Momentum 3D 平面电磁场仿真器、Layout 版图编辑器、Data Display 数据显示器等。同时它需要根据不同的仿真类型和参数设置相应的仿真选项和控制器，有一定的学习成本，并且可能在一些特殊情况下出现误差或不收敛的问题，需要调整仿真设置或使用其他仿真器。

1.3.3　国外物理验证平台

随着集成电路的集成度不断提高，需要进行验证的版图越来越多。版图的物理验证在电路设计风险方面起着非常重要的作用，可以降低版图不符合设计要求导致的成本增大。版图的物理验证主要包括 DRC、LVS、ERC 三个主要部分。

1. Assura

Assura 是 Cadence 公司推出的一款物理验证工具，它支持交互式和批量处理模式，并使用单一设计规则集，可以用于验证任何尺寸和技术类型的电路。该工具采用分层和多处理技术，可以快速有效地识别和纠正设计规则错误。

Assura 在 Virtuoso 环境中拥有快速直观的调试能力，所以物理验证减少了总体验证时间。它促进了从原理图到版图的交叉探测，并结合了修复、提取和比较错误的技术。其中的交互式短路定位器加速了短路的识别和修复。

物理验证流程是检查版图数据的设计约束。传统的物理验证流程是首先执行 DRC，然后执行 LVS。而 Assura 读取特定的运行文件，以获取版图名称、规则文件名称、其他必要参数和要执行的操作类型。

RSF（Run Specific File，运行特定文件）是一个指导 Assura 进行 DRC、LVS 和 PEX 的文本格式的控制文件。它指定了输入数据文件、规则文件、特定的运行选项和调用工具的命令。RSF 遵循 Skill 语言的语法。Assura 在 RSF 中规定了要执行的操作。如果 RSF 中不存在操作名称，则 Assura 将执行版图设计规则的检查和提取操作。

Assura 的运行方式是首先从物理规则文件中获取所需版图层，并从源版图（设计框架或 GDSII 数据）中读取这些版图层的数据，然后将从源版图中读取的数据存储在 Assura 数据库（VDB）格式文件中，此文件是名为.dat 的二进制文件。将源版图数据读入 Assura 数据库后，Assura 继续处理 Assura 数据库中的数据，以进行 DRC、LVS 和 PEX。

2．Calibre

Calibre 是 Mentor Graphics 公司的一款后端物理验证工具，其主要进行 DRC、LVS 和 ERC。Calibre 支持平坦化模式（Flat Mode）和层次化模式（Hierarchical Mode）的验证，大大缩短了验证时间。Calibre 有一个独特的 RVE 界面，可以把验证错误反映到版图工具中，让用户可以在版图上看到错误的位置和原因。此外，Calibre 还有一个良好的集成环境，可以让用户在版图和原理图之间轻松切换，方便用户修改错误。这样就可以大大提高用户改错的效率和质量。

Calibre 具有以下几种主要的验证功能。

（1）DRC（Design Rule Check）：设计规则检查，用于检查版图中是否存在违反工艺规则的多边形，如间距、宽度、长度、面积等是否合适。

（2）LVS（Layout Vs Schematic）：版图与原理图一致性检查，用于检查版图中的电路结构是否与原理图中的电路结构一致，包括器件、连线、端口等。

（3）PEX（Parasitic Extraction）：寄生参数提取，用于从版图中提取电路的寄生电容、寄生电阻等参数，以便进行后仿真和分析。

（4）DFM（Design For Manufacturability）：面向制造的设计，用于优化版图设计以提高芯片的产量和可靠性，如填充金属层、修正边缘效应、降低热应力等。

（5）ERC（Electrical Rule Check）：电气规则检查，检查是否存在任何可能导致电路故障或性能下降的情况，如静电放电、信号完整性、功耗等。

（6）RVE（Result View Environment）：结果视图环境，提供一个图形化界面，可以方便地查看和分析物理验证的结果，以及在版图和原理图之间进行切换和定位。

（7）DRV（Design Rev）：提供一个图形化界面，可以方便地查看和编辑版图数据，以及进行一些简单的操作，如 Metal Fill 的插入、版图 XOR 的检查、DFM/Yield 增强等。

当使用 Calibre 时，用户首先需要准备好版图数据（GDSII 或 OASIS 格式）和 RSF，并根据需要配置一些参数和选项，如版图层描述、层次化模式、并行计算等。然后用户可以使用 Calibre 命令行工具来执行不同类型的物理验证，如 DRC、LVS、ERC 等，或者使用 Calibre 的其他功能，如 PEX、DFM 等。接着 Calibre 会根据用户的输入和 RSF 中的规则对版图数据进行检查和分析，并生成相应的结果文件，如 RDB（Result DataBase）、报告文件、网表文件等。最后用户可以使用 Calibre 的图形化界面工具来查看和处理物理验证的结果，如 Calibredrv 和 RVE，或者使用 Calibre 的脚本语言来进行扩展和自动化。

Calibre 和 Assura 都是用于版图检查和电气性能验证的软件，但它们有不同的特点和优势。一般来说，Calibre 更适合大规模或先进工艺的设计，Assura 更适合射频电路或模拟电路的设计，而对于大规模电路验证任务很难胜任[10]。Calibre 既可以作为独立的工具使用，又可以嵌入 Cadence Virtuoso Layout Editor 工具菜单中调用。

Calibre 支持多种版图数据格式，如 GDSII、OASIS 等，可以与不同的设计工具兼容。它使用 SVRF 和 TVF 两种语法格式来描述物理规则，可以灵活地定义和修改检查项目。Calibre 提供了层次化模式进行验证，可以利用版图的结构信息来提高运行效率和减少内存消耗。Calibre 还可以完成其他非物理验证的工作，如 Metal Fill 插入、版图 XOR 检查、DFM/Yield 增强、版图 GUI 查验和简单编辑等。Calibre 有一个友好的图形化界面 Calibredrv，可以方便地查看和分析验证结果，并可以进行一些自动化操作[11]。

Assura 在 Diva 的基础上开发而来，是在线验证工具，所以内核算法比较慢，速度和容量都不如 Calibre。但是，Assura 有一些独特的功能，如支持多种电气性能提取模型（LPE、PEX、QRC 等），可以根据不同的仿真需求选择合适的模型。它还可以进行电磁仿真（EMX），对射频电路设计很有帮助。Assura 还有一个独立的图形化界面 Assuraviewer，可以显示验证结果和提取参数。

1.4　华大九天 PDK 平台

华大九天针对 PDK 开发与质量验证场景提供了 PDK 开发工具 PBQ（PDK Build and QA），该工具能够和华大九天集成电路设计平台 Aether 相互配合创建 PDK 器件库，以及完成 PDK 的 Debug，可以大幅提高 PDK 的开发效率，同时有利于对 PDK 进行管理和维护。PBQ 能够帮助快速建立分化型 PDK 开发流程，以及验证 PDK 的质量。

PBQ 支持从原始 PDK 中导入开源代码数据库，支持直接生成 PDK 框架，支持工程源代码编辑，支持 PDK 代码构建、编译和 QA。PBQ 的结构如图 1.2 所示，主要包含 Project Management、Script Edit TCL/Python、PDK Compiler、PDK QA、PDK Debug 五个部分。

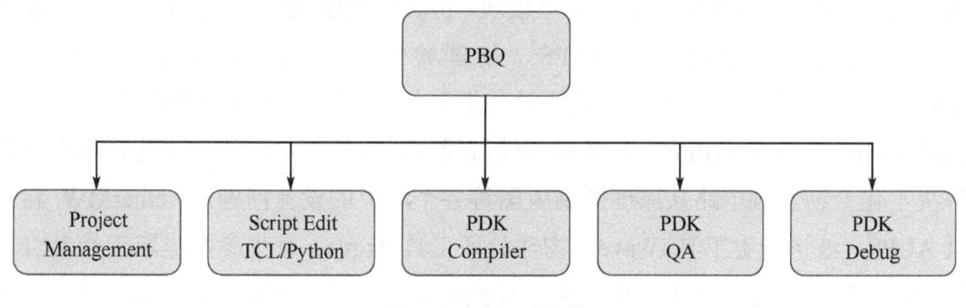

图 1.2　PBQ 的结构

从功能上，PBQ 可以分为 PDK 项目生成部分、PDK 开发管理部分、PDK 质量验证部分。

（1）PDK 项目生成部分：以模板形式或已有 PDK 快速建立 PDK 开发框架。其支持源代码转换功能，能够帮助快速建立华大九天工具 EPDK。

（2）PDK 开发管理部分：对 PDK 项目进行管理，包括源代码编辑、编译及生成 PDK 包。

（3）PDK 质量验证部分：以自动化的方式创建质量验证需要的测试用例，确保 PDK 的质量符合要求。

由华大九天 PDK 开发工具基于 TCL（工具命令语言）、Python 和 PyCell Studio 工具开发的 PDK 叫作 EPDK（Empyrean Process Design Kit），采用的是 iPDK 的标准。EPDK 开发流程如图 1.3 所示。

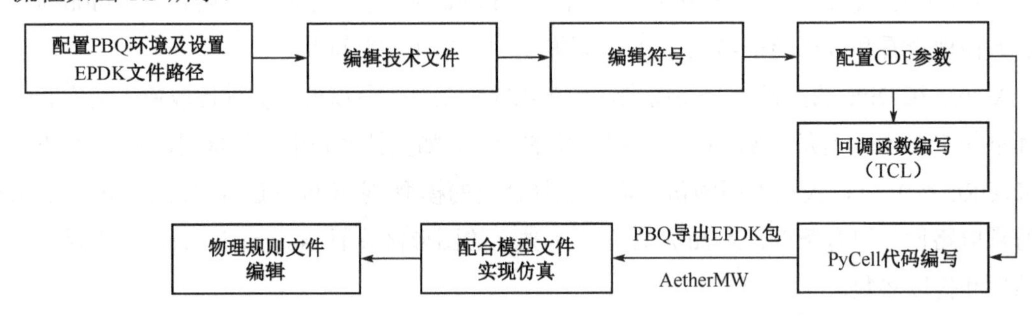

图 1.3　EPDK 开发流程

完整的 EPDK 开发流程需要结合 PBQ 和 AetherMW 两个华大九天工具来实现，PBQ 负责编辑器件的符号、CDF 参数、版图部分，AetherMW 不仅负责 PBQ 编辑器件的验证，还负责对器件模型文件、物理规则文件的编辑与验证。

Aether 是华大九天的集成电路设计工具，EPDK 在 PBQ 中完成开发后会导出 EPDK 包，该 EPDK 包用于 Aether 进行集成电路设计，Aether 为用户提供了丰富的原理图和版图编辑功能及高效的设计环境，支持用户根据不同电路类型的设计需求和不同工艺的物理规则设计原理图和版图，如电路器件符号生成、器件参数编辑和物理图形编辑等操作[12]。同时，为便于用户对原理图和版图进行追踪管理、分析优化，Aether 在传统的编辑环境基础上增加了设计数据库管理模块、版本管理模块、仿真环境模块和外部接口模块等。Aether 还集成了华大九天电路仿真工具 ALPS、物理验证工具 Argus 和寄生参数提取工具 RCExplorer。此外，为了方便射频电路设计，华大九天推出了 AetherMW，其内嵌射频微波仿真基础 PDK 器件库（rfmw）及各种传输线模型，支持射频电路的优化、调谐与统计分析，解决了化合物射频电路从原理图到版图等各个环节的设计问题。AetherMW 将电路仿真工具 ALPS、波形查看工具 iWave、物理验证工具 Argus、寄生参数提取工具 RCExplorer 无缝集成，实现了从原理图到版图、从设计到验证的完整方案流程，设计流程[13]如图 1.4 所示。

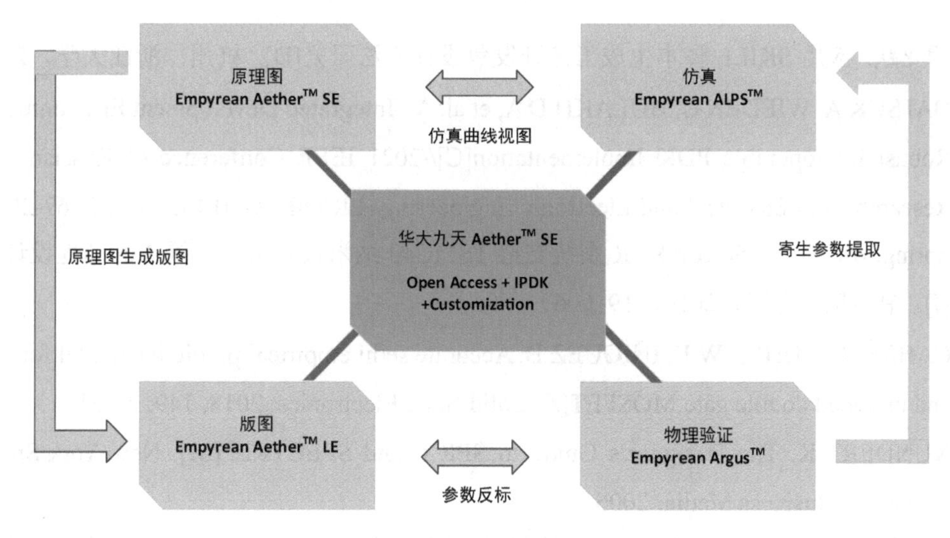

图 1.4　设计流程

除支持其独有的 EPDK 外，Aether 还支持 OpenAccess 数据库格式，即 iPDK 的行业标准，从而实现不同 EDA 工具之间的平滑过渡，以实现两个工具之间的互操作，提高 PDK 开发、验证和交付的效率。

习　　题

阐述不同 PDK 之间的异同。

参考文献

[1] MINEHANE S, CHENG J, NAKATANI T, et al. On-wafer RF Figure-of-Merit Circuit Block Design for Technology Development, Process Control and PDK Validation[C]//2007 IEEE International Conference on Microelectronic Test Structures. IEEE, 2007: 183-186.

[2] BARNES T J. SKILL: a CAD system extension language[C]//Proceedings of the 27th ACM/IEEE Design Automation Conference. 1991: 266-271.

[3] 颜峻. 基于 Virtuoso 平台的单片射频收发系统电路仿真与版图设计[J]. 电子设计应用，2007（5）：80-83.

[4] TAYENJAM S, VANUKURU V N R, KUMARAVEL S. A Pcell design methodology for automatic layout generation of spiral inductor using skill script[C]//2017 International conference on Microelectronic Devices, Circuits and Systems (ICMDCS). IEEE, 2017: 1-4.

[5] 胡龙跃. 应用 SKILL 脚本生成工艺开发包设计方法研究[D]. 杭州：浙江大学，2014.

[6] DATSUK A, WIEDEN C, BULAKH D A, et al. An Integrated Development Environment for Robust Interoperable PDK Implementation[C]//2021 IEEE Conference of Russian Young Researchers in Electrical and Electronic Engineering (ElConRus). IEEE, 2021:2067-2071.

[7] SpringSoft. SpringSoftLAKER 系统支持 TSMC40 纳米技术可相互操作的制程设计套件[J]. 中国集成电路，2010，19（06）：69.

[8] CABRÉ R, MUHEA W E, IÑÍGUEZ B. Accurate semi empirical predictive model for doped and undoped double gate MOSFET[J]. Solid-State Electronics, 2018, 149: 23-31.

[9] KUNDERT K. The Designer’s Guide to SPICE and SPECTRE®[M]. New York:Springer Science & Business Media, 2006.

[10] 吕江平，何汪来，刘小淮，等. 浅谈集成电路版图验证工具 Dracula 中的几何设计规则检查（DRC）[J]. 集成电路通讯，2004，22（3）：10-14.

[11] 于涛，窦刚谊. 基于 Calibre 工具的 SoC 芯片的物理验证[J]. 科学技术与工程，2007，7（5）：836-838.

[12] 王垠. 一种新型国产 EDA 软件的验证与应用[D]. 成都：电子科技大学，2012.

[13] 贾古凯. 0.15μm GaAs pHEMT 工艺 PDK 及模型库技术研究[D]. 杭州：杭州电子科技大学，2023.

第2章 PDK开发基础

与其他的PDK一样，根据在电路设计中的不同应用场景，华大九天工具平台的EPDK可分为三个部分，分别是前端组成部分、后端组成部分、物理验证部分，每个部分的具体信息如图2.1所示。

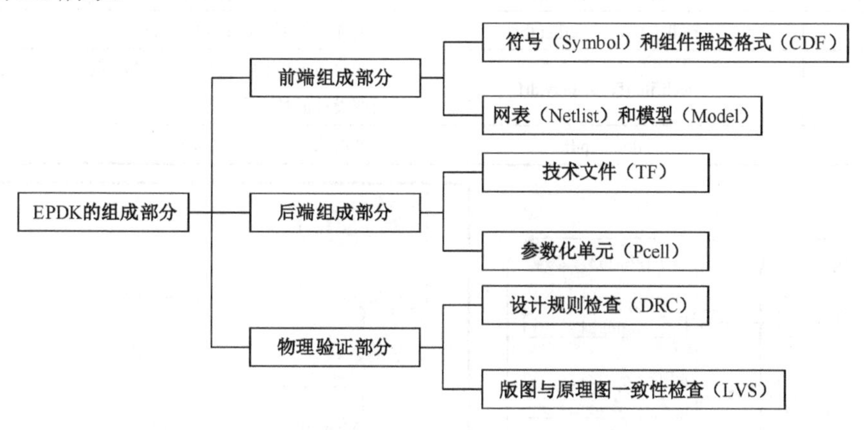

图2.1　EPDK的组成部分

EPDK的前端组成部分包括设计电路原理图时所使用的符号、组件描述格式、网表和模型等。设计师通过直接调用器件符号搭建电路，生成对应电路网表，电路仿真器通过电路网表中的器件及器件之间的连接关系调用器件对应的模型文件进行仿真，以减少在电路设计中的冗余工作。EPDK的后端组成部分包括设计电路版图时所使用的技术文件、参数化单元等，通过在版图界面调用器件的参数化单元进行版图连接，根据EPDK工艺设置参数进行EM仿真。在晶圆代工厂进行芯片的流片之前，设计师在完成集成电路设计后，必须使用EPDK中的一系列物理规则文件完成物理验证，包括DRC、LVS等[1]。

EPDK文件结构见表2.1，通常包括Argus、XXX_PDK、model、tcl、TF、Manual等文件。EPDK文件目录如图2.2所示。Argus包含DRC和LVS的物理规则文件及空网表文件。XXX_PDK主要包含器件的符号、版图、组件描述格式的相关内容。model是器件模型

(.scs/.lib) 文件和 va 文件 (.va/.esp) 的存放路径。tcl 包含编译后的回调函数/网表函数。TF 包含特定工艺技术的信息，包含技术资源文件、显示资源文件和映射文件[2]，显示定义 PDK 参数化单元层的内容。Manual 为 PDK 使用手册/说明文档。

表 2.1　EPDK 文件结构

目录	内容		描述
Argus	drc	xxx_drc.rule	DRC 文件
	lvs	xxx_add_subckt.cdl	LVS 文件及空网表文件
		xxx_lvs.rule	
XXX_PDK	Devive	auCdl、auLvs	用于产生 LVS 相关的参数
		hspiceD、spectre	用于产生相应格式的网表内容
		symbol、layout	symbol/layout view
	pycell_PDK_lib.zip/Device.pyc		编译后的参数化单元代码
	emyLibInnit.tcl		PDK 初始化文件
model	.scs、.lib、.va.esp		用于仿真的器件模型文件（Alps 仿真器所支持的格式）
tcl	callback.tbc、netlist.tbc		编译后的回调函数/网表函数
TF	techfile.tf、display.drf		display.drf 用于定义版图层的颜色及形状，techfile.tf 为版图设计的技术文件
Manual	.doc、.pdf		PDK 使用手册/说明文档

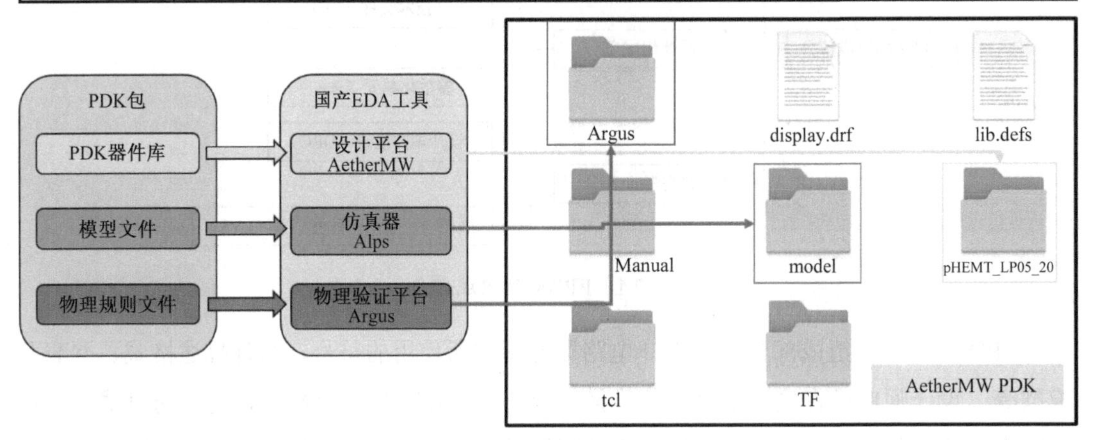

图 2.2　EPDK 文件目录

2.1　PDK 开发准备

PBQ 安装在 Linux 系统上，需要用命令行来启动。

PBQ 在开发 EPDK 的同时可以调用其他软件进行 Debug，单击菜单栏中的 Options 选项卡，选择 General Options 选项，在弹出的对话框中单击 Options 选项卡，软件设置内容如图 2.3 所示。Work Space 是设置 PBQ 工程的路径。All Env 是导入 Aether 环境的 Shell 文件。

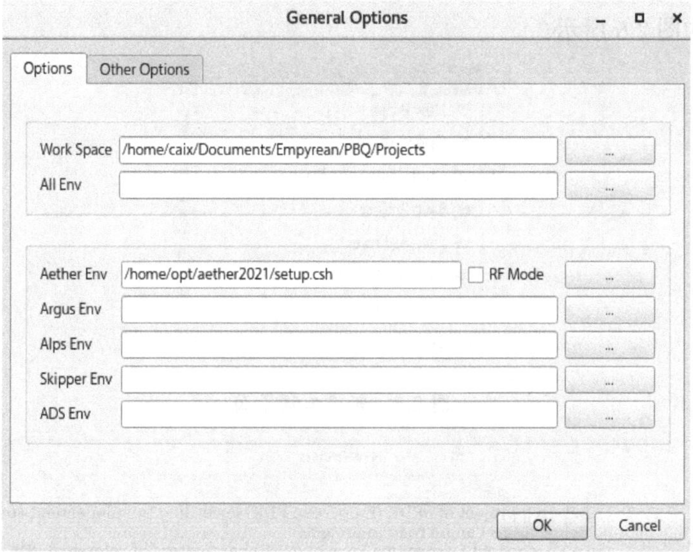

图 2.3　软件设置内容 1

单击 Other Options 选项卡，ePDK Env 是导入 PCM 的路径，因为在开发 EPDK 的参数化单元时，使用了 PCM 的 Python API，所以要和 PCM 进行关联。软件设置内容如图 2.4 所示。

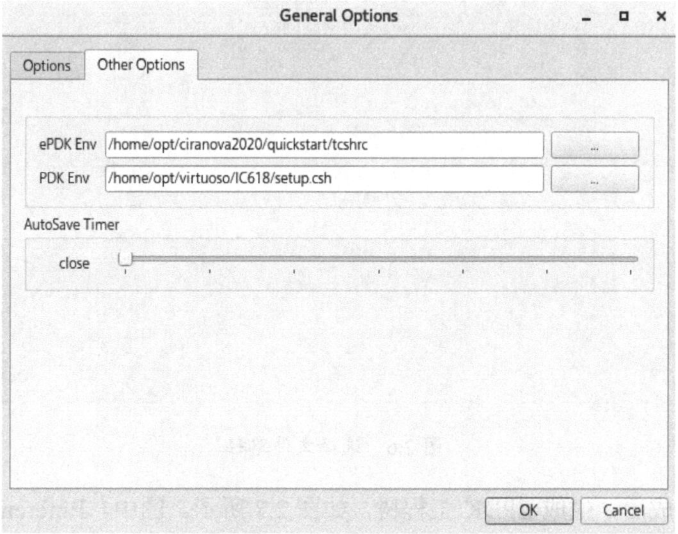

图 2.4　软件设置内容 2

2.2　新建工程

新建工程界面如图 2.5 所示，在 PBQ 的菜单栏中单击 File 选项卡，选择 New Project 选项，分别选择 ePDK Reference Library Path、Callback Path、Source code Path、Santana tech

Path 的路径，如图 2.6 所示。

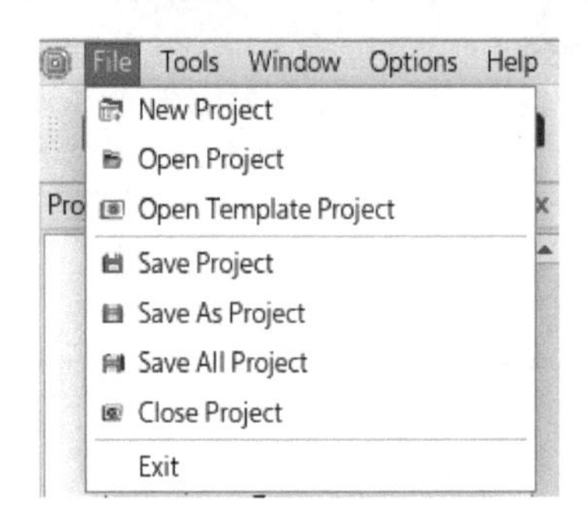

图 2.5　新建工程界面

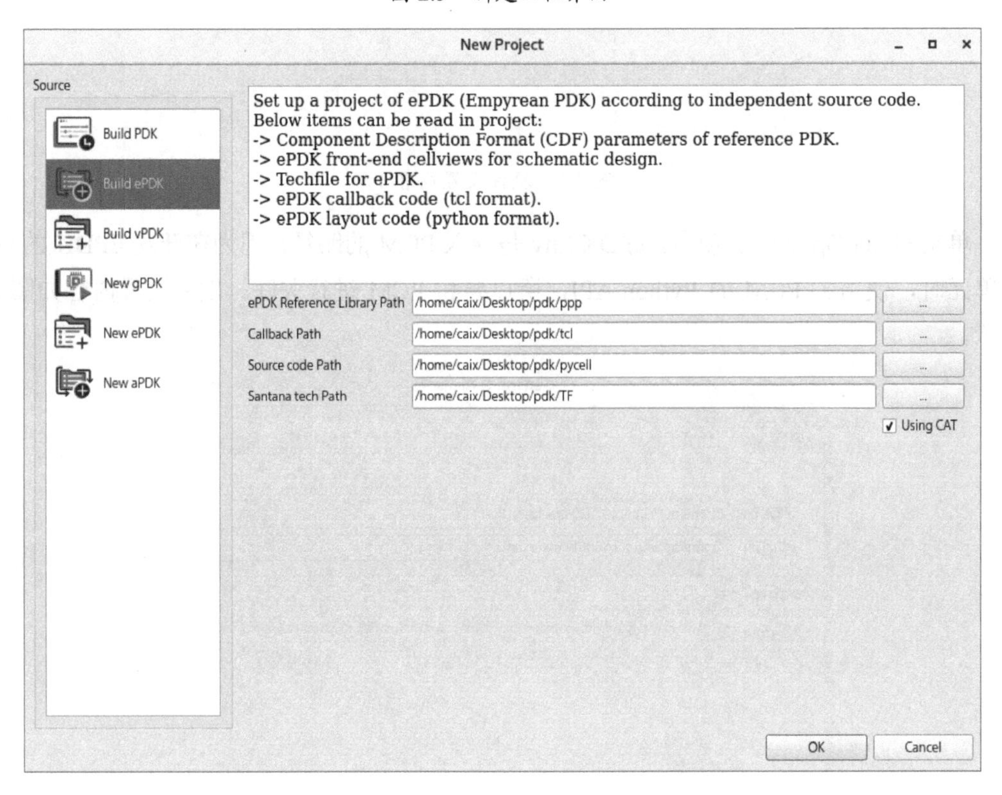

图 2.6　选择文件路径

新建工程完成后，生成 EPDK 工程树，如图 2.7 所示。图中，Reference Library 为器件库所在的位置。先右击 Reference Library，选择 New Category 选项，添加新的类别，再右击刚才的新类别，选择 Import Cell 选项，添加新的器件，建立过程如图 2.8 所示。InitFile 用来存放初始化文件 emyLibInit.tcl，作用是加载源代码到 PDK 中，设置 Aether 软件的环境，加载模型文件。TF 用来存放 EPDK 的工艺信息，包含两个文件：display.drf 和 techfile.tf。callback 用来存放器件回调函数的代码文件。pycell 用来存放器件参数化单元的代码文件。

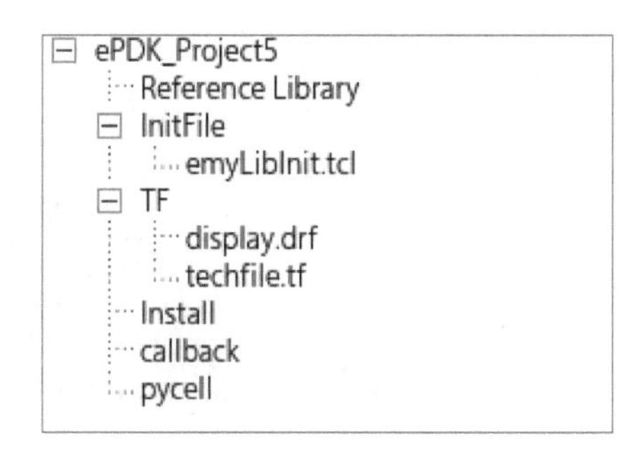

图 2.7　EPDK 工程树

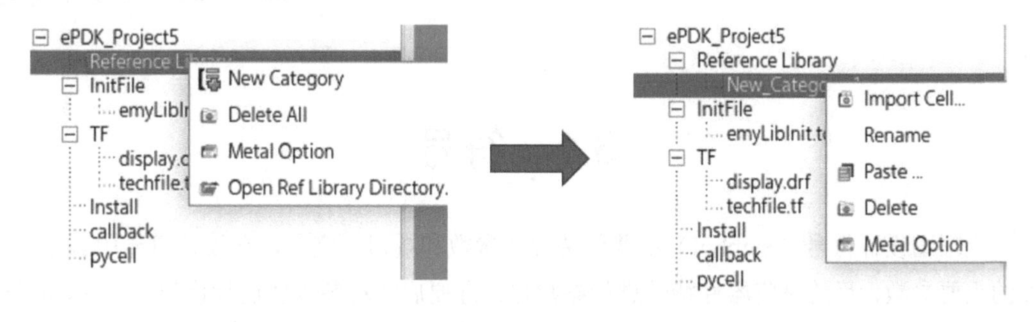

图 2.8　新建器件

习　　题

学习 Linux 系统的简单操作及 PBQ 软件的打开和配置。

参考文献

[1] GOLDMAN R, BARTLESON K, WOOD T, et al. Synopsys' interoperable process design kit[C]//European Workshop on Microelectronics Education, 2010: 119-121.

[2] 贾古凯. 0.15μm GaAs pHEMT 工艺 PDK 及模型库技术研究[D]. 杭州：杭州电子科技大学，2023.

第 3 章 EPDK 开发

3.1 符号

原理图设计符号（Symbol）由器件特性（参数和端口）定义，在设计符号中显示该器件的重要参数，目的是将器件特性进行参数化，方便后续对参数值进行修改、仿真、验证。下面将介绍在 PBQ 中新建 EPDK 符号的方法。

首先在 EPDK 工程树中右击器件，选择 Edit symbol 选项，新建 EPDK 符号，如图 3.1 所示，进入 Aether 软件的界面。在菜单栏中单击 Create 选项卡，有矩形、多边形、线段、圆、端口等可以添加，如图 3.2 所示。然后给器件添加引脚，用于器件之间的连接，定义引脚的名称、位置、形状等，如图 3.3 所示。接着添加 cdsParam、cdsTerm 及 cdsName，以和器件的参数、引脚等信息关联。cdsParam 用来设置原理图显示的参数及该参数名称是否显示。cdsTerm 用来设置引脚名称是否显示。cdsName 用来设置显示的名称是 Cell Name 还是 Instance Name。

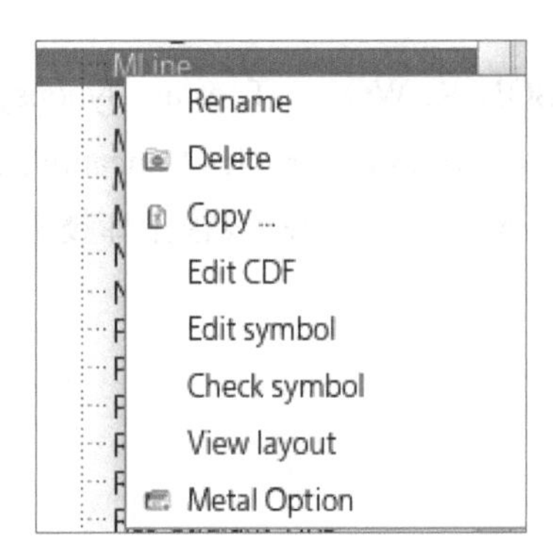

图 3.1　新建 EPDK 符号

Instance Name 为实例名称，简单来说就是当原理图中有多个相同的器件时，原理图会自动在器件的 Instance Name 后面加上序号，用于区别这些器件。Instance Name 示例如图 3.4 所示，相同器件通过 TL0、TL1、TL2 来区分。

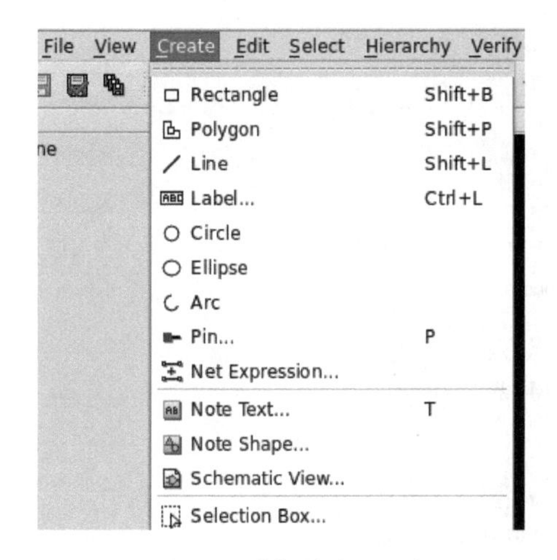

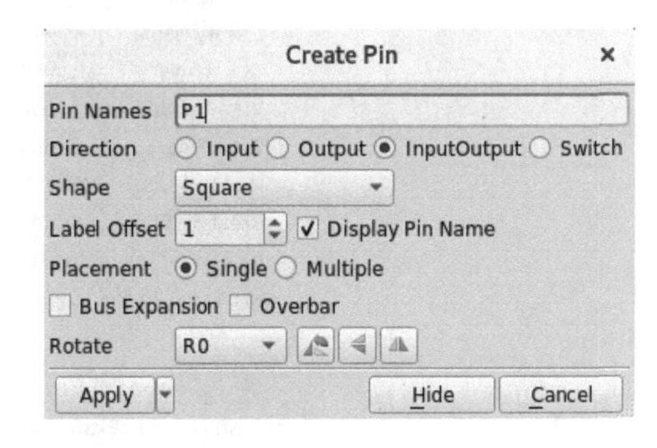

图 3.2　选择符号形状　　　　图 3.3　引脚设置

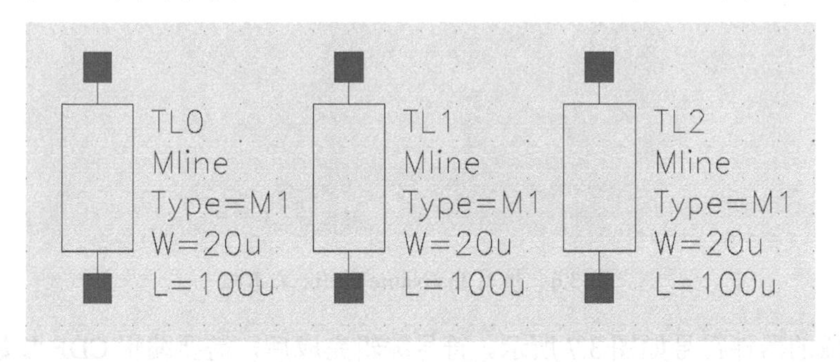

图 3.4　Instance Name 示例

在 Edit symbol 界面的菜单栏中单击 File 选项卡，选择 Design Property 选项，如图 3.5 所示，进入编辑界面后，勾选 System 复选框，在 InstName Prefix 文本框中填写器件的 Instance Name，如图 3.6 所示。

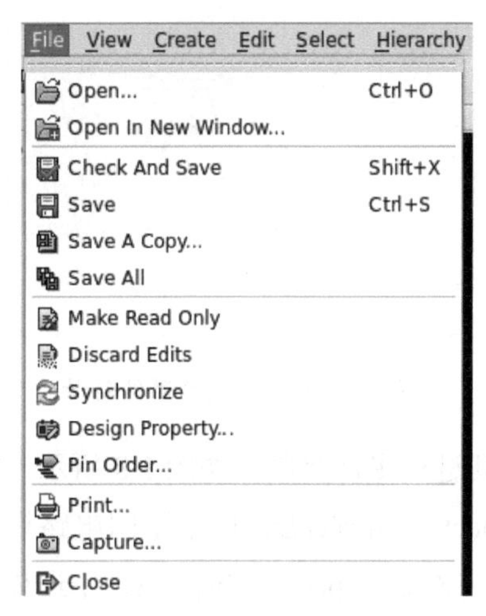

图 3.5　选择 Design Property 选项

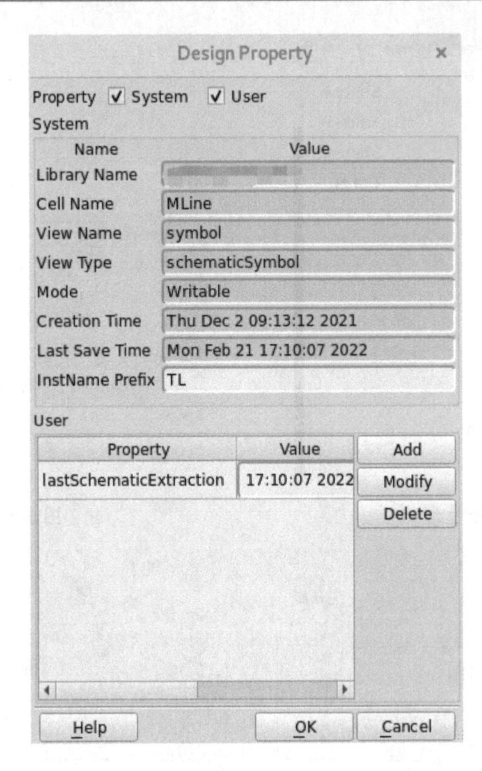

图 3.6　填写 InstName Prefix 文本框

编辑完成的器件符号如图 3.7 所示。符号编辑完成后，需要编辑 CDF 参数及参数显示效果来检查符号编辑得是否正确。

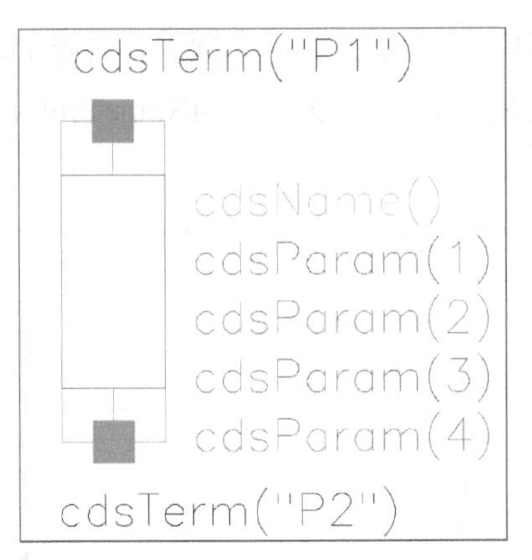

图 3.7　编辑完成的器件符号

符号编辑好后，需要将其进行多次复制，如图 3.8 所示，右击 symbol 选择 Copy 选项，将其名称分别改为 auCdl、spectre、hspiceD，用于不同电路设计场景网表的生成。auCdl 用于进行 LVS 时根据原理图生成网表。spectre、hspiceD 用于电路仿真 Spectre 和 Hspice 格式的网表生成。

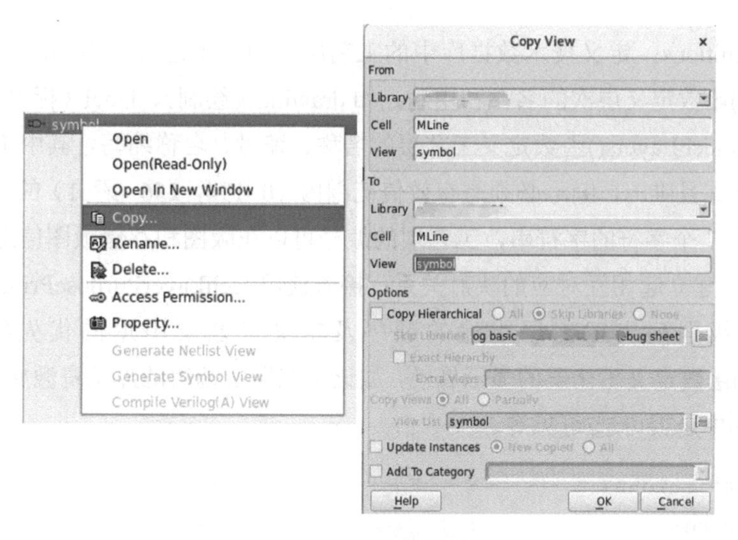

图 3.8　符号复制

3.2　TF

TF（Technology File，技术文件）主要由两种基本的 ASCII 文件组成，分别是定义技术数据的技术资源文件和工艺层的显示资源文件。TF 用来描述工艺特性，是参数化版图的必需文件，包括器件工艺层与实际版图层间的映射关系，用于半导体制造工艺中掩膜版的制造[1]。

技术资源文件包括以下内容：控制语句、工艺层定义、工艺层属性、版图设计约束条件、通孔（Via）定义、通孔规范、设备定义等。显示资源文件包括以下内容：显示设备定义、显示包定义、颜色定义、线条样式定义、填充样式定义等。显示资源文件定义显示包并将显示包分配给显示设备。技术资源文件调用显示包并分配给经过定义后的工艺层。

EPDK 中的 TF 主要包含两个文件：techfile.tf 和 display.drf。techfile.tf 定义了层名称和层编号。display.drf 定义了层颜色、层边框及层填充。

techfile.tf 主要由 controls、layerDefinitions、layerRules、viaDefs、constraintGroups、devices 等部分组成。下面根据半导体工艺 PDK 开发需求讲述技术资源文件的开发细节。

controls：定义在技术资源文件中可使用的数据。工艺制造网格分辨率为 0.005μm（5nm），maskLayout 为 1000μm，分别通过 techParams()函数和 viewTypeUnits()函数进行参数定义和数据库单位定义，基本语句如下所示。

```
controls(
techParams(
( mfgGrid             0.005              ) )
viewTypeUnits(
( maskLayout          "micron"       1000            )
( schematic            "inch"        160             ) )
) ;end controls
```

layerDefinitions：定义技术数据库中的工艺层。同一工艺层有不同的用途，首先通过techPurposes()函数定义层次的名称和用途，如 drawing（绘制）、label（标签）、grid（网格）等；然后使用 techLayers()函数定义工艺层的名称、编号、名称缩写，其中工艺层的名称必须为字符串形式且唯一，编号必须是有效值范围内（0~194，256~2^{23}−1）的数字且唯一，名称缩写为短于 7 个字符的字符串，工艺层的编号可以在版图和存储版图信息的数据结构中（GDSII 文件）建立起相互对应的映射关系；接着使用 techLayerPurposePriorities()函数按照从低到高的级别列出工艺层用途的顺序及定义工艺层用途的优先级；最后通过techDisplays()函数定义工艺层的显示属性，如该工艺层所调用的显示资源文件中的颜色包、工艺层在布局中是否可选/可见等。

```
layerDefinitions(
techPurposes(
;( PurposeName              Purpose#   Abbreviation )
( dummy                     1           dmy    )
techLayers(
;( LayerName                Layer#     Abbreviation )
( M1                         32          M1    )
( dummy_IND                  20      dummy_IND) )
techLayerPurposePriorities(
( M1                     drawing      )
techDisplays(
;( LayerName   Purpose   Packet   Vis Sel Con2ChgLy DrgEnbl Valid )
( M1           drawing    M1         t t t t t )    )
) ;layerDefinitions
```

layerRules：指定工艺层属性，如工艺层材质、制造网格分辨率和电流密度，并为工艺层指定掩膜顺序。

```
layerRules(
functions(
;( layer                  function          [maskNumber])
( M1                      "metal"              60        ) )
currentDensity(
;( rule         layer1    layer2    value     ) ) ;currentDensity
) ;layerRules
```

viaDefs：为了提高版图的布线效率，方便在设计版图时直接调用通孔进行器件间的布线，需要在技术文件中对工艺层之间的通孔进行定义。

```
viaDefs(
standardViaDefs(
```

```
;( viaDefName layer1 layer2 (cutLayer cutWidth cutHeight) (cutRows cutCol
(cutSpace)) (layer1Enc) (layer2Enc) (layer1Offset) (layer2Offset)
(origOffset) )
( M2_M1c MET1 MET2 ("VIA1" 0.19 0.19) (1 1 (0.22 0.22)) (0.05 0.01)
(0.005 0.05) (0.0 0.0) (0.0 0.0) (0.0 0.0) )
) ;viaDefs
```

constraintGroups：指定版图设计中的约束，辅助设计师遵循工艺制程的设计规则进行设计。

```
constraintGroups(
 ;( group   [override]  [definition]    [operator] )
 ;( -----   ----------  ------------    ---------- )
  ( "foundry"   nil
   spacings(
    ( minWidth                    "M1" 2.2 )
    ( minSpacing                  "M1" 2.5 )
    ( minWidth                    "PNV2"   2.0 )
    ( minSpacing                  "PNV2"   2.0 )
    ( minWidth                    "M2" 3.0 )
    ( minSpacing                  "M2" 2.5 )
   ) ;spacings
  ) ;foundry
) ;constraintGroups
```

devices：定义器件的技术资源文件子类，如定义器件物理特性，设置器件希望能修改的参数，定义构成器件的矩形、线段、引脚等。

```
devices(
tcCreateDeviceClass("symbolic" "syMGEnhancement"
; class parameters
  ( (sdLayer "hilite") (gateLayer "hilite")
    (sdExt 0.0) (gateExt 0.0)
    (sdImpLayer nil) (sdImpEnc 0.0) )
; formal parameters
   ( (width 0.0) (length 0.0) )
; geometry
   W2 = width/2  L2 = length/2
   netId = dbMakeNet(tcCellView "G")
   dbId = dbCreateDot(tcCellView gateLayer -W2-gateExt:0)
   dbId = dbCreatePin(netId dbId "gl")
   dbSetq(dbId list("left") accessDir)
```

```
    dbId = dbCreateDot(tcCellView gateLayer W2+gateExt:0)
    dbId = dbCreatePin(netId dbId "gr")
    dbSetq(dbId list("right") accessDir)
    dbId = dbCreateRect(tcCellView gateLayer
       list(-W2-gateExt:-L2 W2+gateExt:L2))
    dbAddFigToNet(dbId netId)
    ;
    netId = dbMakeNet(tcCellView "S")
    dbId = dbCreateDot(tcCellView sdLayer 0:L2)
    dbId = dbCreatePin(netId dbId "s")
    dbSetq(dbId list("top") accessDir)
    dbId = dbCreateRect(tcCellView sdLayer list(-W2:0 W2:L2+sdExt) )
    dbAddFigToNet(dbId netId)
))
```

display.drf含有一个个的显示数据包，可以理解为颜色包，技术资源文件可以将这些显示数据包分配给工艺层，用来控制显示属性。

```
drDefineColor(
;( DisplayName  ColorName   Red   Green   Blue   Blink )
( display       black        0     0      0       ) )
drDefineStipple(
;( DisplayName   StippleName     Bitmap ) )
drDefineLineStyle(
;( DisplayName   LineStyle     Size    Pattern )
( display         solid        1      (1 1 1) ) )
drDefinePacket(
;( DisplayName  PacketName  Stipple  LineStyle  Fill  Outline )
( display M1  leftline  solid  m1color  m1color  outlineStipple )
) ; drDefinePacket
```

其中，drDefineColor（颜色定义部分）用于定义各种显示的颜色；drDefineStipple（点画定义部分）用于定义各种显示设备的点画图案；drDefinePacket（显示数据包定义部分）用于定义显示的边框、填充方式等。

3.3　CDF

3.3.1　CDF介绍

CDF（Component Description Format，组件描述格式）对参数化单元来说意义重大，包含一个标准器件的基本特征属性。例如，与器件物理尺寸相关的宽度和长度，与模型验证相关的网表参数，与界面显示相关的引脚信息、参数显示信息，以及描述参数和单个组件或整个组件库的参数属性。CDF还可用来创建参数名称、值和单位，建立与回调函数的连接。

在开发PDK的过程中，为了满足器件的使用要求，需要持续对CDF进行维护与管理，不同器件之间的CDF属性存在一定的相似性。

CDF的特点如下。

（1）以本地文件存储了所有器件特征化的参数及默认值，如器件的名称、参数的默认单位及在电路设计中常用的默认值和比例值。

（2）定义了输入参数的有效范围和级别，一个参数化单元可以拥有超过30个CDF参数，用户只需控制几个CDF参数就可以实例化满意的器件。

（3）独立于应用程序和器件视图，不会随应用程序的调用和器件视图的变化而变化。

（4）CDF参数在进行iPDK封装前由于进行了非常严格的检查，因此工具在调用CDF参数前不用检查CDF参数，加快了iPDK载入速度。

（5）以模块化的方式进行编写，不同器件之间可以共享CDF参数，便于CDF参数的维护和更新。

3.3.2 CDF操作流程

右击器件，选择Edit CDF选项，编辑器件的CDF属性，新建CDF如图3.9所示。CDF编辑界面如图3.10所示。Library Name是所开发PDK的名称。Cell Name是该器件的名称。CDF编辑界面主要分为三个部分：Component Parameter（基础参数）、Simulation Information（仿真参数）和Interpreted Labels（显示参数）。

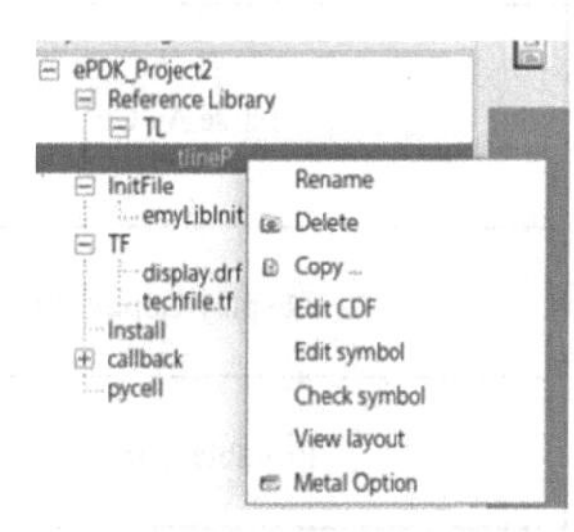

图3.9 新建CDF

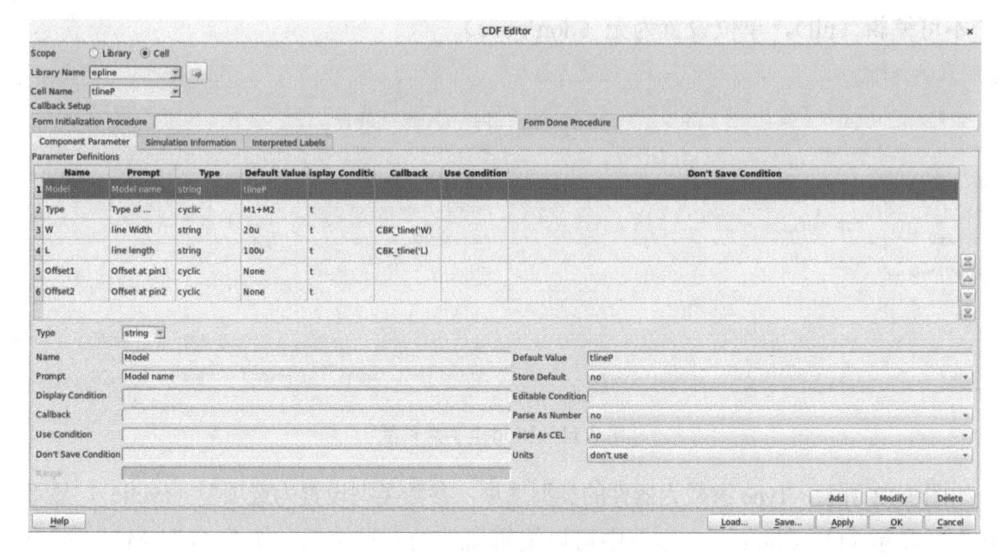

图3.10 CDF编辑界面

1. Component Parameter

Component Parameter 部分主要用来编辑器件的相关参数，如该器件的名称、层信息参数、尺寸相关参数及其他参数。每个参数都会具体设置内容、属性、在原理图中的显示方式等。Component Parameter 设置具体细则见表 3.1。

表 3.1 Component Parameter 设置具体细则

参数名称	描述
Type	参数类型（字符型 string、整型 int、浮点型 float、选项型 cyclic 等）
Name	参数名称
Prompt	定义该 CDF 参数显示在 Edit Instance Properties 界面上的名称
Default Value（默认值）	定义该 CDF 参数的默认值，在调用实例时，会按照默认值来产生器件
Units	定义该 CDF 参数的单位，只有字符型的参数，并且 ParseAsNumber 的值为 yes 时，才需要设置单位
Parse As Number	定义该 CDF 参数的值是否被解析成浮点数值。该属性定义只支持字符型的参数。如果输入为 yes，则表示该 CDF 参数可以识别转换带单位的字符输入；否则，不支持
Parse As CEL	定义该 CDF 参数的值是否可以按照 CDF 表达式语言处理。该属性定义只支持字符型的参数。如果输入为 yes，则表示可以支持 iPar(x)或 pPar(x)的表达式；否则，不支持
Display Condition	参数在 Edit Instance Properties 界面上是否显示；t/nil/tclfunction（显示/不显示/根据返回值判断）
Editable Condition	参数在 Edit Instance Properties 界面上是否可编辑；t/nil/tclfunction（可编辑/不可编辑/根据返回值判断）

接下来简单对一些参数设置进行介绍，如图 3.11 所示。Model 参数为器件的模型名称，参数类型设置为字符型（string），为了防止用户修改造成仿真问题，通常模型名称可显示（t），不可编辑（nil），单位设置为无（don't use）。

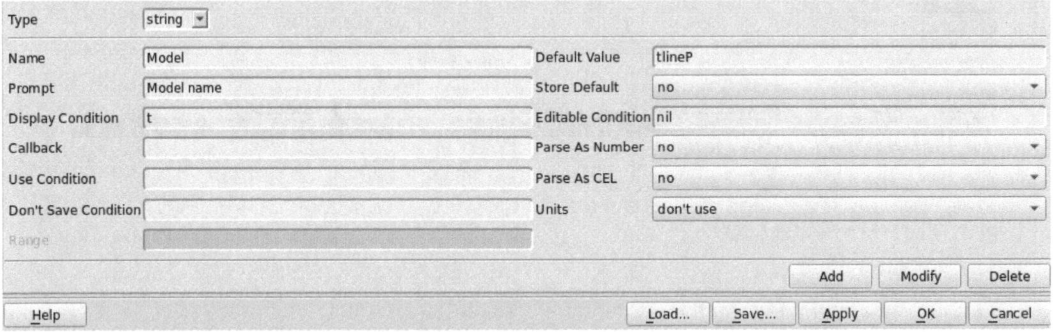

图 3.11 Model 参数设置

如图 3.12 所示，Type 参数为器件的类型选项，参数类型设置为选项型（cyclic），显示方式设置为可显示（t），Choices 文本框中可以编辑器件的三种情况，如“M1”“M2”“M1+M2”

（只使用M1或只使用M2或同时使用M1和M2），就可以在默认值中选择默认的类型。

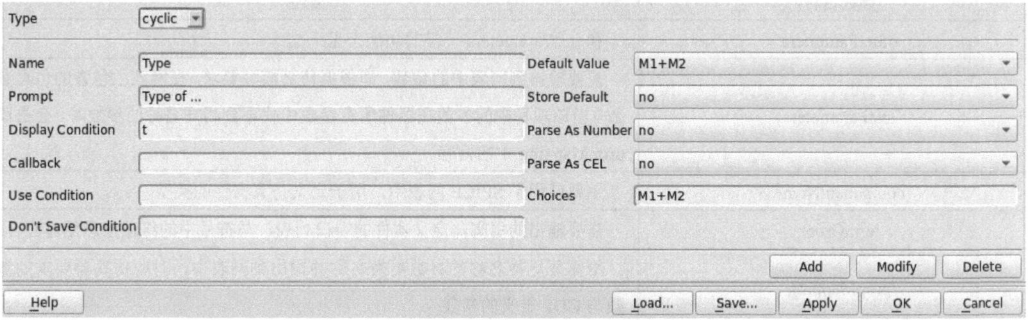

图3.12 Type参数设置

如图3.13所示，W参数为器件的尺寸相关参数，参数类型设置为字符型（string），显示方式设置为可显示（t），编辑方式设置为可编辑（t），单位设置为lengthMetric（长度单位），Callback文本框中需要填入回调函数，格式为callbackname(‘param)。

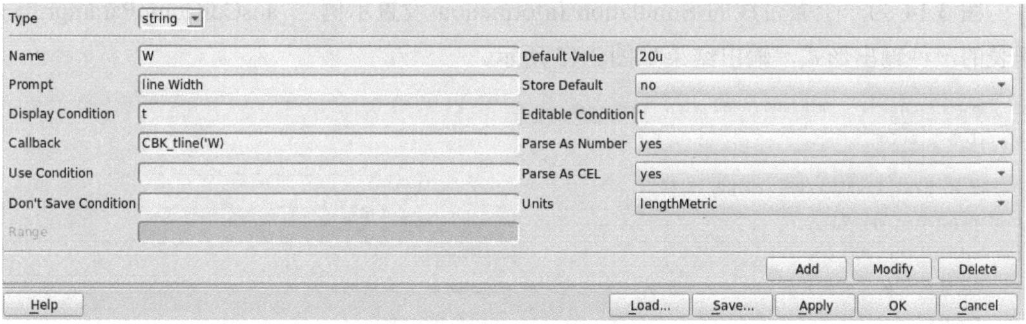

图3.13 W参数设置

2. Simulation Information

Simulation Information部分主要用来编辑器件网表的输出形式，如编辑器件在网表中输出的参数、引脚、类型、名称等。不同的网表有不同的作用，如auCdl、auLvs的作用是生成原理图网表和版图网表并进行LVS，hspiceD、spectre的作用是进行电路级的仿真。通过网表输出的器件内容，仿真器可以在模型文件中定位到该器件对应的模型，并根据网表中器件的参数值对模型进行赋值，仿真器通过仿真赋值后的模型得出器件的仿真结果。Simulation Information设置具体细则见表3.2。

表3.2 Simulation Information设置具体细则

参数名称	描述
Choose Listing	选择不同类型的网表（auCdl、auLvs、hspiceD、spectre），是电路的不同表现方式，用来在不同的仿真器或验证工具中表示电路的结构
netlistProcedure	定义产生网表的函数，相应的函数写在回调函数文件中，如果不定义，则会按照软件系统规则来输出网表

续表

参数名称	描述
otherParamters	和 instParameters 一样的功能，见下文
instParameters	需要输出到网表中的参数，即根据仿真模型要求，在网表中包含的仿真参数。当该项目中的参数在器件所有参数中找不到相同名称的参数时，会去读 propMapping 中的内容
componentName	主要应用于 SPICE 网表中，用于定义仿真器件的类型
termOrder	需要输出的引脚，定义器件的端口列表，与符号中的终端信息相对应
propMapping	给需要更换名称的参数更换名称并输出到网表中，对应仿真器要求的参数与 CDF 定义的参数
namePrefix	需要输入网表中器件的类型，定义网表中器件的前缀。后接器件的 InstanceName，定义器件类型。所支持的类型包括：C—电容；M—MOS 管或四端口传输线；L—电感；D—二极管；R—电阻或传输线；Q—HBT 晶体管；X—自定义器件，如 BSV
modelName	定义的模型名称

图 3.14 为一个微带线的 Simulation Information 设置示例，_ansCdlCompParamprim 是网表的一种输出形式，输出结果如图 3.15 所示。

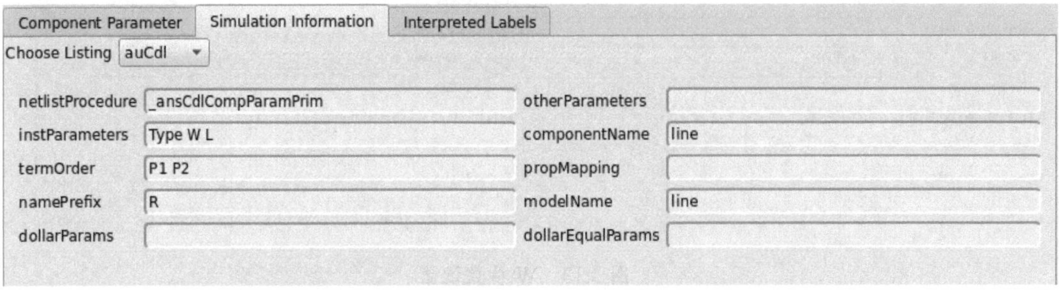

图 3.14 Simulation Information 设置示例

```
.SUBCKT p0906
*.PININFO
RTL0 net1 net0 $[line] $W=20u $L=100u Type=M1
.ENDS p0906
```

图 3.15 输出结果

3. Interpreted Labels

Interpreted Labels 的设置如图 3.16～图 3.18 所示，分别是 cdsParam、cdsTerm、cdsName 的设置，具体细则见表 3.3。cdsParam 主要设置原理图显示的参数及该参数名称是否显示，cdsTerm 主要设置引脚名称是否显示，cdsName 主要设置显示的名称是 Cell Name 还是 Instance Name。

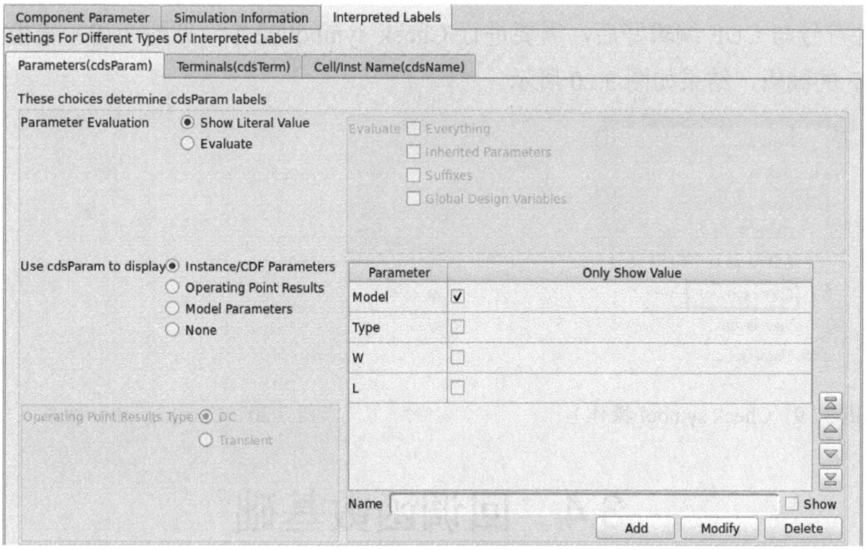

图 3.16　cdsParam 设置

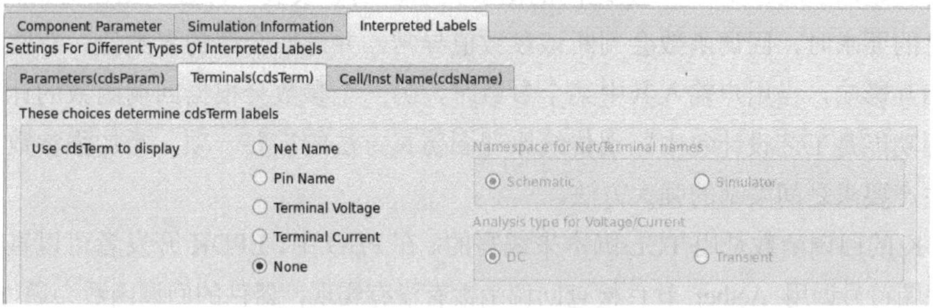

图 3.17　cdsTerm 设置

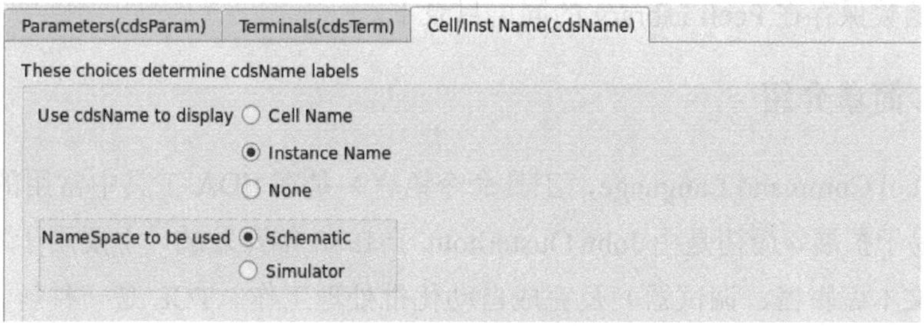

图 3.18　cdsName 设置

表 3.3　Interpreted Labels 设置具体细则

参数名称	描述
Parameters(cdsParam)	设置需要显示在原理图界面上的参数的显示方式，可只显示数值，不显示参数名称
Terminals(cdsTerm)	选择决定要显示的 cdsTerm 标签（与引脚相关）
Cell/InstName(cdsName)	选择决定要显示的 cdsName 标签

器件符号与 CDF 编辑好后，需要进行 Check symbol 操作（见图 3.19）来检查器件符号与 CDF 的编辑，结果如图 3.20 所示。

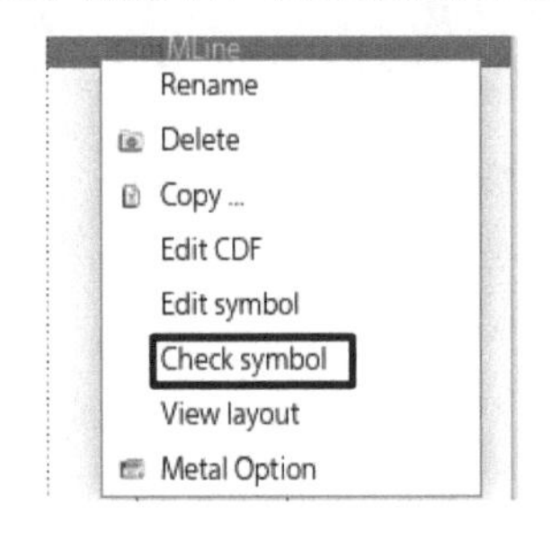

图 3.19　Check symbol 操作

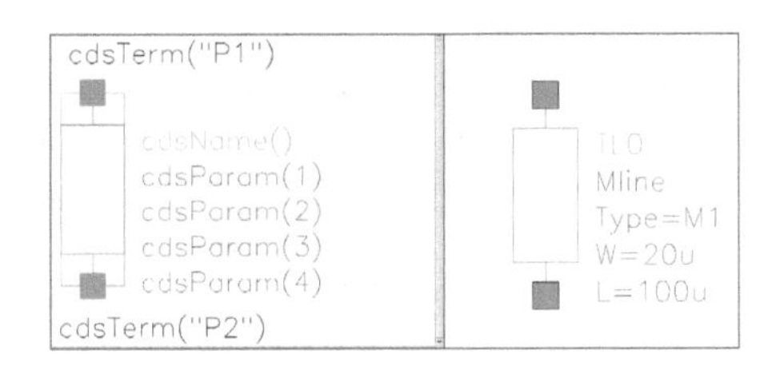

图 3.20　Check symbol 结果

3.4　回调函数基础

回调函数用于表征 CDF 参数之间的函数关系。当参数值不符合该工艺对器件的尺寸、工艺信息的要求时，回调函数会判断该参数值异常，并返回合理的参数值。有些器件参数之间会相互影响，当用户输入其中某个参数时，另一个参数会根据回调函数的计算发生变化。回调功能是工艺设计包中区别传统原理图仿真方法的重要一项，是加强参数与参数、参数与生产要求之间限制的强大方法。

EPDK 的回调函数是用 TCL 脚本来编写的。在 PBQ 中，EPDK 开发者可以直接通过右击器件视图符号调用 Aether 软件检查回调函数有没有实现，器件的回调函数会通过一个*.tcl 文件来实现。通常在 PDK 开发完成以后，为保护工厂工艺信息，PBQ 会对代码进行加密，所有的回调函数保存在 Pcell Library 的同层目录下。

3.4.1　TCL 简单介绍

TCL（Tool Command Language，工具命令语言）是在 EDA 工具中常用的一种语言[1]，简单易用、易于扩展，最初是由 John Ousterhout 于 1988 年开发的，主要用于发布命令给交互式程序（文本编辑器、调试器）及完成自动化批处理工作。TCL 是一种解释型语言，即不需要编译，直接由解释器执行。这使得 TCL 具有跨平台和快速开发的优势。相比其他语言，TCL 最大的特点是，TCL 程序由 TCL 命令序列组成，每条语句都是一条命令[2]。

TCL 的语法类似于 Shell，一个 TCL 命令串包含若干条命令，命令使用换行符或分号来隔开。每条命令包含若干个域，域使用空白（空格或 Tab）来隔开。TCL 解释器对一条命令的执行分为两步：分析阶段和执行阶段。在分析阶段，TCL 解释器将输入的命令或脚本分割成单词，并根据单词的类型和语法规则进行分析和求值。分析阶段的主要任务是确定命令名称和参数，并对变量、引号、转义字符等进行处理。在执行阶段，TCL 解释器根据分析阶段得到的命令名称和参数，调用相应的内置命令或用户自定义的命令来执行。执行阶段的主要任务是完成命令的功能，并返回结果或错误信息。两个阶段是相互依赖的，即每条命令都需要经过分析和执行两个阶段才能完成。如果在分析阶段出现语法错误或其他问题，那么该命令就无法进入执行阶段。如果在执行阶段出现逻辑错误或其他问题，那么该命令就无法返回正确的结果。

1. TCL 变量和表达式

变量的名称可以包含任何字符和长度。set 命令用于指定变量的值。set 命令的语法如下。

```
set variableName value
```

要输出变量的值，需要在变量 variableName 前面加$，例子如下。

```
set variableA 10
set {variable B} test
puts $variableA
puts ${variable B}
```

当执行代码时，输出下面的结果。

```
10      #variableA 的值
Test    #{variable B}的值
```

TCL 是一种动态类型的语言，变量的值可以在需要时被动态地转换为所需的类型。例如，数字 10，被存储为字符串，当进行算术运算时，将被转换为数字。

```
set variableA "10"
puts $variableA
set sum [expr $variableA +20];
puts $sum
```

当执行代码时，输出下面的结果。

```
10      # variableA 的值
Test    # sum 的值
```

在上面的例子中，expr 用于表示数学表达式。TCL 的默认精度为 12 位。为了得到浮点运算的结果，应该增加至少一个十进制数字，例子如下。

```
set variableA "10"
set result [expr $variableA / 9];
puts $result
set result [expr $variableA / 9.0];
puts $result
set variableA "10.0"
set result [expr $variableA / 9];
puts $result
```

当执行代码时，产生如下结果。

```
1                          #10/9 输出结果
1.1111111111111112         #10/9.0 输出结果
1.1111111111111112         #10.0/9 输出结果
```

在上面的例子中，可以看到三种情况：第一种情况，被除数和除数是整数，结果为整数；第二种情况，被除数是整数，除数是小数，结果为浮点数；第三种情况，被除数是小数，除数是整数，结果为浮点数。在第二种和第三种情况下，得到的是浮点数的结果。可以用 tcl_precision 特殊变量来改变精度，例子如下。

```
set variableA "10"
set tcl_precision 5
set result [expr $variableA / 9.0];
puts $result
```

当执行代码时，产生如下结果。

```
1.1111  #tcl_precision 改变精度后的输出结果
```

2. TCL 运算符

运算符是一个符号，可以告诉编译器执行特定的数学操作或逻辑操作。TCL 有丰富的内置运算符，分为以下三种类型：算术运算符、关系运算符、逻辑运算符。

1）算术运算符

TCL 支持的算术运算符见表 3.4。假设变量 A=10，变量 B=20。

表 3.4　算术运算符

算术运算符	描述	实例
+	两个操作数相加	$A + B = 30$
-	第一个操作数减去第二个操作数	$A - B = -10$
*	两个操作数相乘	$A * B = 200$
/	两个操作数相除	$B / A = 2$
%	模运算及整数除法后的余数	$B \% A = 0$

例子如下。

```
set a 21
set b 10
set c [expr $a + $b]
puts "Line 1 - Value of c is $c"
set c [expr $a - $b]
puts "Line 2 - Value of c is $c"
set c [expr $a * $b]
```

```
puts "Line 3 - Value of c is $c"
set c [expr $a / $b]
puts "Line 4 - Value of c is $c"
set c [expr $a % $b]
puts "Line 5 - Value of c is $c"
```

当执行代码时，产生如下结果。

```
Line 1 - Value of c is 31
Line 2 - Value of c is 11
Line 3 - Value of c is 210
Line 4 - Value of c is 2
Line 5 - Value of c is 1
```

2）关系运算符

TCL 支持的关系运算符见表 3.5。假设变量 A=10，变量 B=20。

表 3.5　关系运算符

关系运算符	描述	实例
==	检查两个操作数的值是否相等，如果值相等，则条件为真	(A == B) 不为 true
!=	检查两个操作数的值是否相等，如果值不相等，则条件为真	(A != B) 为 true
>	检查左边操作数的值是否大于右边操作数的值，如果是，则条件为真	(A > B) 不为 true
<	检查左边操作数的值是否小于右边操作数的值，如果是，则条件为真	(A < B) 为 true
>=	检查左边操作数的值是否大于或等于右边操作数的值，如果是，则条件为真	(A >= B) 不为 true
<=	检查左边操作数的值是否小于或等于右边操作数的值，如果是，则条件为真	(A <= B) 为 true

例子如下。

```
set a 21
set b 10
if { $a == $b } {
   puts "Line 1 - a is equal to b"
} else {
   puts "Line 1 - a is not equal to b"
}
if { $a < $b } {
   puts "Line 2 - a is less than b"
} else {
   puts "Line 2 - a is not less than b"
}
if { $a > $b } {
```

```
    puts "Line 3 - a is greater than b"
} else {
    puts "Line 3 - a is not greater than b"
}
# Lets change value of a and b
set a 5
set b 20
if { $a <= $b } {
    puts "Line 4 - a is either less than or equal to b"
}
if { $b >= $a } {
    puts "Line 5 - b is either greater than or equal to b"
}
```

当执行代码时，产生如下结果。

```
Line 1 - a is not equal to b
Line 2 - a is not less than b
Line 3 - a is greater than b
Line 4 - a is either less than or equal to -b
Line 5 - b is either greater than or equal to a
```

3）逻辑运算符

TCL 支持的逻辑运算符见表 3.6。假设变量 A=1，变量 B=0。

表 3.6　逻辑运算符

逻辑运算符	描述	实例
&&	逻辑与操作。如果两个操作数都非零，则条件为真	(A && B)不为 true
||	逻辑或操作。如果任何一个操作数非零，则条件为真	(A || B)为 true
!	逻辑非操作。反转操作数的逻辑状态。如果条件为真，则逻辑非操作为假	!(A && B) 为 true

例子如下。

```
set a 5
set b 20
if { $a && $b } {
   puts "Line 1 - Condition is true"
}
if { $a || $b } {
    puts "Line 2 - Condition is true"
}
# 改变 a 和 b 的值
set a  0
set b 10
```

```
if { $a && $b } {
    puts "Line 3 - Condition is true"
} else {
    puts "Line 3 - Condition is not true"
}
if { !($a && $b) } {
    puts "Line 4 - Condition is true"
}
```

当执行代码时，产生如下结果。

```
Line 1 - Condition is true
Line 2 - Condition is true
Line 3 - Condition is not true
Line 4 - Condition is true
```

3. TCL判断语句

1）if语句

如果代码中布尔表达式为真，那么if语句将被执行。如果代码中布尔表达式为假，那么不执行任何代码。语法如下。

```
if {boolean_expression} {
   # 该语句在布尔表达式为真时执行
}
```

在if语句后可以跟着一个可选的else语句，当else语句被执行时，布尔表达式为假。语法如下。

```
if {boolean_expression} {
    # 该语句在布尔表达式为真时执行
} else {
    # 该语句在布尔表达式为假时执行
}
```

多个条件的语法如下。

```
if {boolean_expression 1} {
    # 该语句在布尔表达式 1 为真时执行
} elseif {boolean_expression 2} {
    # 该语句在布尔表达式 2 为真时执行
} elseif {boolean_expression 3} {
    # 该语句在布尔表达式 3 为真时执行
} else {
    # 上述条件都不满足时执行
}
```

例子如下。

```
set a 100
#check the boolean condition
if { $a == 10 } {
   # 如果满足条件，则输出以下内容
   puts "Value of a is 10"
} elseif { $a == 20 } {
   # 如果满足条件
   puts "Value of a is 20"
} elseif { $a == 30 } {
   # 如果满足条件
   puts "Value of a is 30"
} else {
   # 如果条件都不成立
   puts "None of the values is matching"
}
puts "Exact value of a is: $a"
```

当执行代码时，产生如下结果。

```
None of the values is matching
Exact value of a is: 100
```

同其他语言一样，if 语句是可以嵌套的，格式如下。

```
if { boolean_expression 1 } {
   # 当布尔表达式 1 为真时执行
   if {boolean_expression 2} {
      # 当布尔表达式 2 为真时执行
   }
}
```

2）switch 语句

switch 语句可以让一个变量的值列表进行相等测试。每个值被称为一种情况（case）。该语句按顺序检查每个 switch case。switch 语句的效果可以由 if 语句加上很多 elseif 语句达到。switch 语句支持的表达式结构更加广泛。此外，switch 语句支持嵌套使用。

例子如下。

```
set grade B;
switch $grade {
   A {
     puts "Well done!"
   }
   B {
```

```
    puts "Excellent!"
   }
   C {
    puts "You passed!"
   }
   F {
    puts "Better try again"
   }
   default {
    puts "Invalid grade"
   }
}
puts "Your grade is $grade"
```

当执行代码时，产生如下结果。

```
Excellent!  #switch 语句输出结果
Your grade is B
```

4．TCL 循环语句

TCL 提供多种用于循环的命令，如 while、for 等。这些命令用来把脚本执行一遍又一遍，不同之处在于进入循环前的设置和退出循环的方式。

1）while 循环

语法如下。

```
while {condition} {
    statement(s)
}
```

while 循环可获取两个参数：一个表达式和一个 TCL 脚本。while 循环先处理表达式，如果结果非零，则执行 TCL 脚本。这个过程一直重复，直到表达式为假，while 循环终止，返回一个空字符串。

例子如下。

```
set a 10
#while 循环执行
while { $a < 14 } {
   puts "value of a: $a"
   incr a
}
```

当执行代码时，产生如下结果。

```
value of a: 10
```

```
value of a: 11
value of a: 12
value of a: 13
```

2）for 循环

语法如下。

```
for {initialization} {condition} {increment} {
   statement(s);
}
```

for 循环的第一个参数是初始化脚本；第二个参数是决定终止循环的表达式；第三个参数是再初始化脚本，在执行完一次循环块之后，在再次检测终止表达式之前执行；第四个参数是构成循环块的脚本。for 循环首先将第一个参数（初始化脚本）作为 TCL 脚本运行，然后处理表达式。如果表达式为真，则首先执行循环块，然后执行再初始化脚本，接着处理表达式。这个过程一直重复，直到表达式为假。如果第一次检测时，表达式就为假，那么循环块和再初始化脚本都不会执行。和 while 循环一样，for 循环也返回一个空字符串作为结果。

例子如下。

```
# for 循环执行
for { set a 10} {$a < 14} {incr a} {
   puts "value of a: $a"
}
```

当执行代码时，产生如下结果。

```
value of a: 10
value of a: 11
value of a: 12
value of a: 13
```

for 命令和 while 命令是等价的，用其中一个命令能完成的功能，用另一个命令也能完成。for 命令的优势在于将所有的循环控制信息集中放在一起，易于查看。当然，在某些情况下，初始化脚本和再初始化脚本可能过于复杂或根本不存在，那么使用 while 命令更合适。

3）break 语句

在 TCL 中，break 语句用于终止循环。当循环遇到 break 语句时，立即终止循环，继续执行循环块后面的语句。如果使用嵌套循环（一个循环在另一个循环中），则 break 语句将终止最内层循环，同时停止执行外层循环的代码段。

例子如下。

```
set a 10
# while 循环执行
```

```
while {$a < 20 } {
   puts "value of a: $a"
   incr a
   if { $a > 15} {
        break                   #使用 break 语句终止循环
   }
}
```

当执行代码时，产生如下结果。

```
value of a: 10
value of a: 11
value of a: 12
value of a: 13
value of a: 14
value of a: 15
```

4）continue 语句

在 TCL 中，continue 语句的工作效果有点像 break 语句，不是强制终止，是强制循环的下一次迭代发生，跳过中间的代码。对于 for 循环，continue 语句使循环的条件测试和增量部分被执行。对于 while 循环，continue 语句是通过程序控制的条件测试。

例子如下。

```
set a 10
while { $a < 20 } {
   if { $a == 15} {
        incr a
        continue
   }
   puts "value of a: $a"
   incr a
}
```

当执行代码时，产生如下结果。

```
value of a: 10
value of a: 11
value of a: 12
value of a: 13
value of a: 14
value of a: 16
value of a: 17
value of a: 18
value of a: 19
```

5. TCL 列表

TCL 使用列表来处理各种集合，如一个组内的所有用户、一个文件夹中的所有文件及一个组件的所有选项。列表是元素的有序集合，各个元素可以有任何的字符串值，如一个字、一个人名或一个 TCL 命令的单词。列表表现为特定结构的字符串，意味着可以把列表存放在变量中，将它们传给命令，以及将它们嵌套进其他列表。

1）创建列表

创建列表的语法如下。

```
set listName { item1 item2 item3 .. itemn }
set listName [list item1 item2 item3]
set listName [split "items separated by a character" split_character]
```

例子如下。

```
set colorList1 {red green blue}
set colorList2 [list red green blue]
set colorList3 [split "red_green_blue" _]
puts $colorList1
puts $colorList2
puts $colorList3
```

当执行代码时，产生如下结果。

```
red green blue  # colorList1
red green blue  # colorList2
red green blue  # colorList3
```

2）添加列表

添加列表的语法如下。

```
append listName split_character value
lappend listName value
```

例子如下。

```
set var orange
append var " " "blue"
lappend var "red"
lappend var "green"
puts $var
```

当执行代码时，产生如下结果。

```
orange blue red green
```

3）插入列表

插入列表的语法如下。

```
linsert listname index value1 value2..valuen
```

例子如下。

```
set var {orange blue red green}
set var [linsert  $var 3 black white]
puts $var
```

当执行代码时，产生如下结果。

```
orange blue red black white green
```

4）对列表进行其他操作

除对列表的创建、添加、插入等操作外，还有对列表的更换、转换、排序及获取列表的长度、索引等操作，语法如下。

```
lreplace listname firstindex lastindex value1 value2..valuen #更换
lassign listname variable1 variable2.. variable #转换
lsort listname              #排序
llength listName            #获取列表的长度
lindex listname index       #获取列表的索引
```

6. TCL 程序（函数）定义

TCL 支持程序的定义和调用。在 TCL 中，程序可以看作用 TCL 脚本实现的命令，效果与 TCL 的固有命令相似，可以在任何时候使用 proc 命令定义自己的程序。

程序的定义格式为：proc 程序名 {形参} {程序体}。

```
proc Name args body
```

可以看出，TCL 的程序与 C++的函数类似，C++定义函数的时候需要有函数名、形参、函数体和返回值。

1）返回值

和 C++相比，TCL 少了事先定义函数返回值类型的麻烦。需要注意的是，TCL 程序的返回值默认为程序体中最后一条命令的返回值，如果想要返回其他值，则需要使用 return 命令，而且 return 命令会中断程序，直接将它返回的参数作为结果。

例子如下。

```
#无 return 语句
proc test { } {
   set var {1 2 3 4 5 6 7 8};
   set a 4;
```

```
    set x [lindex $var $a];
}
set b [test];              #b为5
#有return语句
proc test { } {
    set var {1 2 3 4 5 6 7 8};
    set a 4;
    set x [lindex $var $a];
    return $a;
    puts "the value of x is $x" ;   #这一句并没有被执行
}
set b [test];                        #b为4
```

2）形参

（1）无参数。

和上面例子里展示的程序一样，proc test { } { body}，形参的大括号里面没有参数，调用的时候直接用程序名即可。

（2）默认参数值。

当定义程序时，可以为部分或全部形参提供默认值。如果在调用程序时并未提供相应的实参值输入，那么就会自动使用默认值赋给相应参数。

例子如下。

```
#例1 默认参数值
proc sum {a {b 3} {c -6}} {
    expr $a+$b+$c;
}
sum 5;                        #2
sum 5 6 7;                    #18
sum 5 7;                      #6
sum 5 3 7;                    #15
```

TCL根据位置来匹配参数和输入值，对于例1，当b想用默认值、c有指定输入值时，需要把b的默认值写出来。

3）不定数目的形参

当最后一个形参是args时，说明这个程序的参数是不定数目的形参。当给实参赋值时，超过给定参数范围的就全部放到args里面，并把它们视为一个名为args列表中的元素，如果没有超过给定范围的实参，那么args就是一个空列表。

```
#例2 不定数目的形参
proc sum { a {b 3} {c -6} args} {
    set s [expr $a+$b+$c];
    foreach var $args {
```

```
    incr s $var;
  }
  return $s;
  }
  sum 3 5 6 1 2 3 4 5;                    #29
  sum 3 5 6;                              #14
```

4）变量作用域

在程序中，除形参外，还会定义一些其他变量，这些变量按作用域分为局部变量和全局变量。局部变量是在程序体中定义的变量，只能在程序内部被访问，程序执行结束后，会自动删除，作用域就是所在的程序内部。全局变量是在程序之外定义的变量，作用域不包括程序内部。这一点和 C++是不一样的。在 TCL 中，局部变量和全局变量可以同名，两者作用域交集为空，如果想在程序内部调用一个全局变量的值，则可以通过 global 命令实现。

```
#例 3
proc test {a} {
    set b 10;
    incr b -1;
    puts "a in local test is $a";
    puts "b in local test is $b";
}
set a 5;
set b -5;
test $a;
puts "b = $b";
```

在程序之外，定义的全局变量 b 没有参与程序内部的活动。如果想直接使用全局变量 b，那么可以将程序改为如下形式。

```
#例 4 global
proc test {a} {
    global b;                             #使用全局变量 b
    incr b -1;
    puts "a in local test is $a";
    puts "b in local test is $b";
}
set a 5;
set b -5;
test $a;
puts "b = $b";
```

3.4.2　TCL 在回调函数中的应用示例

TCL 在 EPDK 回调函数中主要用于获取原理图参数的值，以及对获取的参数值做一些处理，并将处理后的值返回原理图界面或生成的网表中。下面的例子为对某一个器件的回调函数修改参数值。

```
proc mlineCB { param } {
    set inst [iPDK_getCurrentInst]  #获取实例对象 ID
    set grid [cdf_getMfgGrid $inst] #网格设置
    set dbu 1
    switch $param {                 #修改回调函数的参数值
        "Type" {
            mline_checkParam $inst $grid $dbu
        }
        "L" {
            mline_checkParam $inst $grid $dbu
        }
        "W" {
            mline_checkParam $inst $grid $dbu
        }
    }
}
```

mlineCB 为主函数，是在编辑 CDF 时定义的回调函数名称，如图 3.21 所示。其中，iPDK_getCurrentInst 用于从软件中获取当前实例对象的 ID，cdf_getMfgGrid 用于获取附加到指定实例技术文件中的网格设置。当在原理图中对某个参数进行操作时，对应执行 mline_checkParam 函数。

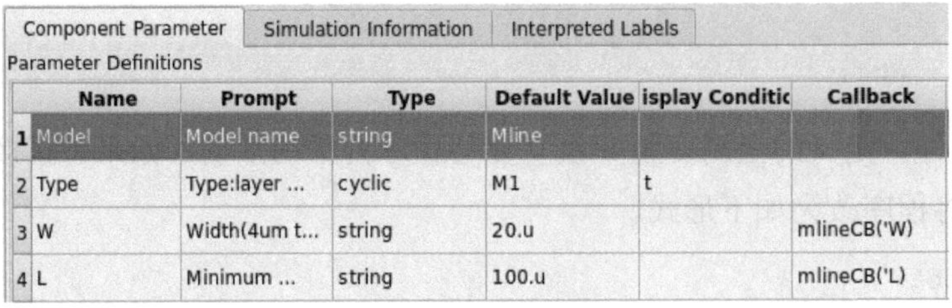

Component Parameter　Simulation Information　Interpreted Labels

Parameter Definitions

	Name	Prompt	Type	Default Value	isplay Conditic	Callback
1	Model	Model name	string	Mline		
2	Type	Type:layer ...	cyclic	M1	t	
3	W	Width(4um t...	string	20.u		mlineCB('W)
4	L	Minimum ...	string	100.u		mlineCB('L)

图 3.21　CDF 中的回调函数

下面是一个报错函数的例子。

```
proc errorMessage {range param temp} { #报错函数定义
    set temp1 [iPDK_sciToEng $temp]
    if {$range == "min"} {
        set range "minimum"
        set limit "upper"
    } elseif {$range == "max"} {
        set range "maximum"
        set limit "lower"
    }
    aeWarning "The $range $param is $temp1 ! Please set a $limit value"
```

```
    }
```

errorMessage 函数用于定义改变参数值后的报错情况，当用户在原理图中输入的参数值不满足要求时，会输出相应的报错信息提醒用户参数值的输入范围及其他信息，其中 aeWarning 就是用来实现输出功能的函数。如图 3.22 所示，当参数值过小或过大时，都会在 Aether 软件的 Design Manager 界面输出相应的警告。

```
LC_Check out license DM version 1.0...
Load initialize file 'emyLibInit.tcl' for library 'analog'.
Load initialize file 'emyLibInit.tcl' for library 'pHEMT_LP05_20'.
LC_Check out license SE version 1.0...
source /tmp/PBQ-3zWRn2/debug.cmd
Warning: The minimum W is 4u ! Please set a upper value
Warning: The maximum W is 50u ! Please set a lower value
```

图 3.22 输出警告

下面是一个 mline_checkParam 函数的应用代码示例。

```
proc mline_checkParam {inst grid dbu} {
    set inst [iPDK_getCurrentInst]
    set grid [cdf_getMfgGrid $inst]
    set Type [iPDK_getParamValue Type $inst]        #获取 CDF 参数 Type 的值
    set L [iPDK_getParamValue L $inst]              #获取 CDF 参数 L 的值
    set W [iPDK_getParamValue W $inst]              #获取 CDF 参数 W 的值
    set W [iPDK_engToSci $W]                        #转换为科学数值
        if {$W < 0.000004} {                        #参数 W 的最值判断
            set W 0.000004
            errorMessage "min" "W" "4u"
        } elseif {$W > 0.00005} {
            set W 0.00005
            errorMessage "max" "W" "50u"
        } else {
        }
    set L [iPDK_engToSci $L]
       if {$L < 0.000005} {
          set L 0.000005
          errorMessage "min" "L" "5u"
          } else {
       }
    iPDK_setParamValue W $W $inst 0                 #设置为修改后的参数值
    iPDK_setParamValue L $L $inst 0
}
```

mline_checkParam 函数是用来实现回调功能的函数，在回调函数的主函数中进行调用，从而实现回调功能。其中，iPDK_getParamValue 从触发回调的实例中获取指定的 CDF 参数值，iPDK_engToSci 将参数值从工程数值转换为科学数值（如 4μ 转换为 4e-6）， iPDK_setParamValue 用于设置当前实例的 CDF 参数值。

整个回调过程实现的主要逻辑如下：首先通过 iPDK_getParamValue 获取该器件的参数值；然后用 iPDK_engToSci 将获取的工程参数值转换为运算可用的值，转换后，进行参数的比较、运算等，判断该参数值是否符合要求，如果符合要求，则不做处理，如果不符合要求，则输出警告提醒，并重新对该参数进行赋值；最后通过 iPDK_setParamValue 将重新赋值后的参数显示在原理图界面，完成一次回调过程，每设置一次参数，就会执行一次回调函数。

当仿真器调用模型文件时，对于无源器件，不管参数怎么变化，模型名称都不会变，有源器件的模型名称通常不是固定的，会随着栅长、栅宽及栅指进行变化。这时就需要用回调函数来实现模型名称随参数的改变而改变。下面用 Spectre 进行举例。

```
proc spectre _HEMT {} {
    set instName [nlGetInstName]              #返回器件的实例名称
    nlPrintString $instName                   #将参数值输出到网表中
    nlPrintInstMapName $instName
    printSpectreAllTermString                 #将器件引脚信息输出到网表中
    set componentName [nlGetSimSpectreInfo "componentName"]
    set instParameterList [nlGetSimSpectreInfo "instParameterList"]
    set propMappingList [nlGetSimSpectreInfo "propMappingList"]
    set otherParameters [nlGetSimSpectreInfo "otherParameters"]
    set orderlist {Model NF GW T_rise Gpitch_offset}
    foreach param $orderlist {
        if {[getMapParamValue $param $propMappingList] != ""} {
            array set Name {1 F02W025 2 F02W050 3 F02W075 4 F02W100
             5 F02W150 6 F04W025 7 F04W050 8 F04W075 9 F04W100 10
            F04W150 11 F06W025 12 F06W050 13 F06W075 14 F06W100
            15 F06W150 16 F08W025 17 F08W050 18 F08W075 19
            F08W100 20 F08W150}                   #模型名称列表
            set NF "[getMapParamValue NF $propMappingList]"
            set GW "[getMapParamValue GW $propMappingList]"
            set name "HEMT_Scalable"
            switch $GW {
                "25u" {
                    switch $NF {
                        "2" {set name $Name(1)}
                        "4" {set name $Name(6)}
                        "6" {set name $Name(11)}
                        "8" {set name $Name(16)}
                    }
                }
                "50u"{}
```

```
            "75u"{}
              …
          if {$param == "Model" } {
            nlPrintString " $name"
          } else {
            nlPrintString "$param=[getMapParamValue $param
            $propMappingList]"
          }
        }
      }
    }
```

spectre_HEMT 函数为 Spectre 网表输出的函数，如图 3.23 所示：nlGetInstName 用于返回当前器件的实例名称；nlPrintString 用于将仿真参数值以文本的形式输出到网表中；nlPrintInstMapName 用于将实例名称的映射关系输出到 Mapping 文件中；printSpectreAllTermString 用于将器件的引脚信息输出到网表中；nlGetSimSpectreInfo 用于获取前端 CDF 仿真信息中定义的 Spectre 参数值；getMapParamValue 用于根据映射列表获取参数的输入值。

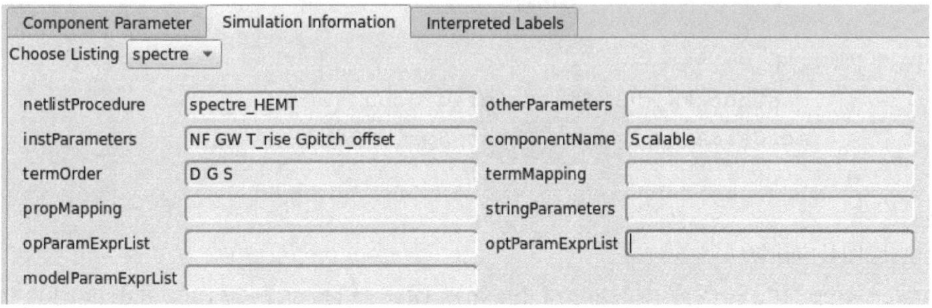

图 3.23　spectre_HEMT 函数

该器件栅宽 GW 有 25μm、50μm、75μm、100μm、150μm 等五种情况，栅指 NF 有 2、4、6、8 等四种情况，结合起来该器件的模型有 20 种情况，将 20 种情况分别定义到数组中，根据 GW 和 NF 的值分别赋予模型不同的值，并且输出到 Spectre 网表中。输出网表如下。

```
HEMT0 (net1 net2 net0) F04W100 NF=4 GW=100u T_rise=0 Gpitch_offset=0
HEMT0 (net1 net2 net0) F06W150 NF=6 GW=150u T_rise=0 Gpitch_offset=0
```

1. MOSFET

下面为 MOSFET 的回调函数代码示例。

```
proc mosCB { param } {
    set inst [iPDK_getCurrentInst]
    set grid [cdf_getMfgGrid $inst]
    set dbu 1
    switch $param {
```

```
        "l" {
            mosCheckLength $inst $grid $dbu
            mosCalcArea $param $inst $grid $dbu
        }
        "fingers" {
            set model [iPDK_getParamValue model $inst]
            set fingers [iPDK_getParamValue fingers $inst]
            if {$model=="n_mos" || $model=="p_mos"} {
                mosCheckFingers $inst $grid $dbu
            } else {
                esdmosCheckFingers $inst $grid $dbu
            }
            mosleftrighttap $param $inst
            mosCalcArea $param $inst $grid $dbu
        }
        "w" {
            mosCheckWidth $inst $grid $dbu
            mosCalcArea $param $inst $grid $dbu
        }
        "fw" {
            mosCheckFWidth $inst $grid $dbu
            mosCalcArea $param $inst $grid $dbu
        }
...
#LDE 版图效应计算
SCANum=expt(Scref2)/(Wdrawn*Ldrawn)*(Wid1*(1/SC1-1/(SC1+Ldrawn))
+Wid2*(1/SC2-1/(SC2+Ldrawn))+Wid3*(1/SC3-1/(SC3+Ldrawn))+Wid4*
(1/SC4-1/(SC4+Ldrawn))+Len5*(1/SC5-1/(SC5+Wdrawn))+Len6*(1/SC6-1/
(SC6+Wdrawn))+Len7*(1/SC7-1/(SC7+Wdrawn)))
...
    }
}
proc mosCheckLength { inst grid dbu } {
    ...
}
proc mosCalcArea { param inst grid dbu } {
    ...
}
...
```

2. MOS 管的 LDE 版图效应

MOS 管的 LDE 版图效应主要包括 WPE 效应、LOD 效应、OSE 效应、MBE 效应、OJE

效应、PPE 效应、CPO 效应等。

1）WPE 效应

在制造过程中，当对阱进行离子注入时，注入的离子与阱周围的光刻胶发生散射而富集在阱的边缘，在水平方向呈现掺杂浓度的非均一性，导致阱中的 MOS 管的阈值电压随管子到阱边缘的距离（SC_L、SC_R、SC_T、SC_B）而发生变化。这一特性被称为 WPE 效应，如图 3.24 所示。SCA、SCB 和 SCC 通俗地讲是器件到阱边缘距离的积分，数值越大，WPE 效应越大。式（3.1）、式（3.2）、式（3.3）分别为 SCA、SCB 和 SCC 的计算公式。WPE 效应计算示意图如图 3.25 所示。

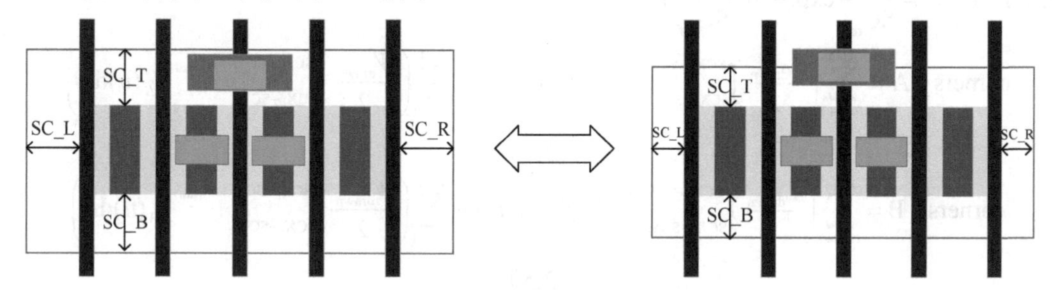

图 3.24　WPE 效应示意图

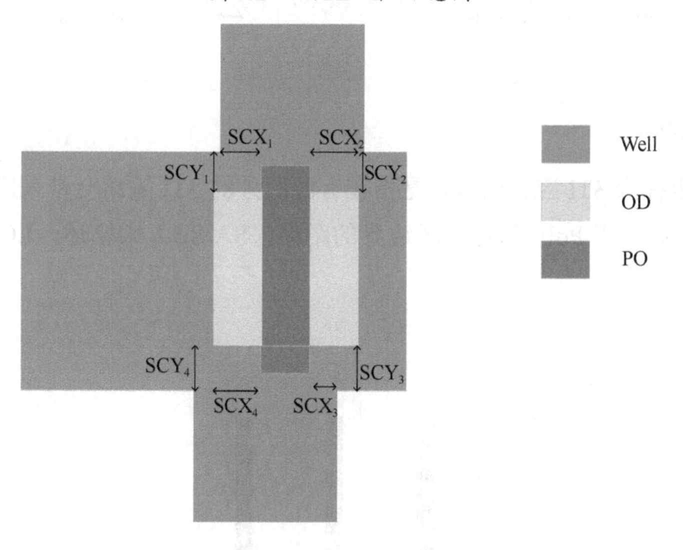

图 3.25　WPE 效应计算示意图

$$SCA=\left(\frac{1}{W_{\text{drawn}}\cdot L_{\text{drawn}}}\right)\cdot\left[\sum_{i=1}^{n}\left(W_i\int_{SC_i}^{SC_i+L_{\text{drawn}}}f_A(u)du\right)+\sum_{i=n+1}^{n+m}\left(L_i\int_{SC_i}^{SC_i+W_{\text{drawn}}}f_A(u)du\right)+\text{corners\_A}\right] \tag{3.1}$$

式中，$f_A(u)=\frac{SC_{ref}{}^2}{u^2}$。

$$\mathrm{SCB}=\left(\frac{1}{W_{\mathrm{drawn}}\cdot L_{\mathrm{drawn}}}\right)\cdot\left[\sum_{i=1}^{n}\left(W_i\int_{\mathrm{SC}_i}^{\mathrm{SC}_i+L_{\mathrm{drawn}}}f_{\mathrm{B}}(u)\mathrm{d}u\right)+\sum_{i=n+1}^{n+m}\left(L_i\int_{\mathrm{SC}_i}^{\mathrm{SC}_i+W_{\mathrm{drawn}}}f_{\mathrm{B}}(u)\mathrm{d}u\right)+\mathrm{corners\_B}\right] \tag{3.2}$$

式中，$f_{\mathrm{B}}(u)=\frac{u}{\mathrm{SC}_{\mathrm{ref}}}\exp(-10\cdot\frac{u}{\mathrm{SC}_{\mathrm{ref}}})$。

$$\mathrm{SCC}=\left(\frac{1}{W_{\mathrm{drawn}}\cdot L_{\mathrm{drawn}}}\right)\cdot\left[\sum_{i=1}^{n}\left(W_i\int_{\mathrm{SC}_i}^{\mathrm{SC}_i+L_{\mathrm{drawn}}}f_{\mathrm{C}}(u)\mathrm{d}u\right)+\sum_{i=n+1}^{n+m}\left(L_i\int_{\mathrm{SC}_i}^{\mathrm{SC}_i+W_{\mathrm{drawn}}}f_{\mathrm{C}}(u)\mathrm{d}u\right)+\mathrm{corners\_C}\right] \tag{3.3}$$

式中，$f_{\mathrm{C}}(u)=\frac{u}{\mathrm{SC}_{\mathrm{ref}}}\exp(-20\cdot\frac{u}{\mathrm{SC}_{\mathrm{ref}}})$。

$$\mathrm{corners\_A}=\sum_{i=m+1}^{m+4}\left(\frac{L_{\mathrm{drawn}}}{2}\int_{\mathrm{SCX}_i+\mathrm{SCY}_i}^{\mathrm{SCX}_i+\mathrm{SCY}_i+W_{\mathrm{drawn}}}f_{\mathrm{A}}(u)\mathrm{d}u\right)+\sum_{i=n+1}^{n+4}\left(\frac{W_{\mathrm{drawn}}}{2}\int_{\mathrm{SCX}_i+\mathrm{SCY}_i}^{\mathrm{SCX}_i+\mathrm{SCY}_i+W_{\mathrm{drawn}}}f_{\mathrm{A}}(u)\mathrm{d}u\right) \tag{3.4}$$

$$\mathrm{corners\_B}=\sum_{i=m+1}^{m+4}\left(\frac{L_{\mathrm{drawn}}}{2}\int_{\mathrm{SCX}_i+\mathrm{SCY}_i}^{\mathrm{SCX}_i+\mathrm{SCY}_i+W_{\mathrm{drawn}}}f_{B}(u)\mathrm{d}u\right)+\sum_{i=n+1}^{n+4}\left(\frac{W_{\mathrm{drawn}}}{2}\int_{\mathrm{SCX}_i+\mathrm{SCY}_i}^{\mathrm{SCX}_i+\mathrm{SCY}_i+W_{\mathrm{drawn}}}f_{\mathrm{B}}(u)\mathrm{d}u\right) \tag{3.5}$$

$$\mathrm{corners\_C}=\sum_{i=m+1}^{m+4}\left(\frac{L_{\mathrm{drawn}}}{2}\int_{\mathrm{SCX}_i+\mathrm{SCY}_i}^{\mathrm{SCX}_i+\mathrm{SCY}_i+W_{\mathrm{drawn}}}f_{\mathrm{C}}(u)\mathrm{d}u\right)+\sum_{i=n+1}^{n+4}\left(\frac{W_{\mathrm{drawn}}}{2}\int_{\mathrm{SCX}_i+\mathrm{SCY}_i}^{\mathrm{SCX}_i+\mathrm{SCY}_i+W_{\mathrm{drawn}}}f_{\mathrm{C}}(u)\mathrm{d}u\right) \tag{3.6}$$

2）LOD 效应

LOD 效应也称为 STI 应力效应，是指在有源区外的 STI 隔离会带来应力作用，影响管子的阈值电压，通常用 Poly 到有源区边界的距离（SA/SB）来描述。LOD 效应示意图如图 3.26 所示。

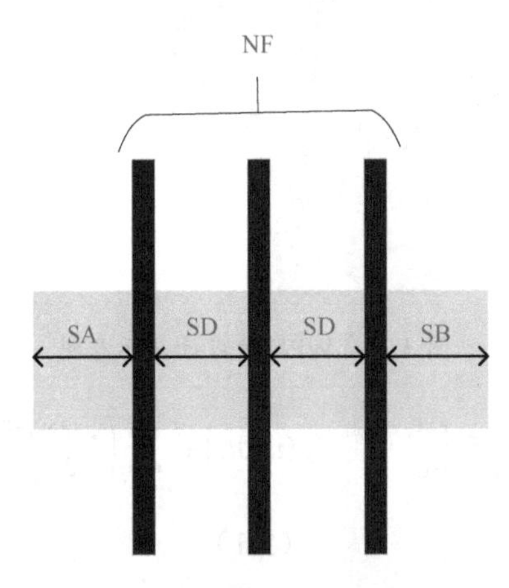

图 3.26　LOD 效应示意图

SA_{eff} 和 SB_{eff} 的计算公式如下。

$$\frac{1}{\mathrm{SA_{eff}}+0.5\cdot L}=\frac{1}{\mathrm{NF}}\cdot\sum_{i=0}^{\mathrm{NF}-1}\frac{1}{\mathrm{SA}+0.5\cdot L+i\cdot(\mathrm{SD}+L)} \tag{3.7}$$

$$\frac{1}{\mathrm{SB_{eff}}+0.5\cdot L}=\frac{1}{\mathrm{NF}}\cdot\sum_{i=0}^{\mathrm{NF}-1}\frac{1}{\mathrm{SB}+0.5\cdot L+i\cdot(\mathrm{SD}+L)} \tag{3.8}$$

3）OSE 效应

OD 到 OD 之间的距离（SFAX_L、SFAX_R、SFAX_T、SFAX_B）会影响管子的性能。这一特性被称为 OSE 效应。

由图 3.27 可知，随着 LOD 效应和 OSE 效应的增强，PMOS 的电流（性能）会提升，NMOS 的电流（性能）会下降。这虽对 PMOS 的性能是有好处的，但对 NMOS 的性能是不利的。如果在器件的 OD 上面施加一个向外的拉应力（Tensile Stress），那么作用将会和上述相反，PMOS 的电流（性能）会下降，NMOS 的电流（性能）会上升。这虽对 PMOS 的性能是不利的，但对 NMOS 的性能是有好处的。为了提高电路的性能，希望在 PMOS 上施加一个压应力（Compress Stress），在 NMOS 上施加一个拉应力。

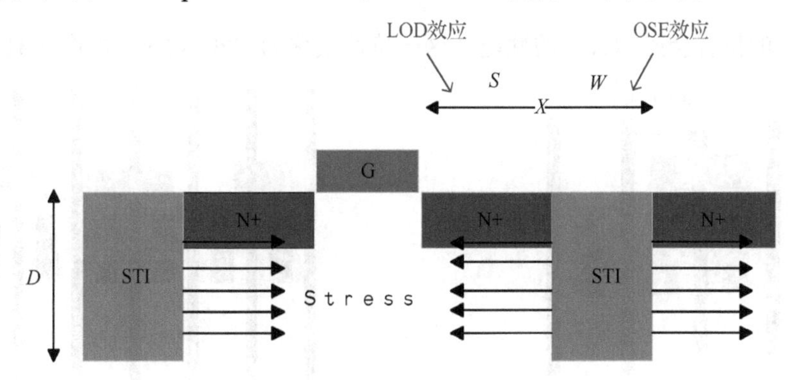

图 3.27　OSE 效应示意图

4）MBE 效应

N/P 管金属边缘之间的距离（SMBT/SMBB）会影响管子的性能。这一特性被称为 MBE 效应，如图 3.28 所示。

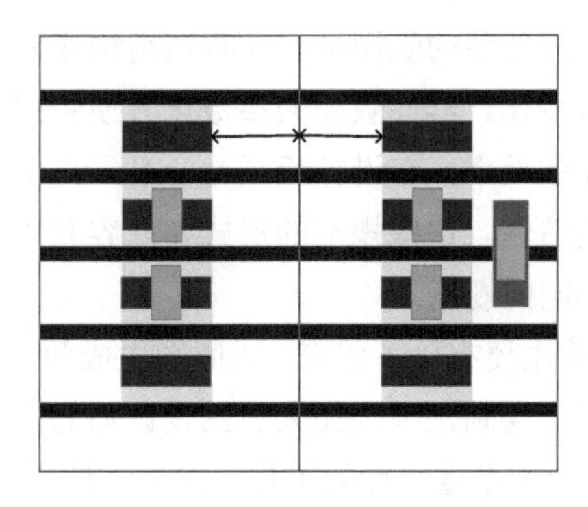

图 3.28　MBE 效应示意图

5）OJE 效应

拐角的 OD 与非拐角的 OD 会影响管子的性能。这一特性被称为 OJE 效应，如图 3.29 所示。

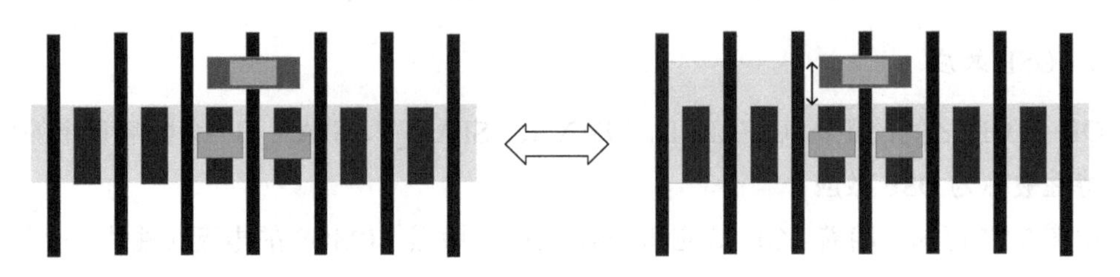

图 3.29　OJE 效应示意图

6）PPE 效应

Poly 之间的 Pitch 会影响管子的性能。这一特性被称为 PPE 效应，如图 3.30 所示。

7）CPO 效应

Poly Cut 的位置会影响管子的性能。这一特性被称为 CPO 效应，如图 3.31 所示。

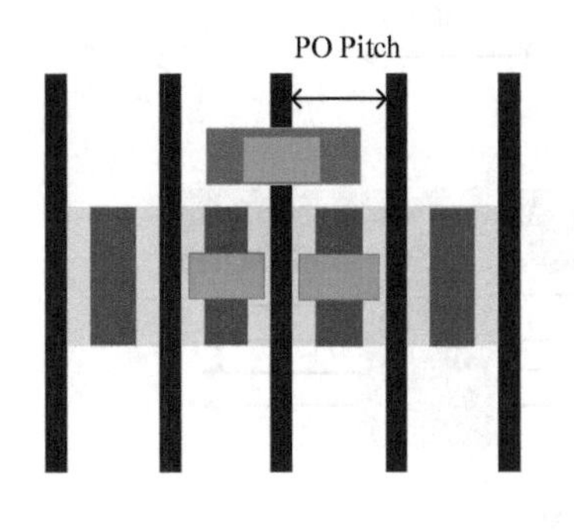

图 3.30　PPE 效应示意图

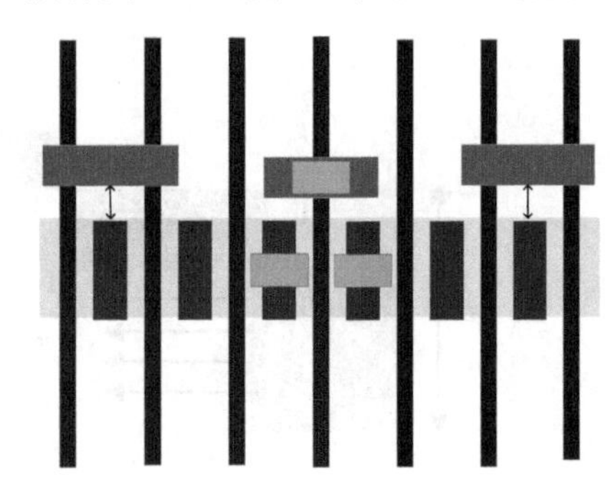

图 3.31　CPO 效应示意图

3.5　Pcell 文件

Pcell（参数化单元）对应器件的版图结构，将该结构变为一个可编程单元，由器件的参数控制该器件的版图结构变化。器件版图的参数化方便版图设计师进行版图设计，可以显著提高集成电路版图设计的效率。在设计版图时，必须严格遵循厂商提出的技术规范，以保证版图的准确性和可制造性。这些规范的形式和内容取决于晶圆代工厂的独特工艺。工艺差异可能会带来截然不同的规范。

用 Pcell 来开发版图结构主要有以下优点。①版图生成效率高，器件版图需要随着器件参数的变化而变化，如果手工绘制，则会加大版图设计师的工作量，且难以保证绘制的准确性，通过参数化，可以避免大量重复性的工作。②灵活易修改，当 Pcell 出现问题或由于工艺要求需要修改版图时，可以通过代码快速定位修改，无须考虑 Pcell 层次之间复杂的关系或分解其层次结构。针对代码开发可以提高 PDK 的通用性，当一套 PDK 或多套 PDK 中的器件使用相同或相似的结构时，通过修改部分代码可以很快完成设计，易于维护升级和后续的二次开发。

Python 具有语法简单、开源、标准库和第三方库众多、可扩展性强等优点。EPDK 采用 PythonAPI 对 Pcell 进行描述，描述后的 Pcell 叫作 PyCell。PythonAPI 是由 Ciranova 公司（已被 Synopsys 公司收购）基于 OpenAccess 数据库所开发的版图自动化设计工具，通过使用 Python 开源编程语言提供了一个非常高效的面向对象的编程环境，极易进行模块扩展。

3.5.1　PythonAPI 介绍

PythonAPI 主要由设计类、形状类、实例类和组类组成，如图 3.32 所示。设计类包括 Dlo（Dynamic Layout Object）、DloGen（Dlo Design Generator）及 Lib（Library）。DloGen 是 Dlo 所有设计相关类的基类。DloGen 是一个抽象基类，仅用于类派生，不能直接创建。Lib 用于表示 OpenAccess 数据库，用于读写 PyCell 设计对象。形状类表示可以在芯片布局中制造的所有形状。形状类（Shape）绘制在单个图层上，基本形状包括 Arc（圆弧）、Ellipse（椭圆）、Donut（圆环）、Path（路径）、Polygon（多边形）、Rect（矩形）等。实例类（Instance）和组类（Grouping）提供了绘制在多个图层上的多个组件布局对象。例如，ContactRing 创建一个保护环用于隔离、DeviceContact 构造满足设计规则的互连图层之间的连接方式、RoutePath 可以在两个不同的图层间建立连接线等。

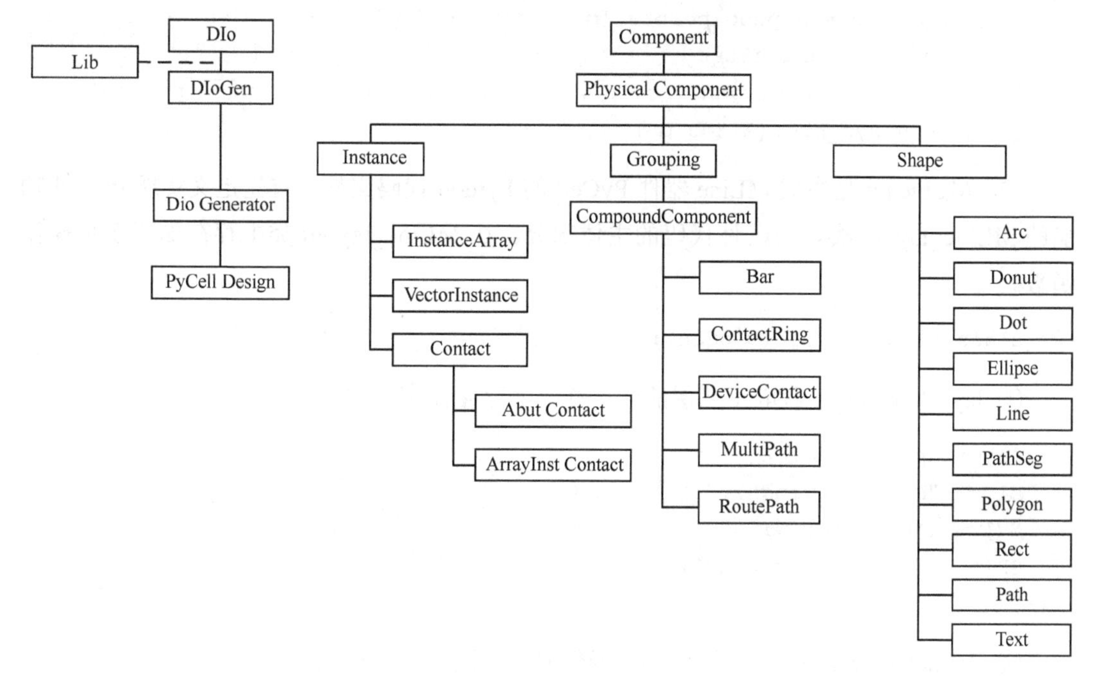

图 3.32　PythonAPI 的组成

接下来以 MLine 器件的版图为例进行介绍，一个完整的 PyCell 的实现需要三个文件：userfunction.py、MLine.py 和_init_.py。

（1）在 userfunction.py 文件中是自己定义的函数，开发者在实现某一通用的结构时可以自定义该结构的函数，通过直接调用该函数可以生成所需结构。例如，下面定义了生成圆形的函数。该函数将圆形近似为有 360 条边的多边形，生成 360 个点的坐标，使用多边形函数绘制 360 条边的多边形。

```
def Circle(cv,X,Y,R,Point,layNum) :     #定义绘制圆形的函数
    angleStep = None
    i = None
    PI = None
    points = None
    x0 = None
    y0 = None
    A = None
    angleStep = 360.0 / (Point - 1)
    i = 0
    PI = acos(-1)
    points = []
    while i<=360 :
        i<=360
        x0 = R * cos(i * PI / 180)
        y0 = R * sin(i * PI / 180)
        points = append(points,[m_list(x0 + X,y0 + Y)])
        i = i + angleStep
    A = rodCreatePolygon(['cvId',cv],['layer',layNum],['pts',points])
    return sys_prop(A,"dbId")
```

（2）MLine.py 是生成 MLine 器件 PyCell 的 Python 代码文件，首先定义实现 PyCell 功能的 MLine_layout 类，是器件代码的主体部分。在 MLine_layout 类中存在如下多种操作函数。

```
class MLine_layout(DloGen):
```

① layerMapping，获取工艺层的名称并赋值存储在字典中。

```
layerMapping = dict(
M1 = ("M1","drawing"),
NV1 = ("NV1","drawing"),
GR15 = ("GR15","drawing"),
…)
```

② defineParamSpecs，定义 MLine 器件的参数同时赋予初始值。

```
def defineParamSpecs(cls, specs):
    mySpecs = ParamSpecArray()
    cls.layer = LayerDict(specs.tech, cls.layerMapping)
    if not hasattr(cls, 'default'):
    cls.default = dict()
    maskgrid = specs.tech.getGridResolution()
    grid  = Grid(maskgrid, snapType=SnapType.CEIL)
    W = cls.defaultW
    mySpecs("W",W,'W')
    Type = cls.defaultType
    mySpecs("Type",Type,"Type")
    …
    renameParams(mySpecs, specs, cls.paramNames)
```

③ 获取用户输入的参数值后，用户输入的参数值会覆盖参数的默认值，生成对应的版图结构。StringToFloat 用于将工程数值转换为科学数值（如 1μ 转换为 1e-6），Grid(self.maskgrid, snapType=SnapType.CEIL)用于将 PyCell 网格与技术文件中的网格相对应并保证 PyCell 能被准确放置在布局的网格上。

```
def setupParams(self, params):
    self.paramNamesReversed = reverseDict(self.paramNames)
    myParams = ParamArray()
    renameParams(params, myParams, self.paramNamesReversed)
    self.layer = LayerDict(self.tech, self.layerMapping)
    self.maskgrid = self.tech.getGridResolution()
    self.grid = Grid(self.maskgrid, snapType=SnapType.CEIL)
    self.Type = myParams['Type']
    self.W= StringToFloat(myParams['W'])     #转换为科学数值
    …
```

④ genLayout，其中是关于器件版图的具体实现，代码如下。

```
def genLayout(self):
    W = self.W
      L = self.L
      Type = self.Type
      Rect(0,0,L,W,"M1")
      Rect(0,0,L,W,"M2")
      Rect(0,0,L,W,"dummy_M1")
     …
```

（3）_init_.py 文件内容分为三个部分。第一部分是将同一目录 MLine.py 的源代码导入，如 import MLine。第二部分是建立器件列表并为器件分类，如

```
cells = [[ MLine.MLine, "MLine" ]]
```

其中，第一个 MLine 表示器件名称；第二个 MLine 表示在 MLine.py 文件中定义的类名；第三个 MLine 表示在生成的版图界面上显示的器件名称。第三部分是编译器件源代码并生成 Pcell 版图，将器件列表转换为 list 的数据类型，将器件列表中所有的器件编译成 Pcell 版图并保存在 library 中。

```
import MLine
…
cells = [[ MLine.MLine, "MLine" ]]
…
def definePcells( lib):                  #编译所有器件源代码
    libTechName = lib.getTech().name()
    cellsToUse = list(cells)
    listOfCells = os.getenv("MyListOfCells")
    if listOfCells:
        listOfCells = listOfCells.split(",")
        for cell in cellsToUse:
            if cell[1] in listOfCells:
                lib.definePcell( cell[0], cell[1])
    else:
        for cell in cellsToUse:
            lib.definePcell( cell[0], cell[1])
```

3.5.2 基本的形状类函数介绍

1. Arc 函数

Arc 函数用于创建一个圆弧，圆弧由圆弧边界、圆弧的起始弧度和停止弧度定义（单位为 rad）。Arc()写法如下。

```
Arc(Layer layer, Box box, double startAngle=0.0, double endAngle=0.0, Box
arcBox=None)
```

Layer 为层名称；Box(x_1, y_1, x_2, y_2)为由点(x_1, y_1)、点(x_1, y_2)、点(x_2, y_1)、点(x_2, y_2)组成的矩形，作为圆弧的边界；double startAngle、double endAngle 为圆弧的起始弧度和停止弧度（起始弧度默认为 0）。

例如：

```
Arc(Layer('M1'), Box(0,0,20.0,10.0), 0, 3.14159)
```

运行结果如图 3.33 所示。

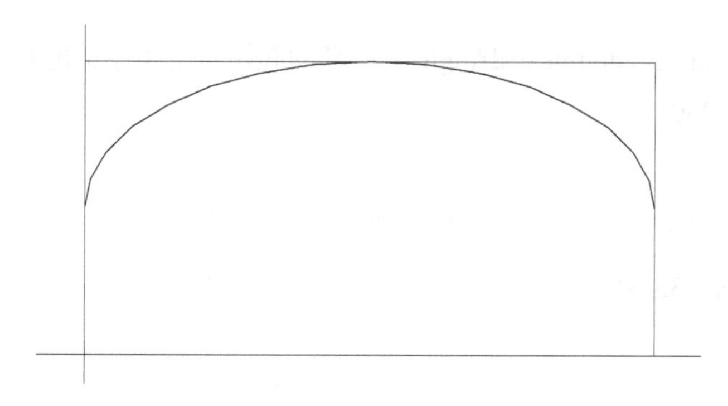

图 3.33　运行结果 1

2. Ellipse 函数

Ellipse 函数用于创建一个椭圆，椭圆由椭圆边界、椭圆的起始角度和停止角度定义（角度单位为°）。Ellipse()写法如下。

```
Ellipse(Layer layer, Box box, double startAngle=0.0, double endAngle= 360.0)
```

Layer 为层名称；Box(x_1, y_1, x_2, y_2)为由点(x_1, y_1)、点(x_1, y_2)、点(x_2, y_1)、点(x_2, y_2)组成的矩形，作为椭圆的边界；double startAngle、double endAngle 为圆弧的起始角度和停止角度（起始角度和停止角度默认为 0°和 360°）。

例如：

```
Ellipse(Layer('M1'), Box ( 0,0,20.0,10.0))
```

运行结果如图 3.34 所示。

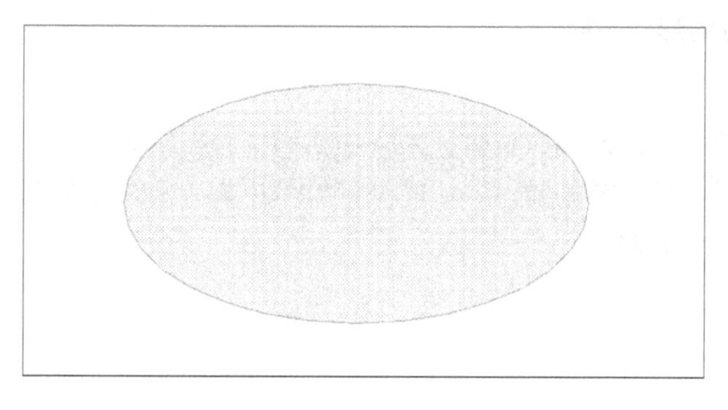

图 3.34　运行结果 2

3. Donut 函数

Donut 函数用于创建一个圆环，圆环由中心点、外径和内径，以及起始角度和停止角度定义。Donut()写法如下。

```
Donut(Layer layer, Point center, Coord radius, Coord holeRadius, double
startAngle=0.0, double endAngle=360.0)
```

Layer 为层名称；Point 为中心点的坐标；Coord radius、Coord holeRadius 分别为外径和

内径；double startAngle、double endAngle 为圆环的起始角度和停止角度（起始角度和停止角度默认为 0° 和 360° ）。

例如：

```
Donut(Layer('M1'), Point(50.0,50.0), 40.0, 20.0,0,180)
```

运行结果如图 3.35 所示。

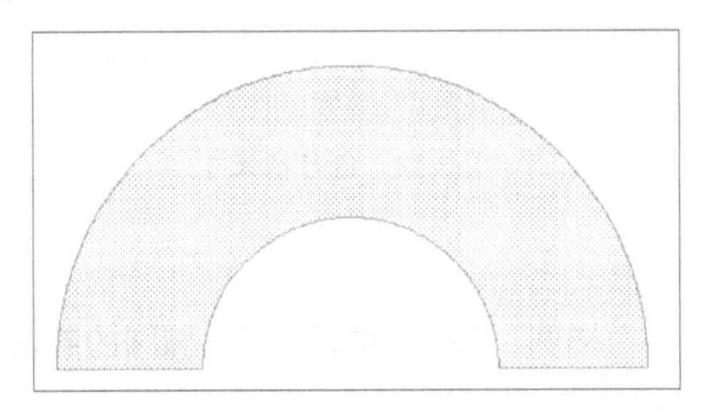

图 3.35　运行结果 3

4. Path 函数

Path 函数用于创建一条路径，路径使用点坐标列表来定义。Path()写法如下。

```
Path(Layer layer, Coord width, PointList points, PathStyle style =
PathStyle TRUNCATE)
```

Layer 为层名称；PointList points 为点坐标列表；Coord width 为路径的宽度；PathStyle style 为路径的样式（TRUNCATE、EXTEND、ROUND、VARIABLE），不同路径样式的区别就是起点和终点的形状不同。

例如：

```
p1 = [Point(0,0), Point(1,0), Point(1,1), Point(2,1)]
Path(Layer('M1'), width=0.05, points=p1,style=PathStyle.EXTEND)
```

运行结果如图 3.36 所示。

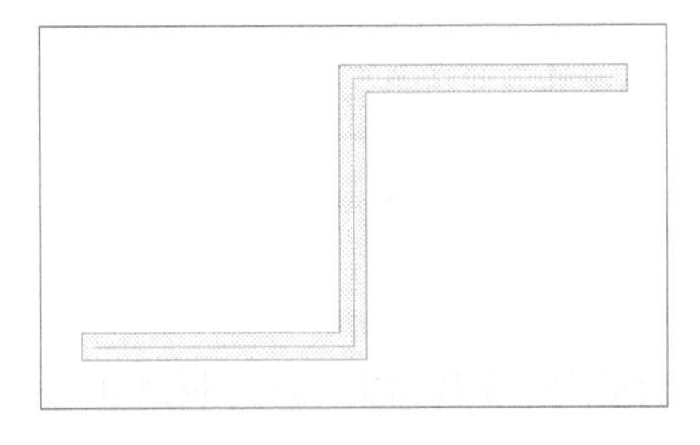

图 3.36　运行结果 4

5. Polygon 函数

Polygon 函数用于创建一个多边形，多边形使用点坐标列表来定义，点坐标列表应该至少包含三个点的坐标。Polygon()写法如下。

```
Polygon(Layer layer, PointList points)
```

Layer 为层名称；PointList points 为点坐标列表。

例如：

```
Polygon(Layer('M1'), [Point(10.0,20.0),Point(30.0,40.0), Point(50.0,20.0)])
```

运行结果如图 3.37 所示。

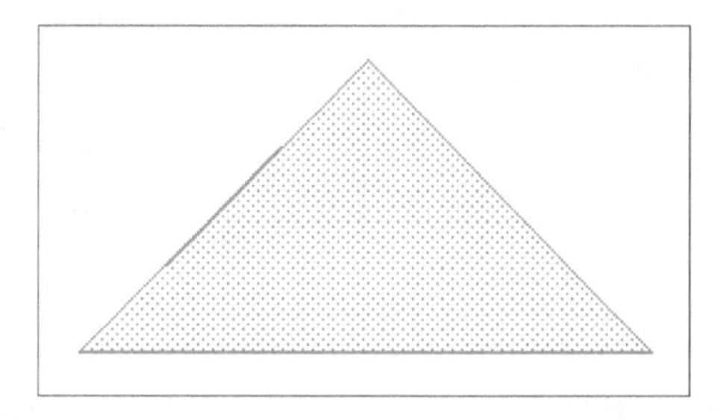

图 3.37 运行结果 5

6. Rect 函数

Rect 函数用于创建一个矩形，矩形使用两个点坐标来定义。Rect()写法如下。

```
Rect(Layer layer, Box box)
```

Layer 为层名称，Box(x_1, y_1, x_2, y_2)为由点(x_1, y_1)、点(x_1, y_2)、点(x_2, y_1)、点(x_2, y_2)组成的矩形。

例如：

```
Rect(Layer('metal1'), Box(10,10,20.0,30.0))
```

运行结果如图 3.38 所示。

图 3.38 运行结果 6

3.5.3 PyCell 文件添加和运行

在 PBQ 工具左侧工程树上右击 pycell，选择 Import 选项，可以将关于器件的.py 文件导入。选择 Import 选项如图 3.39 所示。

编辑好后，右击该器件，选择 View layout 选项，可以直接编译编辑好的.py 文件，调用 Aether layout 界面显示结果，方便开发者进行 Debug。选择 View layout 选项如图 3.40 所示。

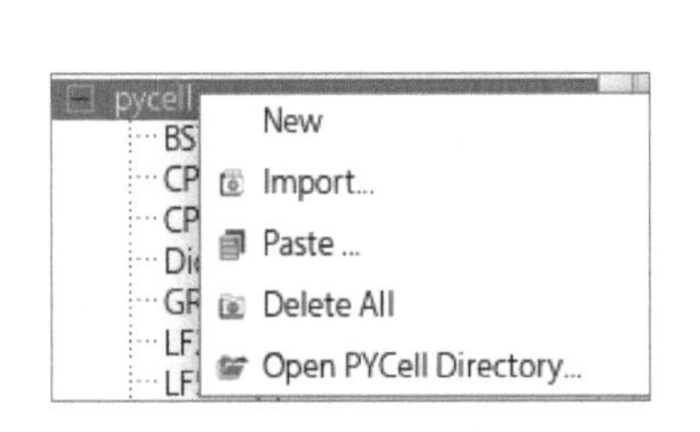

图 3.39 选择 Import 选项

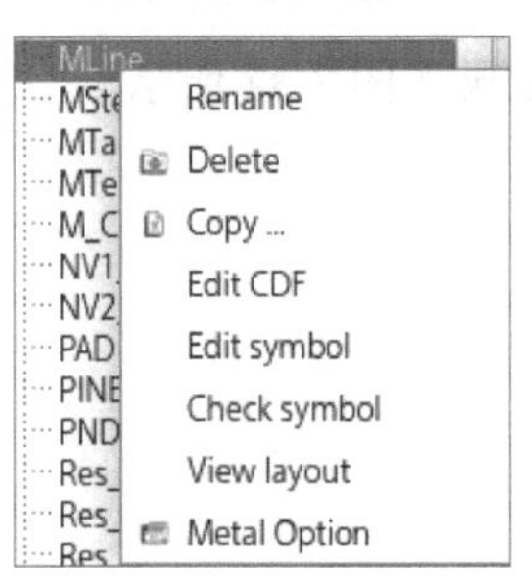

图 3.40 选择 View layout 选项

3.6 模型及网表文件

仿真模型是原理图仿真的核心，当电路设计师设计好电路之后，通过电路仿真工具生成关于器件及仿真条件的电路仿真网表。电路仿真工具通过电路仿真网表识别器件的连接关系及器件的模型名称，通过器件的模型名称检索模型文件中器件对应的模型网表，实现对所用器件模型的调用，以方便电路设计师使用 PDK 完成电路级别的仿真。

3.6.1 MOSFET 模型介绍

1. MOSFET 工作原理

MOSFET（Metal Oxide Semiconductor Field Effect Transistor，金属氧化物半导体场效应晶体管）是一种四端口器件，按照沟道类型可分为 N 型 MOSFET（NMOS）和 P 型 MOSFET（PMOS）两种。图 3.41 所示为一个 N 型 MOSFET，包括一个 P 型半导体衬底及在其上形成的两个 N+区域（源极和漏极），该区域通常通过离子注入形成。氧化层上方是重掺杂多晶硅或金属硅化物与多晶硅的复合层，称为栅极，第四个端口为连接至衬底的欧姆接触（Ohmic Contact）端口。

根据工作模式将 MOSFET 分为增强型 MOSFET 和耗尽型 MOSFET。增强型 MOSFET 在零偏压时不存在导电沟道，为常断器件，需要通过施加一定的栅极电压形成导电沟道。能形成导电沟道的最小栅极电压称为开启电压或阈值电压。阈值电压 V_{th} 在电路设计中影响非常大，是 MOSFET 最重要的参数之一。耗尽型 MOSFET 本身在源漏之间就存在导电沟道，在栅极电压为零时是导通的，要使器件截止，就需要施加反向的栅极电压将沟道耗尽。

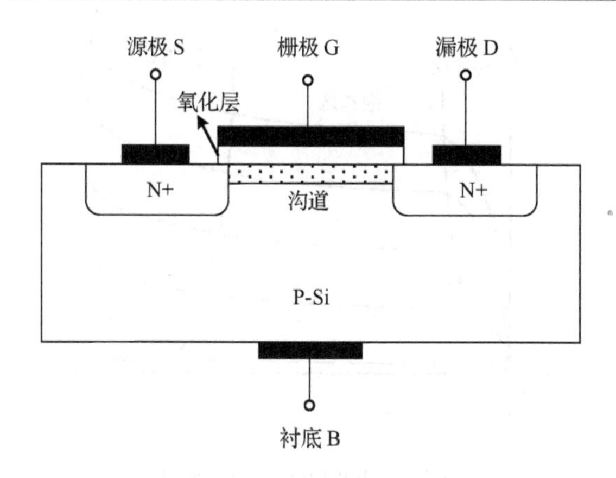

图 3.41　N 型 MOSFET

下面以增强型 MOSFET 为例来讲述 MOSFET 的工作原理，当未施加栅极电压或栅极电压小于阈值电压（$V_{gs}=0$ 或 $V_{gs} < V_{th}$）时，源漏之间可以看作两个背对背的 PN 结，空穴是器件有源区中的多子，在理想情况下源漏之间不存在导电沟道，MOSFET 处于截止状态。在实际应用中，漏极电流依然存在。在截止状态下，漏极电流随栅极电压呈指数变化，通常称该电流为亚阈值电流或泄漏电流。在亚阈值电流中，扩散机制占主导。亚阈值电流的计算公式通常为

$$I_{ds} \propto \frac{qV_{gs}}{e^{nk_B T}} \tag{3.9}$$

式中，q 是基本电荷；V_{gs} 是栅极电压；n 是体系数；k_B 是玻尔兹曼常数；T 是温度。

当栅极电压大于阈值电压（$V_{gs} > V_{th}$）时，空穴会在电场力的作用下从有源区进入衬底，在两个 N+区域之间的硅表面形成可移动的负电荷层（反型层），即导电沟道，与 P 型衬底的导电类型相反。

当 $0<V_{ds}<V_{gs}-V_{th}$ 时，电子将由源极经沟道流向漏极，MOSFET 处于线性区。在线性区，沟道如同电阻，漏极电流与漏极电压成正比。此时 I_{ds} 的计算公式为

$$I_{ds} = \frac{W}{L}\mu C_{ox}(V_{gs} - V_{th} - \frac{1}{2}V_{ds})V_{ds} \tag{3.10}$$

式中，I_{ds} 是漏极电流；V_{gs} 是栅极电压；W 是栅极宽度；L 是栅极长度；μ 是迁移率；C_{ox} 是栅氧电容；V_{ds} 是漏极电压。

当 $0<V_{gs}-V_{th}<V_{ds}$ 时，MOSFET 处于饱和区。此时，I_{ds} 达到了饱和，故在饱和区，I_{ds} 不再随 V_{ds} 的增大而变化。饱和区 I_{ds} 的计算公式为

$$I_{ds} = \frac{W}{2L}\mu C_{ox}(V_{gs} - V_{th})^2 \tag{3.11}$$

MOSFET 输出特性曲线如图 3.42 所示。

如果 V_{ds} 进一步增大，则 MOSFET 处于击穿区，漏极的高电场强度引起漏-衬 PN 结被击穿，I_{ds} 随着 V_{ds} 的增大而迅速增大。

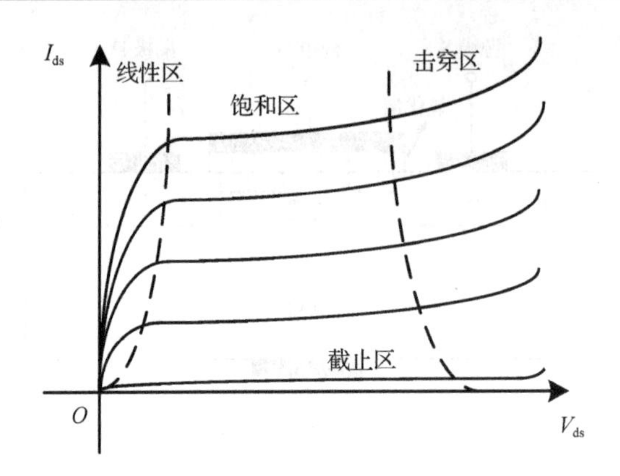

图 3.42 MOSFET 输出特性曲线

2. BSIM4

MOSFET 模型大致可以分为三代。第一代模型包括 Level 1、Level 2 和 Level 3（它们构成了最初的 Berkeley SPICE），这些模型是基于物理特性的 MOSFET 解析模型，在模型方程中考虑了器件几何结构而不仅专注于精确的数学表达；第二代模型（如 BSIM1、BSIM2 等）的重点为电路仿真和参数提取，因此模型的建立很大程度上依赖于参数的提取，限定模型方程的数学条件很多，在描述器件的几何特性时引入了独立的器件模型参数和一个完全分离的参数结构，这样会产生一些没有明确物理意义的经验参数；第三代模型回归到比较简单的模型结构，模型参数比较少，且模型参数是基于物理效应而非经验的，模型应用平滑方程，从而能用单个方程描述 *I-V* 和 *C-V* 特性，并保证 *I-V* 和 *C-V* 特性的连续性，较好地描述了器件的物理特性，如工业界使用较为广泛的 BSIM 系列模型、EKV 模型、PSP 模型。一个完整的 MOSFET 模型，不仅需要在中低频段有良好的特性，而且在高频段应该有较好的特性，本节介绍的 BSIM4 从直流到交流，甚至到高频段都有完整的物理特性模型及相关的电路仿真表达式。

BSIM 系列模型是伯克利大学 BSIM 模型组开发的，BSIM1 和 BSIM2 都是通过简单的直流模型来描述短沟道 MOSFET 传输特性的，二者都是基于半经验的模型，BSIM3 完全建立在物理模型的基础上，它是基于准 2D 分析的物理模型，重点解决器件工作时的物理特性问题，而且考虑了工艺参数和器件尺寸的影响，在具体使用中为了提高其准确度，还引入了拟合参数来修改模型方程在描述某些器件特性时出现的误差，BSIM3v3 版本更是作为工业界标准得到了广泛的应用。随着器件进入深亚微米阶段，BSIM3 在射频、高频模拟电路和高速数字电路等方面的不足渐渐体现出来，BSIM4 在其基础上考虑了更多尺寸缩小带来的影响，功能有了很大的改进，在直流、恒压及射频方面都能更好地描述器件特性，具体体现在以下方面：①当器件工作在射频、高频模拟电路和高速数字电路时，加入了新的本征输入电阻模型；②具有缩放性能更好的射频衬底阻抗网络；③加入了新的沟道热噪声模型及栅极噪声模型；④对于多层栅极介质，提供了准确的栅极隧穿电流模型；⑤对于不同栅极和源漏接触点器件，提供了一套综合的与尺寸相关的寄生效应模型；⑥加入了

GIDL/GOSL 模型；⑦加入了考虑版图效应的可缩放的 STI 应力模型；⑧加入了依赖器件几何形状和版图结构的源漏寄生模型及非对称源漏结二极管模型等。

1）阈值电压模型

阈值电压 V_{th} 是 MOSFET 最重要的参数之一。为了使电路仿真工具能够正确地仿真电路特性，建立精确的阈值电压模型是非常重要的。在现代 MOSFET 工艺中，沟道大部分采用离子注入方法进行掺杂，又称为调阈值注入，注入的离子一般位于衬底的表面，通过改变注入离子的能量和剂量就可以获得预期的阈值电压。BSIM4 中的阈值电压模型是在长沟道、宽沟道 MOSFET 基本阈值电压方程基础上逐步加入小尺寸效应构成的。BSIM4 的阈值电压方程主要考虑了以下效应：纵向沟道的非均匀掺杂效应、横向沟道的非均匀掺杂效应、短沟道效应、漏致势垒降低效应、窄宽沟道效应。

对于简单的大尺寸均匀掺杂的长沟道、宽沟道晶体管来说，阈值电压方程为

$$V_{th} = \text{VFB} + \Phi_s + \gamma\sqrt{\Phi_s - V_{bs}} = \text{VTH0} + \gamma(\sqrt{\Phi_s - V_{bs}} - \sqrt{\Phi_s}) \tag{3.12}$$

式中，VFB 是平带电压；VTH0 是长沟道器件在衬底偏压为零时的阈值电压；γ 是本征偏置系数，表示为

$$\gamma = \sqrt{2q\varepsilon_{si}N_{sub}}\Big/C_{ox} \tag{3.13}$$

式中，N_{sub} 是衬底均匀掺杂浓度。表面电位势 Φ_s 表示为

$$\Phi_s = [2k_B T\ln(N_a / n_i)] / q \tag{3.14}$$

式（3.12）是在假设沟道均匀掺杂且沟道足够长、足够宽的情况下得出的。但在实际中，由于沟道是采用离子注入方法进行掺杂的，因此衬底掺杂浓度在沟道的垂直方向是非均匀的，实际衬底掺杂浓度的分布及其近似如图 3.43 所示。

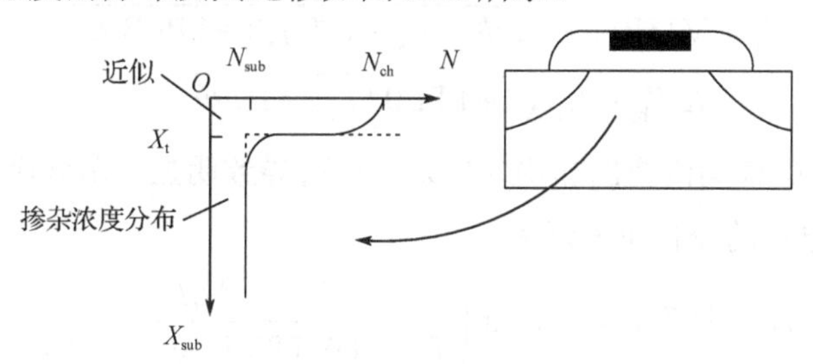

图 3.43　实际衬底掺杂浓度的分布及其近似

一般在接近硅氧化层的地方掺杂浓度比衬底深处要高，这可以用来调整阈值电压。衬底的杂质可以认为近似服从半高斯分布，因此可以用一个阶梯函数来近似此效应。如图 3.43 所示，用 N_{ch} 来近似接近硅氧化层处的掺杂浓度，用 N_{sub} 来近似衬底深处的掺杂浓度，用 X_t 来近似从 N_{ch} 到 N_{sub} 的深度。在源漏之间加电压会影响阈值电压，这里表示为

$$V_{th} = \text{VTH0} + K_1(\sqrt{\Phi_s - V_{bs}} - \sqrt{\Phi_s}) - K_2 V_{bs} \tag{3.15}$$

此处的本征偏置系数 γ 不再是固定值，而成为衬底偏置的函数。K_1 和 K_2 的具体表达式为

$$K_1 = \gamma_2 - 2K_2\sqrt{\Phi_s - \mathrm{VBM}} \tag{3.16}$$

$$K_2 = [(\gamma_1 - \gamma_2)(\sqrt{\Phi_s - \mathrm{VBX}} - \sqrt{\Phi_s})]/[2\sqrt{\Phi_s}(\sqrt{\Phi_s - \mathrm{VBM}} - \sqrt{\Phi_s}) + \mathrm{VBM}] \tag{3.17}$$

式中，VBM 和 VBX 是与衬底偏置电压相关的模型参数；γ_1 和 γ_2 分别为当衬底掺杂浓度等于 N_{ch} 和 N_{sub} 时的体偏置系数，可由下式求得。

$$\gamma_1 = \sqrt{2q\varepsilon_{si}N_{ch}}\Big/C_{ox} \tag{3.18}$$

$$\gamma_2 = \sqrt{2q\varepsilon_{si}N_{sub}}\Big/C_{ox} \tag{3.19}$$

接近源漏区域的掺杂浓度比沟道中部高，此现象称为横向沟道的非均匀掺杂效应，如图 3.44 所示。

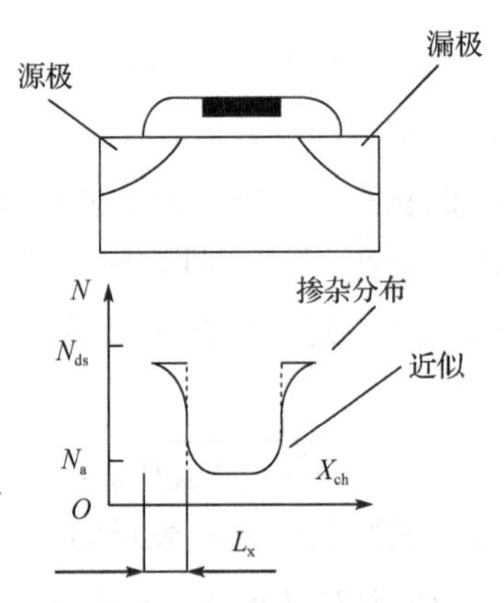

图 3.44　横向沟道的非均匀掺杂效应

随着器件沟道长度的减小，整个沟道的平均掺杂浓度提高，这样由横向沟道的非均匀掺杂效应引起的阈值电压变化就不能忽略了，考虑此效应后，阈值电压为

$$\begin{aligned} V_{th} = {} & \mathrm{VTH0} + K_1(\sqrt{\Phi_s - V_{bs}} - \sqrt{\Phi_s})\sqrt{1 + \mathrm{LPEB}/L_{eff}} - \\ & K_2 V_{bs} + K_1(\sqrt{1 + \mathrm{LPE0}/L_{eff}} - 1)\sqrt{\Phi_s} \end{aligned} \tag{3.20}$$

在长沟道器件中，横向沟道的非均匀掺杂效应可导致明显的漏致阈值电压漂移（DITS）效应，此时，阈值电压的变化可表示为

$$\Delta V_{th}(\mathrm{DITS}) = -nv_t \cdot \ln\left(\frac{(1 - \mathrm{e}^{-V_{ds}/v_t})L_{eff}}{L_{eff} + \mathrm{DVTP0}(1 + \mathrm{e}^{-\mathrm{DVTP1}\cdot V_{ds}})}\right) \tag{3.21}$$

根据前面的理想阈值电压表达式，长沟道器件的阈值电压与沟道长度是没有关系的，阈值电压是基于渐变沟道近似推导得出的，衬底耗尽区内的电荷仅由栅极电压产生的电场感应产生，与源漏之间的电场无关。然而，随着沟道长度的减小，源漏之间的电场将会影响电荷分布、阈值电压控制等器件特性，此效应称为短沟道效应（SCE）和漏致势垒降低效应（DIBL），阈值电压的变化可以表示为

$$\Delta V_{th}(\mathrm{SCE}) = -\frac{0.5 \cdot \mathrm{DVT0}}{\cosh(\mathrm{DVT1} \cdot \dfrac{L_{eff}}{l_t}) - 1} \cdot (V_{bi} - \Phi_s) \tag{3.22}$$

$$l_t = \sqrt{\frac{\varepsilon_{si} \cdot \text{TOXE} \cdot X_{dep}}{\text{EPSROX}}} \cdot (1 + \text{DVT2} \cdot V_{bs}) \tag{3.23}$$

式中，衬底耗尽区宽度 X_{dep} 为

$$X_{dep} = \sqrt{\frac{2\varepsilon_{si}(\Phi_s - V_{bs})}{q \cdot \text{NDEP}}} \tag{3.24}$$

$$\Delta V_{th}(\text{DIBL}) = -\frac{0.5}{\cosh(\text{DSUB} \cdot \frac{L_{eff}}{l_{t0}}) - 1} \cdot (\text{ETA0} + \text{ETAB} \cdot V_{bs}) \cdot V_{ds} \tag{3.25}$$

$$l_{t0} = \sqrt{\frac{\varepsilon_{si} \cdot \text{TOXE} \cdot X_{dep0}}{\text{EPSROX}}} \tag{3.26}$$

$$X_{dep0} = \sqrt{\frac{2\varepsilon_{si}\Phi_s}{q \cdot \text{NDEP}}} \tag{3.27}$$

当器件尺寸缩小时，沟道长度变短，宽度同比例缩小，于是产生了窄沟道效应。由于边缘场的影响，沟道耗尽区在沟道两侧向场区方向有一定的扩张。当沟道宽度较大时，沟道耗尽区扩张的部分可忽略不计；但当沟道逐渐变窄时，边缘场造成的扩张就变得十分重要，耗尽区中电荷的数量比原本计算的要大得多，于是就出现了窄沟道效应——阈值电压增大。阈值电压的变化可表示为

$$\Delta V_{th}(\text{Narrow\_width1}) = (K_3 + K_3 \cdot B \cdot V_{bs})\frac{\text{TOXE}}{W'_{eff} + W_0}\Phi_s \tag{3.28}$$

同时考虑短沟道效应和窄沟道效应后，可得到

$$\Delta V_{th}(\text{Narrow\_width2}) = -\frac{0.5 \cdot \text{DVT0W}}{\cosh(\text{DVT1W} \cdot \frac{L_{eff}W'_{eff}}{l_{tw}}) - 1}(V_{bs} - \Phi_s) \tag{3.29}$$

$$l_{tw} = \sqrt{\frac{\varepsilon_{si} \cdot \text{TOXE} \cdot X_{dep}}{\text{EPSROX}}} \cdot (1 + \text{DVT2W} \cdot V_{bs}) \tag{3.30}$$

综合考虑上述效应后，阈值电压的 SPICE 表达式为

$$V_{th} = \text{VTH0} + (K_{1ox}\sqrt{\Phi_s - V_{bseff}} - K_1\sqrt{\Phi_s})\sqrt{1 + \frac{\text{LPEB}}{L_{eff}}} - K_{2ox}V_{bseff} +$$
$$K_{1ox}\left(\sqrt{1 + \frac{\text{LPE0}}{L_{eff}}} - 1\right)\sqrt{\Phi_s} + (K_3 + K_3 \cdot B \cdot V_{bseff})\frac{\text{TOXE}}{W'_{eff} + W_0}\Phi_s -$$
$$0.5[\frac{\text{DVT0W}}{\cosh(\text{DVT1W}\frac{L_{eff}W'_{eff}}{l_{tw}}) - 1} + \frac{\text{DVT0}}{\cosh(\text{DVT1}\frac{L_{eff}}{l_t}) - 1}](V_{bi} - \Phi_s) -$$

$$\frac{0.5}{\cosh(\mathrm{DSUB}\frac{L_{\mathrm{eff}}}{l_{\mathrm{t0}}})-1}(\mathrm{ETA1}+\mathrm{ETAB}\cdot V_{\mathrm{bs}})V_{\mathrm{ds}}-nv_{\mathrm{t}}\ln\left[\frac{(1-\mathrm{e}^{-V_{\mathrm{ds}}/v_{\mathrm{t}}})L_{\mathrm{eff}}}{L_{\mathrm{eff}}+\mathrm{DVTP0}\cdot(1+\mathrm{e}^{-\mathrm{DVTP1}\cdot V_{\mathrm{ds}}})}\right]$$

（3.31）

式中

$$K_{1\mathrm{ox}}=K_1\frac{\mathrm{TOXE}}{\mathrm{TOXM}},\quad K_{2\mathrm{ox}}=K_2\frac{\mathrm{TOXE}}{\mathrm{TOXM}} \tag{3.32}$$

式（3.31）中所有的V_{bs}被V_{bseff}替代，这是为了在模拟过程中为衬底偏置设置一个高的界限，否则会出现许多无意义的值。

$$V_{\mathrm{bseff}}=V_{\mathrm{bc}}+0.5[(V_{\mathrm{bs}}-V_{\mathrm{bc}}-\delta_1)+\sqrt{(V_{\mathrm{bs}}-V_{\mathrm{bc}}-\delta_1)^2-4\delta_1V_{\mathrm{bc}}}\,] \tag{3.33}$$

阈值电压的提取受到很多人的关注，很多文章都给出了方法。这些方法中有的采用求*I-V*特性曲线截距的线性法，有的采用优化法。这些方法各有优缺点：线性法简单，原理清晰，但是精度不足；优化法可以保证精度，但是运算复杂度高。

2）迁移率模型

迁移率模型对晶体管模型的精确性有至关重要的作用。振动量子散射、粒子散射和表面粗糙度散射等机制都能影响器件表面迁移率。在室温下，当器件表面质量较好时，振动量子散射通常是主要的散射机制。迁移率取决于很多过程参数和偏置条件，如栅氧厚度、阈值电压、栅极电压、衬底电压及衬底掺杂浓度等。

在定义有效迁移率之前，一般需要先定义有效电场E_{eff}。E_{eff}的物理意义可以理解为载流子在反型层的平均电场，可表示为

$$E_{\mathrm{eff}}=\left[Q_{\mathrm{B}}+(Q_{\mathrm{n}}/2)\right]/\varepsilon_{\mathrm{si}} \tag{3.34}$$

式中，Q_{B}为体区电荷；Q_n为反型层电荷。

由上式可得迁移率的统一模型为

$$\mu_{\mathrm{eff}}=\mu_0/[1+(E_{\mathrm{eff}}/E_0)^{v}] \tag{3.35}$$

μ_0、E_0及v的值见表3.7。

表 3.7　μ_0、E_0及v的值

类型	μ_0	E_0	v
电子	670 cm²/(V·s)	0.67 MV/cm	1.6
空穴	160 cm²/(V·s)	0.7 MV/cm	1.0

对式（3.35）进行泰勒展开，除去系数并由实验数据计算可得到以下的迁移率模型。

当 mobMod = 0 时，可得

$$\mu_{\mathrm{eff}}=\frac{U_0\cdot f(L_{\mathrm{eff}})}{1+(U_{\mathrm{A}}+U_{\mathrm{C}}V_{\mathrm{bseff}})(\frac{V_{\mathrm{gsteff}}+2V_{\mathrm{th}}}{\mathrm{TOXE}})+U_{\mathrm{B}}(\frac{V_{\mathrm{gsteff}}+2V_{\mathrm{th}}}{\mathrm{TOXE}})^2+U_{\mathrm{D}}(\frac{V_{\mathrm{th}}\cdot\mathrm{TOXE}}{V_{\mathrm{gsteff}}+2V_{\mathrm{th}}})^2} \tag{3.36}$$

进一步考虑式（3.36）的衬底偏置依赖效应后，可提出新的迁移率模型。

当 mobMod = 1 时，可得

$$\mu_{\text{eff}}=\frac{U_0\cdot f(L_{\text{eff}})}{1+[U_A(\frac{V_{\text{gsteff}}+2V_{\text{th}}}{\text{TOXE}})+U_B(\frac{V_{\text{gsteff}}+2V_{\text{th}}}{\text{TOXE}})^2](1+U_C V_{\text{bseff}})+U_D(\frac{V_{\text{th}}\cdot\text{TOXE}}{V_{\text{gsteff}}+2V_{\text{th}}})^2} \tag{3.37}$$

考虑到器件损耗模式，又给出了另一个迁移率模型。

当 mobMod = 2 时，可得

$$\mu_{\text{eff}}=\frac{U_0}{1+(U_A+U_C V_{\text{bseff}})\left[\frac{V_{\text{gsteff}}+C_0(\text{VTH0}-\text{VFB}-\Phi_s)}{\text{TOXE}}\right]^2} \tag{3.38}$$

式中，对于 NMOS，常数 $C_0=2$；对于 PMOS，常数 $C_0=2.5$。

$$f(L_{\text{eff}})=1-U_P\cdot\exp\left(-\frac{L_{\text{eff}}}{L_P}\right) \tag{3.39}$$

3）泄漏电流模型

图 3.45 所示为 MOSFET 输出特性曲线及其输出电阻。当只考虑沟道电流时，*I-V* 曲线可分为两个区域：沟道电流随沟道电压增长很快的线性区和沟道电流与沟道电压有很弱联系的饱和区。在图 3.45 中，输出电阻曲线根据电阻与电压的依赖性可以清晰地划分为 4 个区域。

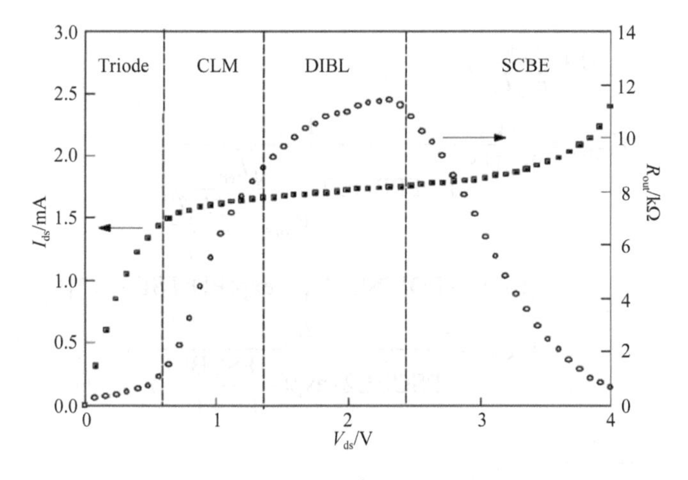

图 3.45　MOSFET 输出特性曲线及其输出电阻

第一个区域是线性区，由于 I_{ds} 与 V_{ds} 的依赖性很强，所以 R_{out} 很小。其他的三个区域都是饱和区。在饱和区，分别有三种效应影响了输出电阻：沟道长度调制效应（CLM）、漏致势垒降低效应（DIBL）、体效应引起的衬底电流（SCBE）。这三种效应在饱和区都影响输出电阻，其中，CLM 在第二个区域起决定作用，DIBL 在第三个区域起决定作用，SCBE 在第四个区域起决定作用。

线性区和饱和区的连续沟道电流方程可表示为

$$I_{\mathrm{ds}}=\left(\frac{I_{\mathrm{ds0}}\cdot\mathrm{NF}}{1+\dfrac{R_{\mathrm{ds}}I_{\mathrm{ds0}}}{V_{\mathrm{dseff}}}}\right)\left\{[1+\frac{1}{C_{\mathrm{clm}}}\ln(\frac{V_{\mathrm{Asat}}+V_{\mathrm{ACLM}}}{V_{\mathrm{Asat}}})](1+\frac{V_{\mathrm{ds}}-V_{\mathrm{dseff}}}{V_{\mathrm{ADIBL}}})(1+\frac{V_{\mathrm{ds}}-V_{\mathrm{dseff}}}{V_{\mathrm{ADITS}}})\right\}(1+\frac{V_{\mathrm{ds}}-V_{\mathrm{dseff}}}{V_{\mathrm{ASCBE}}}) \tag{3.40}$$

式中，V_{Asat}是一个模型参数，用来连接处于线性区和饱和区之间的漏极电流和输出电阻，使之统一；V_{ACLM}、V_{ADIBL}、V_{ADITS}及V_{ASCBE}分别代表 CLM、DIBL、DITS 和 SCBE 效应，相应的表达式为

$$V_{\mathrm{ACLM}}=\frac{1}{\mathrm{PCLM}}\frac{(V_{\mathrm{ds}}-V_{\mathrm{dsat}})}{1+\mathrm{FPROUT}\dfrac{\sqrt{L_{\mathrm{eff}}}}{V_{\mathrm{gsteff}}+2\dfrac{k_{\mathrm{B}}T}{q}}}(1+\mathrm{PVAG}\frac{V_{\mathrm{gsteff}}}{E_{\mathrm{sat}}L_{\mathrm{eff}}}) \tag{3.41}$$

$$V_{\mathrm{ADIBL}}=\frac{V_{\mathrm{gsteff}}+2v_{\mathrm{t}}}{\theta_{\mathrm{rout}}(1+\mathrm{PDIBLCB}\cdot V_{\mathrm{bsteff}})}(1-\frac{A_{\mathrm{bulk}}V_{\mathrm{dsat}}}{A_{\mathrm{bulk}}V_{\mathrm{dsat}}+V_{\mathrm{gsteff}}+2\dfrac{k_{\mathrm{B}}T}{q}})(1+\frac{R_{\mathrm{ds}}I_{\mathrm{ds0}}}{V_{\mathrm{dseff}}})(L_{\mathrm{eff}}+\frac{V_{\mathrm{dsat}}}{E_{\mathrm{sat}}})\sqrt{\frac{\varepsilon_{\mathrm{si}}\cdot\mathrm{TOXE}\cdot\mathrm{XJ}}{\mathrm{EPSROX}}}(1+\frac{V_{\mathrm{gsteff}}}{E_{\mathrm{sat}}L_{\mathrm{eff}}}) \tag{3.42}$$

$$V_{\mathrm{ADITS}}=\frac{1}{\mathrm{PDITS}}\frac{1}{1+\mathrm{FPROUT}\dfrac{\sqrt{L_{\mathrm{eff}}}}{V_{\mathrm{gsteff}}+2\dfrac{k_{\mathrm{B}}T}{q}}}\{1+[(1+\mathrm{PDITSL}\cdot L_{\mathrm{eff}})\cdot\exp(\mathrm{PDITSD}\cdot V_{\mathrm{ds}})]\} \tag{3.43}$$

$$V_{\mathrm{ASCBE}}=\frac{L_{\mathrm{eff}}}{\mathrm{PSCBE2}\cdot\exp(-\dfrac{\mathrm{PSCBE1}}{V_{\mathrm{ds}}-V_{\mathrm{dsat}}})} \tag{3.44}$$

式中，A_{bulk}为体效应系数。

$$A_{\mathrm{bulk}}=\frac{1}{1+\mathrm{KETA}\cdot V_{\mathrm{bseff}}}\left\{1+\left(\frac{\sqrt{1+\mathrm{LPEB}/L_{\mathrm{eff}}}K_{1\mathrm{ox}}}{2\sqrt{\Phi_{\mathrm{s}}-V_{\mathrm{bseff}}}}+K_{2\mathrm{ox}}-(K_3B\frac{\mathrm{TOXE}}{W_{\mathrm{eff}}+W_0}\Phi_{\mathrm{s}})\right)\left[\frac{A_0L_{\mathrm{eff}}}{L_{\mathrm{eff}}+2\sqrt{X_{\mathrm{J}}X_{\mathrm{dep}}}}\left(1-\mathrm{AGS}\cdot V_{\mathrm{bseff}}(\frac{L_{\mathrm{eff}}}{L_{\mathrm{eff}}+2\sqrt{X_{\mathrm{J}}X_{\mathrm{dep}}}})^2\right)+\frac{B_0}{W_{\mathrm{eff}}+B_1}\right]\right\} \tag{3.45}$$

4）栅极隧穿电流模型

随着栅氧厚度的不断减小，载流子直接隧穿造成的栅极泄漏电流变得越来越重要，这

种隧穿是发生在栅极和氧化层间的。BSIM4 中栅极隧穿电流如图 3.46 所示，主要包括以下三个部分：第一部分是栅极到衬底的电流 I_{gb}；第二部分是栅极到沟道的电流 I_{gc}，I_{gc} 可分为栅极到源极的电流 I_{gcs} 和栅极到漏极的电流 I_{gcd}；第三部分是栅极到源漏扩散区的电流 I_{gs} 和 I_{gd}。

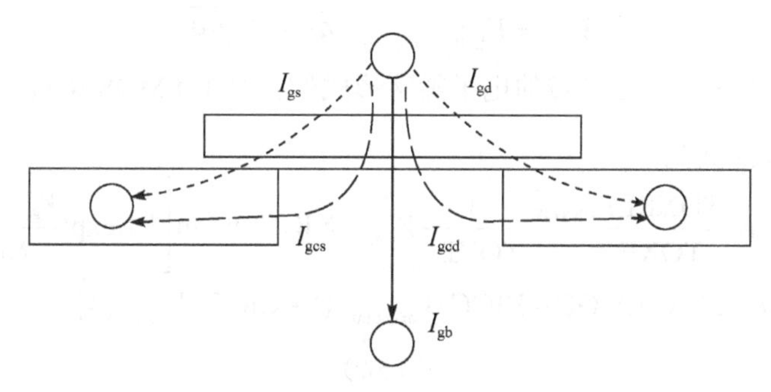

图 3.46 栅极隧穿电流

BSIM4 中有两个开关选项来决定是否考虑栅极隧穿电流，分别为 IGBMOD 和 IGCMOD。将两个开关选项设置为 1 时表示考虑 I_{gb}、I_{gc}、I_{gs} 和 I_{gd}，设置为 0 时表示不考虑这些电流。

I_{gb} 可以分为两个部分（$I_{gb} = I_{gbacc} + I_{gbinv}$），即电子从导带的隧穿电流和从价带的隧穿电流，第一部分在积累区较为明显，第二部分在反型区较为明显。积累区的隧穿电流可以表示为

$$I_{gbacc} = W_{eff} L_{eff} A(\frac{\text{TOXREF}}{\text{TOXE}})^{\text{NTOX}} \frac{1}{\text{TOXE}^2} V_{gb} V_{aux1} \\ \exp[-B \cdot \text{TOXE}(\text{AIGBACC} - \text{BIGBACC} \cdot V_{oxacc})(1 + \text{CIGBACC} \cdot V_{oxacc})] \tag{3.46}$$

式中，常数 $A = 4.97232 \times 10^{-7}$；常数 $B = 7.45669 \times 10^{11}$。

$$V_{aux1} = \text{NIGBACC} \cdot v_t \cdot \ln\left[1 + \exp(-\frac{V_{gb} - V_{fbzb}}{\text{NIGBACC} \cdot v_t})\right] \tag{3.47}$$

反型区的隧穿电流可以表示为

$$I_{gbinv} = W_{eff} L_{eff} C(\frac{\text{TOXREF}}{\text{TOXE}})^{\text{NTOX}} \frac{1}{\text{TOXE}^2} V_{gb} V_{aux2} \\ \exp[-D \cdot \text{TOXE}(\text{AIGBINV} - \text{BIGBINV} \cdot V_{oxdepinv}) \\ (1 + \text{CIGBACCINV} \cdot V_{oxdepinv})] \tag{3.48}$$

式中，常数 $C = 3.75956 \times 10^{-7}$；常数 $D = 9.82222 \times 10^{11}$。

$$V_{aux2} = \text{NIGBINV} \cdot v_t \cdot \ln\left[1 + \exp(-\frac{V_{oxdepinv} - \text{EIGBINV}}{\text{EIGBINV} \cdot v_t})\right] \tag{3.49}$$

栅氧电压的表达式为

$$V_{ox} = V_{oxacc} + V_{oxdepinv} \tag{3.50}$$

$$V_{\text{oxacc}} = -\frac{1}{2}[(V_{\text{fbzb}} - V_{\text{gb}} - \frac{2}{100}) + \sqrt{(V_{\text{fbzb}} - V_{\text{gb}} - \frac{2}{100})^2 + \frac{8}{100}V_{\text{fbzb}}}] \tag{3.51}$$

$$V_{\text{oxdepinv}} = K_{1\text{ox}}\sqrt{\Phi_{\text{s}}} + V_{\text{gsteff}} \tag{3.52}$$

平带电压的表达式为

$$V_{\text{fbzb}} = V_{\text{th}}|_{V_{\text{bs}}=0, V_{\text{ds}}=0} - \Phi_{\text{s}} - K_1\sqrt{\Phi_{\text{s}}} \tag{3.53}$$

对于 NMOS 来说，I_{gc} 是导带的电子隧穿形成的；对于 PMOS 来说，I_{gc} 是价带的空穴隧穿形成的。其表达式为

$$I_{\text{gc}} = W_{\text{eff}}L_{\text{eff}}E(\frac{\text{TOXREF}}{\text{TOXE}})^{\text{NTOX}}\frac{1}{\text{TOXE}^2}V_{\text{gseff}}\cdot\text{NIGC}\cdot v_{\text{t}}\cdot\ln\left[1+\exp(\frac{V_{\text{gseff}}-\text{VTH0}}{\text{NIGC}\cdot v_{\text{t}}})\right]$$
$$\exp[-F\cdot\text{TOXE}(\text{AIGC}-\text{BIGC}\cdot V_{\text{oxdepinv}})(1+\text{CIGC}\cdot V_{\text{oxdepinv}})] \tag{3.54}$$

I_{gc} 可分为两个部分，即 $I_{\text{gc}} = I_{\text{gcs}} + I_{\text{gcd}}$，其中

$$I_{\text{gcs}} = I_{\text{gc}}\frac{\text{PIGCD}\cdot V_{\text{ds}} + \exp(-\text{PIGCD}\cdot V_{\text{ds}}) - 1 + (1\times10^{-4})}{\text{PIGCD}^2 V_{\text{ds}}{}^2 + (2\times10^{-4})} \tag{3.55}$$

$$I_{\text{gcd}} = I_{\text{gc}}\frac{1 - (\text{PIGCD}\cdot V_{\text{ds}} + 1)\cdot\exp(-\text{PIGCD}\cdot V_{\text{ds}}) + (1\times10^{-4})}{\text{PIGCD}^2 V_{\text{ds}}{}^2 + (2\times10^{-4})} \tag{3.56}$$

式中，$\text{PIGCD} = \frac{B\cdot\text{TOXE}}{V_{\text{gsteff}}^2}(1 - \frac{V_{\text{dseff}}}{2V_{\text{gsteff}}})$。

类似地，NMOS 中栅极到源漏扩散区的电流 I_{gs} 是导带的电子隧穿形成的；PMOS 中栅极到源漏扩散区的电流 I_{gd} 是价带的空穴隧穿形成的。I_{gs} 的表达式为

$$I_{\text{gs}} = W_{\text{eff}}\cdot\text{DLCIG}\cdot E\cdot T_{\text{oxRatioEdge}}\cdot V_{\text{gs}}\cdot V_{\text{gs}}'\cdot\exp\{-F\cdot\text{TOXE}\cdot\text{POXEDGE}\cdot$$
$$[\text{AIGSD} - (\text{BIGSD}\cdot V_{\text{gs}}')](1+\text{CIGC}\cdot V_{\text{gs}}')\}$$
$$V_{\text{gs}}' = \sqrt{(V_{\text{gs}} - V_{\text{fbsd}})^2 + (1\times10^{-4})} \tag{3.57}$$

平带电压是和 NGATE 相关的，当 $\text{NGATE} > 0$ 时，$V_{\text{fbsd}} = \frac{k_{\text{B}}T}{q}\ln(\frac{\text{NGATE}}{\text{NSD}})$，否则其值为零。

当计算 I_{gd} 时，只需把 V_{gs} 用 V_{gd} 替代即可。

栅极隧穿电流常数值见表 3.8。

表 3.8　栅极隧穿电流常数值

类型	E	F
NMOS	4.97232A/V^2	$7.45669\times10^{11}\sqrt{(\text{g/F-s}^2)}$
PMOS	3.42537A/V^2	$1.16645\times10^{12}\sqrt{(\text{g/F-s}^2)}$

5）衬底电流模型

晶体管的衬底电流除包括二极管电流及上面介绍过的栅极到衬底的隧穿电流外，还包

括碰撞离子化电流 I_{ii} 和栅致漏极泄漏电流 I_{GIDL}。

碰撞离子化电流的表达式为

$$I_{ii}=\frac{\text{ALPHA0}+\text{ALPHA1}\cdot L_{eff}}{L_{eff}}(V_{ds}-V_{dseff})\exp(\frac{\text{BETA0}}{V_{ds}-V_{dseff}})$$
$$\frac{I_{ds0}\cdot\text{NF}}{1+\frac{R_{ds}\cdot I_{ds0}}{V_{dseff}}}(1+\frac{1}{C_{clm}}\ln\frac{V_A}{V_{Asat}})(1+\frac{V_{ds}-V_{dseff}}{V_{ADIBL}})(1+\frac{V_{ds}-V_{dseff}}{V_{ADITS}}) \quad (3.58)$$

栅致漏极泄漏电流的表达式为

$$I_{GIDL}=\text{AGIDL}\cdot W_{effCJ}\cdot\text{NF}\frac{V_{ds}-V_{gseff}-\text{EGIDL}}{3\cdot\text{TOXE}}$$
$$\exp(-\frac{3\cdot\text{TOXE}\cdot\text{BGIDL}}{V_{ds}-V_{gseff}-\text{EGIDL}})\frac{V^3_{db}}{\text{CGIDL}+V^3_{db}} \quad (3.59)$$

6）本征电容模型

研究本征电容的瓶颈之一就是电容的测量，特别是在深亚微米工艺下，电容的测量非常困难。当沟道很短时，MOSFET 的本征电容很小，而电导很大。大电导导致了高频测量时的大相位电流，使得 C-V 表过载。因为电荷只能在高阻抗的节点处测得（如栅极和衬底），所以 16 个本征电容中只有 8 个能够直接测量。

通过对大部分电路的观察，发现互连电容和结电容是决定电路特性的主要根源，而本征电容不那么重要。随着集成电路尺寸的不断缩小，这种想法被证明是错误的。一个好的电容模型可以使电路仿真收敛。

耗尽区到反型区的过渡：反型区电容最大的不连续处在阈值电压附近。旧模型使用一个阶跃函数，反型区电容从 0 突变到 C_{ox}。由于衬底电荷是常数，在阈值电压下，衬底电容突然降至 0。BSIM4 中电荷和电容的表达式为

$$Q(V_{gst})=Q(V_{gsteff,CV}) \quad (3.60)$$

$$C(V_{gst})=C(V_{gsteff,CV})\frac{\partial V_{gsteff,CV}}{V_{g,d,s,b}} \quad (3.61)$$

积累区到耗尽区的过渡：参数 V_{FBeff} 的引入是为了平滑积累区和耗尽区之间的函数。

$$Q_{sub0}=-W_{active}L_{active}C_{ox}\frac{K^2_1}{2}\left(\sqrt{1+\frac{4(V_{gs}-V_{FBeff}-V_{gseffCV}-V_{bseff})}{K^2_1}}\right) \quad (3.62)$$

$$V_{FBeff}=V_{fbzb}-0.5[(V_{fbzb}-V_{gb}-0.02)+\sqrt{(V_{fbzb}-V_{gb}-0.02)^2+0.08V_{fbzb}}] \quad (3.63)$$

式中，$V_{fbzb}=V_{th}|_{V_{bs}=0,V_{ds}=0}-\Phi_s-K_1\sqrt{\Phi_s}$。

线性区到饱和区的过渡：参数 V_{CVeff} 的引入是为了平滑线性区和饱和区之间的函数。反型区电荷的表达式为

$$Q_{\text{inv}} = -W_{\text{active}} L_{\text{active}} C_{\text{ox}} (V_{\text{gseffCV}} - \frac{A_{\text{bulk}}}{2} V_{\text{CVeff}}) + \frac{A^2_{\text{bulk}} V^2_{\text{CVeff}}}{12(V_{\text{gseffCV}} - \frac{A^2_{\text{bulk}}}{2} V_{\text{CVeff}})} \tag{3.64}$$

$$V_{\text{CVeff}} = V_{\text{dsat,CV}} - 0.5(V_4 + \sqrt{V_4^2 + 4\delta_4 V_{\text{dsat,CV}}}) \tag{3.65}$$

式中，$V_4 = V_{\text{dast,CV}} - V_{\text{ds}} - \delta_4$；$\delta_4 = 0.02\text{V}$。

对于反型区电荷的分配，BSIM4 给出了三种方法，即 50/50 分配法、40/60 分配法和 0/100 分配法。50/50 分配法是最简单的方法，即源极和漏极的电荷均为反型区电荷的一半。40/60 分配法是最具物理意义的方法，假设源极和漏极的电荷与距离有线性依赖关系，即

$$Q_{\text{s}} = W_{\text{active}} \int_0^{L_{\text{active}}} q_{\text{c}} (1 - \frac{y}{L_{\text{active}}}) \text{d}y \tag{3.66}$$

$$Q_{\text{d}} = W_{\text{active}} \int_0^{L_{\text{active}}} q_{\text{c}} \frac{y}{L_{\text{active}}} \text{d}y \tag{3.67}$$

当进行快速的瞬态仿真时，使用准静态模型会导致漏极电流产生一个大的电流脉冲。0/100 分配法可以通过使所有的饱和区反型电荷聚集到源极一端，来抑制漏极电流脉冲的产生。

7）外部边缘电容模型

边缘电容由两个部分组成：第一部分是与偏置无关的外部边缘电容，第二部分是与偏置相关的内部边缘电容。内部边缘电容也称为覆盖电容，即栅极与源极或漏极重叠部分的电容。目前 BSIM4 中只有外部边缘电容模型。实际上，在测试时区分不同区域的电容是不能办到的，除非我们能精确计算出外部边缘电容的值。理论上外部边缘电容的表达式为

$$\text{CF} = \frac{2 \cdot \text{EPSROX} \cdot \varepsilon_0}{\pi} \ln\left(1 + \frac{4 \times 10^{-7}}{\text{TOXE}}\right) \tag{3.68}$$

一个精确的覆盖电容模型是非常重要的。对于漏极一端更是如此，因为电容效应可以通过晶体管的增益得到放大。以前的覆盖电容模型假设电容是与偏置独立的，而现在的实验数据表明，覆盖电容会随着栅源/栅漏电压的改变而改变。BSIM3 给出了各个极的覆盖电容模型。每个极的覆盖电容模型均使用单个表达式描述整个区域的电容，并分别在源极和漏极使用 $V_{\text{gs,overlap}}$ 和 $V_{\text{gd,overlap}}$ 来平滑整个区域的曲线。与本征电容不同，覆盖电容是互异的，即 $C_{\text{gs,overlap}} = C_{\text{sg,overlap}}$，$C_{\text{gd,overlap}} = C_{\text{dg,overlap}}$。

源极覆盖电容为

$$\frac{Q_{\text{overlaps}}}{W_{\text{active}}} = \text{CGSO} \cdot V_{\text{gs}} + \text{CGSL}\left[V_{\text{gs}} - V_{\text{gs,overlap}} - \frac{\text{CKAPPAS}}{2}\left(\sqrt{1 - \frac{4V_{\text{gs,overlap}}}{\text{CKAPPAS}}} - 1\right)\right] \tag{3.69}$$

式中，$V_{\text{gs,overlap}} = \frac{1}{2}\left[V_{\text{gs}} + \delta_1 - \sqrt{(V_{\text{gs}} + \delta_1)^2 + 4\delta_1}\right]$，$\delta_1 = 0.02\text{V}$。

漏极覆盖电容为

$$\frac{Q_{\text{overlapd}}}{W_{\text{active}}}=\text{CGSO}\cdot V_{\text{gd}}+\text{CGDL}\left[V_{\text{gd}}-V_{\text{gd,overlap}}-\frac{\text{CKAPPAD}}{2}\left(\sqrt{1-\frac{4V_{\text{gd,overlap}}}{\text{CKAPPAD}}}-1\right)\right] \quad (3.70)$$

式中，$V_{\text{gd,overlap}}=\frac{1}{2}\left[V_{\text{gd}}+\delta_1-\sqrt{(V_{\text{gd}}+\delta_1)^2+4\delta_1}\right]$，$\delta_1=0.02\text{V}$；CGSO、CGSL、CGDO、CGDL均为模型参数，表示单位栅宽的覆盖电容。

栅极覆盖电容为

$$Q_{\text{overlapg}}=-\left[Q_{\text{overlapd}}+Q_{\text{overlaps}}+(\text{CGBO}\cdot L_{\text{active}})\cdot V_{\text{gb}}\right] \quad (3.71)$$

式中，CGBO为模型参数，表示单位栅长的覆盖电容；L_{active}为有效栅长。

3.6.2 HBT模型介绍

1. HBT基本原理

HBT（Heterojunction Bipolar Transistor，异质结双极晶体管）中的一个结或两个结由不同的半导体材料构成。HBT的主要优点是发射极效率高，其原理与电路应用和BJT（双极晶体管）相同，但HBT在工作中具有更高的频率。

BJT由两个背对背的PN结组成，分别称为发射结和集电结。这两个PN结能够形成两种不同类型的晶体管：PNP型晶体管和NPN型晶体管。PNP型晶体管和NPN型晶体管分别具有三个端口：基极（Base，B）、发射极（Emitter，E）、集电极（Collector，C）。这些端口对应着不同的区域：基区、发射区和集电区。这三个区域的掺杂浓度各不相同。在晶体管的制造工艺中，发射区的掺杂浓度要求较高，基区的掺杂浓度则要求较低。PNP型晶体管和NPN型晶体管的基本结构如图3.47所示。

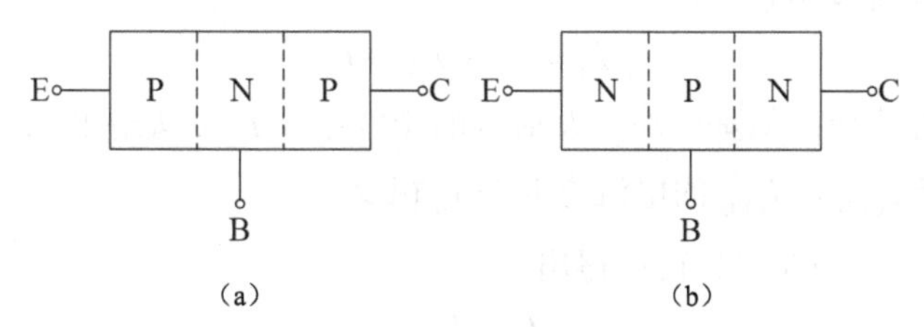

图3.47 PNP型晶体管和NPN型晶体管的基本结构

根据加在发射结和集电结上的偏置电压的不同，BJT有四种不同的工作模式。当发射结正偏而集电结反偏时，BJT处于正向有源模式（也称为放大模式）；当发射结和集电结均正偏时，BJT处于饱和模式；当发射结反偏而集电结正偏时，BJT处于反向有源模式；当发射结和集电结均反偏时，BJT处于截止模式。

当晶体管处于放大模式时（以NPN型晶体管为例），发射结正偏而集电结反偏，即发射结施加正向电压，而集电结施加反向电压，如图3.48所示。在这种情况下，结两侧多子的扩散起主导作用。一部分电流是发射区向基区注入的电子流I_{EN}，另一部分电流是基区向发射区注入的空穴流I_{EP}。在发射极电流中，I_{EN}占主导地位，I_{EN}远大于I_{EP}。总的发射极

电流 I_E 可以表示为

$$I_E = I_{EN} + I_{EP} \tag{3.72}$$

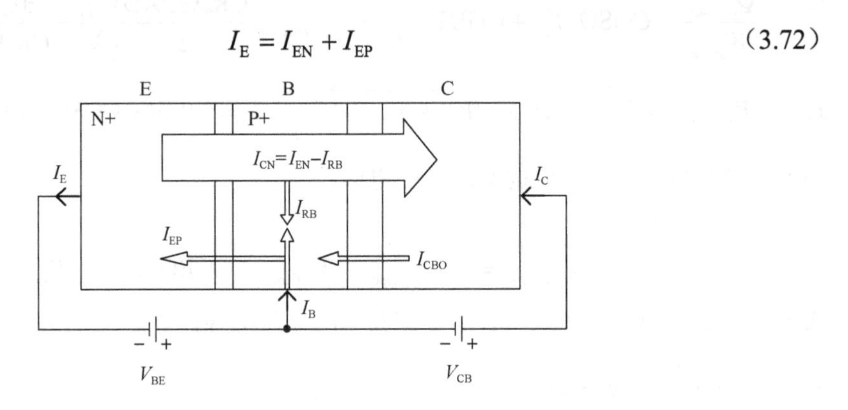

图 3.48 放大模式下 NPN 晶体管的电流示意图

注入的电子通过基区时会以扩散的方式运动，但在扩散过程中，有一部分电子会与基区中的空穴发生复合。当到达集电结的基区一侧时，I_{EN} 与电子流 I_{CN} 之间的差值代表了基区内发生复合的电流，记作 I_{RB}。

$$I_{RB} = I_{EN} - I_{CN} \tag{3.73}$$

当集电结反偏时，少子电子流 I_{CN} 到达势垒区边界处，势垒区的强电场会立刻将其扫向集电区，使其成为集电极电流的一部分。此外，存在一个由 N 型集电区的少子空穴流向 P 型基区和 P 型基区的少子电子流向 N 型集电区构成的反向饱和电流 I_{CBO}。总的集电极电流 I_C 可以表示为

$$I_C = I_{CN} - I_{CBO} \tag{3.74}$$

总的基极电流 I_B 可以表示为

$$I_B = I_{EP} + I_{RB} - I_{CBO} \tag{3.75}$$

I_B 由三个部分构成：从基区注入发射区的空穴电流 I_{EP}、基区内发生复合的电流 I_{RB}，以及反向饱和电流 I_{CBO}，I_{CBO} 的电流方向与 I_B 相反。

由式（3.72）～式（3.75）可以得出

$$I_E = I_C + I_B \tag{3.76}$$

从输入到输出的电流传输效率为

$$\alpha = \frac{I_{CN}}{I_E} \tag{3.77}$$

α 又称为共基极直流电流增益，是将基极接地时，集电极电流和发射极电流的比率。在理想情况下，这个值应该为 1，这表示所有从发射极注入的电流都能够完全到达集电极，而没有泄漏到基极。由于 I_{CBO} 很小，几乎可以忽略，因此 α 可以近似定义为

$$\alpha = \frac{I_C}{I_E} \tag{3.78}$$

同样地，共发射极直流电流增益 β 是输出端集电极电流 I_C 与输入端基极电流 I_B 之间的

关系，定义为

$$\beta=\frac{I_{C}}{I_{B}}=\frac{\alpha}{1-\alpha} \tag{3.79}$$

由于α小于1但又非常接近于1，因此由式（3.79）可以看出，β比1大得多，通常为100～200。

γ表示发射极注入效率，它表示在发射极电流中有用的部分与总电流的比率，与α正相关，其表达式为

$$\gamma=\frac{I_{EN}}{I_{EN}+I_{EP}}=\frac{1}{1+\dfrac{I_{EP}}{I_{EN}}} \tag{3.80}$$

在发射极电流中，电子流I_{EN}对于集电极电流是有用的，而空穴流I_{EP}只是泄漏到发射极的部分。

流过发射极的电流只是PN结电流，集电极电流和基极电流只是发射极电流的一部分，可由式（3.78）和式（3.79）计算出，结合理想二极管方程，三种电流可以表示为

$$I_{E}=I_{E0}\left(e^{\frac{qV_{BE}}{kT}}-1\right) \tag{3.81}$$

$$I_{C}=\alpha I_{E0}\left(e^{\frac{qV_{BE}}{kT}}-1\right) \tag{3.82}$$

$$I_{B}=(1-\alpha)I_{E0}\left(e^{\frac{qV_{BE}}{kT}}-1\right) \tag{3.83}$$

式中，

$$I_{E0}=q\left(\frac{D_{BN}n_{P0}}{L_{N}}+\frac{D_{EP}p_{N0}}{L_{P}}\right) \tag{3.84}$$

q为电子电荷；D_{BN}为基区的电子扩散系数；D_{EP}为发射区的空穴扩散系数；n_{P0}为基区少子电子的热平衡浓度；p_{N0}为发射区少子空穴的热平衡浓度；L_{N}为电子扩散长度；L_{P}为空穴扩散长度。

BJT的基本标准是最大化集电极电流，并在给定发射极电流的情况下使基极电流最小，也就是要最大化发射极注入效率γ。由式（3.80）可知，最大化γ意味着最小化I_{EP}和I_{EN}之比，而I_{EP}和I_{EN}分别是PN结的空穴流和电子流，可由理想二极管方程推导出。

$$\frac{I_{EP}}{I_{EN}}=\frac{D_{EP}N_{BA}W_{B}}{D_{BN}N_{ED}W_{E}} \tag{3.85}$$

式中，N_{BA}为基区掺杂浓度；N_{ED}为发射区掺杂浓度；W_{B}为基区宽度；W_{E}为发射区宽度。由于BJT的发射区和基区通常很短，因此扩散长度可以用发射区和基区的宽度代替。

在HBT中，共发射极直流电流增益β的最大值可以表示为

$$\beta_{max}=\frac{\alpha}{1-\alpha}\approx\frac{1}{1-\alpha}\approx\frac{1}{1-\gamma}=1+\frac{I_{EN}}{I_{EP}}=\frac{D_{BN}N_{ED}W_{E}}{D_{EP}N_{BA}W_{B}}e^{\frac{\Delta E_{G}}{kT}} \tag{3.86}$$

式中，ΔE_G为发射区半导体和基区半导体的禁带宽度差。对于同质结的 BJT，发射区半导体和基区半导体的禁带宽度相同，ΔE_G=0，因此只能通过增大发射区和基区的掺杂浓度比N_{ED}/N_{BA}来提高β。在异质结的 BJT 中，只要让发射区半导体的禁带宽度大于基区半导体的禁带宽度，ΔE_G>0，那么由于指数关系的存在，就能大幅提高β。所以，在 HBT 中既可以通过改变发射区和基区的掺杂浓度比来提高电流增益，又可以采用宽禁带的发射区来达到很好的效果，这打破了普通同质结 BJT 的局限性，体现了高速度、高增益的特性。

2. Agilent HBT 模型

Agilent HBT 模型是 Agilent 公司在 UCSD 模型的基础上，结合多个模型的优势开发的针对 III-V 族化合物 HBT 器件的模型。Agilent HBT 大信号模型结构如图 3.49 所示。

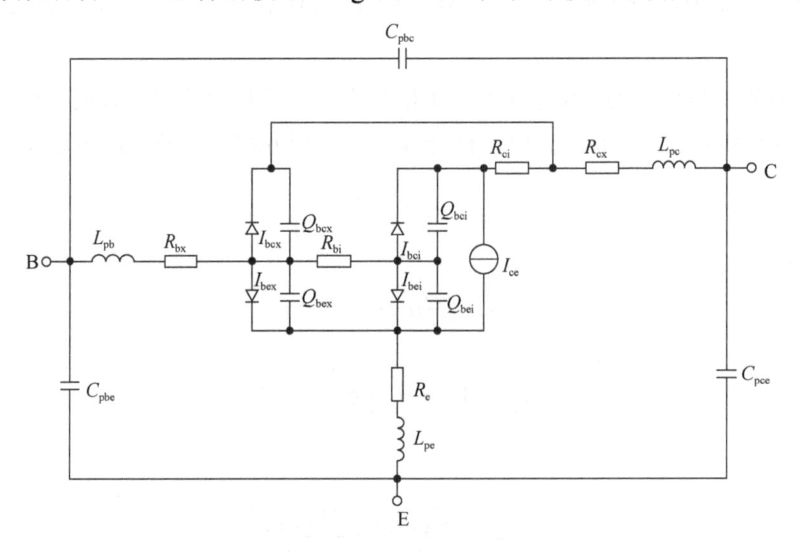

图 3.49 Agilent HBT 大信号模型结构

Agilent HBT 模型针对 HBT 器件各区材料的差异进行了特别的优化，异质结效应产生的电流通过在I_{ca}和I_{cb}中加入I_{sa}和I_{sb}两个电流参数及N_a和N_b两个系数来表征。I_{ca}和I_{cb}分别表示基极-发射极结和基极-集电极结中少子遇到的势垒现象。

$$I_{ca}=\frac{I_s}{I_{sa}}e^{\frac{qV_{bei}}{N_a \cdot k \cdot T}} \tag{3.87}$$

$$I_{cb}=\frac{I_s}{I_{sb}}e^{\frac{qV_{bci}}{N_b \cdot k \cdot T}} \tag{3.88}$$

1）Agilent HBT 直流模型

Agilent HBT 直流模型来源于 UCSD 模型，通过在基极-发射极电流和基极-集电极电流中分别加入不同参数的方式来把电流分为理想部分和非理想部分。在 III-V 族化合物 HBT 器件中，因为基极电流和集电极电流不成正比，所以取消了其他模型中的B_f参数，这样电流参数更加合理。集电极电流由正向电流 I_{cf} 和反向电流 I_{cr} 构成，表达式如下。

$$I_{ce}=I_{cf}-I_{cr} \tag{3.89}$$

$$I_{cf}=\frac{I_s}{DD\cdot Q3mod}\left(e^{V_{bei}/(N_f V_{th})}-1\right) \tag{3.90}$$

$$I_{cr}=\frac{I_{sr}}{DD}\left(e^{V_{bci}/(N_r V_{th})}-1\right) \tag{3.91}$$

$$DD=qb+I_{ca}+I_{cb} \tag{3.92}$$

式中，DD 为电流调制因子，用来表示大注入效应和厄利效应引发电流较大处的衰减；$q3mod$ 用来表示基极电流较大时，发射极电流的衰减和准饱和效应造成的电流放大系数的减小，是一个经验性的函数。当器件中准饱和效应表现不明显时，通过将 $q3mod$ 参数设置为 1，可以去除准饱和效应。

$$qb=q_1(1+\sqrt{1+4q_2})/2 \tag{3.93}$$

$$q_1=\frac{1}{(1-V_{bei}/V_{ar}+V_{bci}/V_{af})} \tag{3.94}$$

$$q_2=\frac{I_s e^{V_{bei}/(N_f V_{th})}}{Ik} \tag{3.95}$$

$$Q3mod=\frac{N_{KDC}q_3}{(N_{KDC}-1)+q_3} \tag{3.96}$$

$$q_3=trans2[I_s(e^{V_{bei}/(N_f V_{th})}-1)]-trans2(0)+1 \tag{3.97}$$

$$trans2(I)=\frac{IKDC2INV[\sqrt{2(I-I_{crit1})+I^2{}_{KDC}}+I-I_{crit1}-I_{KDC1}]}{2} \tag{3.98}$$

$$I_{crit1}=I_{KDC3}[1-(V_{bci}-V_{jc})VKDCINV] \tag{3.99}$$

式中，I_{crit1} 表示开启电流；V_{jc} 表示基极-集电极内建电压，此电压同时对基极-集电极耗尽电容有所控制，所以此部分的调节要与基极-集电极电容有所兼顾。

Agilent HBT 模型将基极-发射极电流和基极-集电极电流都分为了内外两个部分，其电流方程分别表示如下。

$$I_{bei}=(1-ABEL)[(Q3mod)^{GKDC}ISH(e^{\frac{qV_{bei}}{NH\cdot k\cdot T}}-1)+ISE(e^{\frac{qV_{bei}}{NE\cdot k\cdot T}}-1)] \tag{3.100}$$

$$I_{bex}=ABEL[(Q3mod)^{GKDC}ISH(e^{\frac{qV_{bex}}{NH\cdot k\cdot T}}-1)+ISE(e^{\frac{qV_{bex}}{NE\cdot k\cdot T}}-1)] \tag{3.101}$$

式中，ABEL 为基极-发射极内外电流区分系数，进行参数提取时不能超过 1；Q3mod 的指数 GKDC 为准饱和效应开关选项，当 HBT 器件中准饱和效应不明显时可以设置为 0，从而关闭准饱和效应。

$$I_{bci}=(1-ABCX)[ISRH(e^{\frac{V_{bci}}{NRH\cdot V_{th}}}-1)+ISC(e^{\frac{V_{bci}}{NC\cdot V_{th}}}-1)] \tag{3.102}$$

$$I_{bcx}=ABCX[ISRH(e^{\frac{V_{bcx}}{NRH\cdot V_{th}}}-1)+ISC(e^{\frac{V_{bcx}}{NC\cdot V_{th}}}-1)] \tag{3.103}$$

式中，ABCX 的作用与 ABEL 相同，用来区分基极-集电极电流内外比例。

2）耗尽电容模型

Agilent HBT 模型对耗尽电容模型基于 HICUM 模型中的控制电荷方程进行了优化，优化后的方程对器件所有区域的求导都是连续的，非常适合大信号的建模。优化后的方程用最大电容的概念来代替 HICUM 模型中从零偏电容到最大电容的比例系数，同时加入平方根对部分 HICUM 模型进行了限制，以提高耗尽电容模型的稳定性。

$$Q_{\mathrm{xd}}(V_{\mathrm{x}})=Q_{\mathrm{jxf}}+Q_{\mathrm{jxm}}+Q_{\mathrm{jxr}}-Q_{\mathrm{jxcorr}} \tag{3.104}$$

式（3.104）为总的耗尽电荷方程，Agilent HBT 模型中基极-发射极和基极-集电极的耗尽电荷方程相同，只要把上面方程中的 x 换成基极-发射极或基极-集电极就可以分别表示两个部分的耗尽电荷。

对总的耗尽电荷进行关于 V_{x} 的求导可以得到总的耗尽电容，总的耗尽电容由 4 个部分组成，分别为正向偏置电容、部分耗尽电容、完全耗尽电容和一个修正项。

正向偏置电容：

$$\frac{\mathrm{d}Q_{\mathrm{jxf}}}{\mathrm{d}V_{\mathrm{x}}}=C_{\mathrm{xmax}}\left(1-\frac{\mathrm{d}v_{\mathrm{jxr}}}{\mathrm{d}V_{\mathrm{x}}}\right) \tag{3.105}$$

部分耗尽电容：

$$\frac{\mathrm{d}Q_{\mathrm{jxm}}}{\mathrm{d}V_{\mathrm{x}}}=C_{\mathrm{jx}}\left(1-\frac{v_{\mathrm{jxm}}}{V_{\mathrm{jx}}}\right)^{-M_{\mathrm{jx}}}\frac{\mathrm{d}v_{\mathrm{jxm}}}{\mathrm{d}V_{\mathrm{x}}} \tag{3.106}$$

完全耗尽电容：

$$\frac{\mathrm{d}Q_{\mathrm{jxr}}}{\mathrm{d}V_{\mathrm{x}}}=C_{\mathrm{jx0r}}\left(1-\frac{v_{\mathrm{jxr}}}{V_{\mathrm{jx}}}\right)^{-M_{\mathrm{jxr}}}\frac{\mathrm{d}v_{\mathrm{jxr}}}{\mathrm{d}V_{\mathrm{x}}} \tag{3.107}$$

修正项：

$$\frac{\mathrm{d}Q_{\mathrm{jxcorr}}}{\mathrm{d}V_{\mathrm{x}}}=C_{\mathrm{jx0r}}\left(1-\frac{v_{\mathrm{jxm}}}{V_{\mathrm{jx}}}\right)^{-M_{\mathrm{jxr}}}\frac{\mathrm{d}v_{\mathrm{jxm}}}{\mathrm{d}V_{\mathrm{x}}} \tag{3.108}$$

以下各式是对上面各式的补充。

$$v_{\mathrm{jxm}}=\frac{1}{2}[v_{\mathrm{jxr}}-V_{\mathrm{jpxi}}+\sqrt{(V_{\mathrm{jpxi}}+v_{\mathrm{jxr}})^2+V_{\mathrm{r}}^2}] \tag{3.109}$$

$$V_{\mathrm{r}}=0.1V_{\mathrm{jpxi}}+4\left(\frac{kT_{\mathrm{emp}}}{q}\right) \tag{3.110}$$

$$V_{\mathrm{jpxi}}=V_{\mathrm{ptx}}-V_{\mathrm{jx}} \tag{3.111}$$

$$v_{\mathrm{jxr}}=-0.5\left[-V_{\mathrm{x}}-V_{\mathrm{fxi}}+\sqrt{(V_{\mathrm{fxi}}-V_{\mathrm{x}})^2+\left(\frac{kT_{\mathrm{emp}}}{q}\right)^2}\right] \tag{3.112}$$

$$V_{\mathrm{fxi}}=V_{\mathrm{jx}}\left[1-\left(\frac{C_{\mathrm{xmax}}}{C_{\mathrm{jx}}}\right)^{-(1/M_{\mathrm{jx}})}\right] \tag{3.113}$$

$$C_{\mathrm{jx0r}} = C_{\mathrm{jx}}\left(\frac{V_{\mathrm{jx}}}{V_{\mathrm{ptx}}}\right)^{M_{\mathrm{jx}}-M_{\mathrm{jxr}}} \tag{3.114}$$

$$\frac{\mathrm{d}v_{\mathrm{jxr}}}{\mathrm{d}V_{\mathrm{x}}} = \frac{1}{2}\left[1-\frac{V_{\mathrm{x}}-V_{\mathrm{fxi}}}{\sqrt{(V_{\mathrm{x}}-V_{\mathrm{fxi}})^2+\left(\dfrac{kT_{\mathrm{emp}}}{q}\right)^2}}\right] \tag{3.115}$$

$$\frac{\mathrm{d}v_{\mathrm{jxm}}}{\mathrm{d}V_{\mathrm{x}}} = \frac{1}{2}\frac{\mathrm{d}v_{\mathrm{jxr}}}{\mathrm{d}V_{\mathrm{x}}}\left[1+\frac{V_{\mathrm{jpxi}}+v_{\mathrm{jxr}}}{\sqrt{(V_{\mathrm{jpxi}}-v_{\mathrm{jxr}})^2+V_{\mathrm{r}}^2}}\right] \tag{3.116}$$

以基极-集电极耗尽电容为例：

$$C_{\mathrm{bc}} = C_{\mathrm{jc}}(1-\frac{V_{\mathrm{bc}}}{V_{\mathrm{jc}}})^{-M_{\mathrm{jc}}} \tag{3.117}$$

基极-集电极耗尽电容随电压变化关系如图 3.50 所示，其中C_{jc}表示基极-集电极零偏压电容，V_{jc}表示基极-集电极内建电压，C_{cmax}为变化偏压下最大的基极-集电极电容，V_{ptc}为反向基极-集电极电压。基极-发射极耗尽电容与基极-集电极耗尽电容类似，只需将各个偏压及参数的 x 部分替换成发射极有关的部分即可。

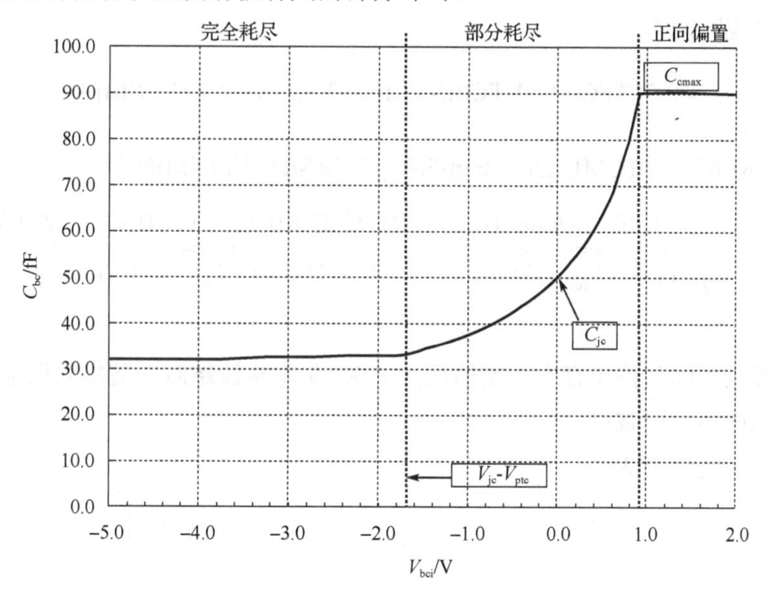

图 3.50　基极-集电极耗尽电容随电压变化关系

3）渡越时间模型

Agilent HBT 模型中少子渡越时间来自对器件扩散电荷的求导，扩散电荷分为三个部分：基极扩散电荷Q_{tb}、集电极扩散电荷Q_{tc}、Kirk 效应扩散电荷Q_{kirk}。同样，少子渡越时间就被分为了三个部分：基极渡越时间、集电极渡越时间和 Kirk 效应渡越时间。

三种扩散电荷与少子电子穿过基区和两个耗尽区的时间相关，因此全都属于本征范围内的电荷，可以从总的基极-发射极电荷与基极-集电极电荷中区分出来，方法如下。

$$Q_{\text{bei}} = Q_{\text{beid}} + (1-\text{FEXTB})Q_{\text{tb}} + (1-\text{FEXTC})Q_{\text{tc}} + (1-\text{FEXKE})Q_{\text{kirk}} \tag{3.118}$$

$$Q_{\text{bci}} = Q_{\text{bcid}} + \text{FEXTB}\cdot Q_{\text{tb}} + \text{FEXTC}\cdot Q_{\text{tc}} + \text{FEXKE}\cdot Q_{\text{kirk}} + Q_{\text{tr}} \tag{3.119}$$

$$Q_{\text{bb}} = Q_{\text{bei}} + Q_{\text{bci}} = Q_{\text{beid}} + Q_{\text{bcid}} + Q_{\text{tb}} + Q_{\text{tc}} + Q_{\text{kirk}} + Q_{\text{tr}} \tag{3.120}$$

式中，Q_{bei}和Q_{bci}分别为本征基极-发射极和基极-集电极的耗尽电荷；FEXTB为两种耗尽电荷中分配给基极扩散电荷的比例系数；FEXTC、FEXKE分别为分配给集电极扩散电荷和Kirk效应扩散电荷的比例系数。Q_{bb}为总的本征基极电荷。Q_{tr}为反向电荷，其表达式为。

$$Q_{\text{tr}} = \text{TR}\cdot I_{\text{cfq}} \tag{3.121}$$

式中，TR为Agilent HBT模型中用来表征反向渡越时间的参数。

基极渡越时间为

$$\tau_{\text{b}} = \frac{\text{d}Q_{\text{tb}}}{\text{d}I_{\text{cfq}}} = T_{\text{fb}} \tag{3.122}$$

在Agilent HBT模型中，基极渡越时间通常为常数，因为在III-V族化合物HBT器件中，基区通常为重掺杂。

集电极渡越时间为

$$\begin{aligned}\tau_{\text{c}} = \left.\frac{\partial Q_{\text{ic}}}{\partial I_{\text{cfq}}}\right|_{V_{\text{bci}}} = 0.5\Bigg\{ & \text{TFC0}[1-\text{VTC0INV}\cdot\text{trans3}(V_{\text{bci}},\text{VTR0},\text{VMX0})] + \\ & 2\text{TCMIN}[1-\text{VTCMININV}\cdot\text{trans3}(V_{\text{bci}},\text{VTRMIN},\text{VMXMIN})] - \\ & \frac{\text{TFC0}[1-\text{VTC0INV}\cdot\text{trans3}(V_{\text{bci}},\text{VTR0},\text{VMX0})][I_{\text{cfq}}-\text{ITC}(1-V_{\text{bci}}\cdot\text{VTCINV})]}{\sqrt{[\text{ITC}(1-V_{\text{bci}}\cdot\text{VTCINV})-I_{\text{cfq}}]^2+[\text{ITC2}(1-V_{\text{bci}}\cdot\text{VTC2INV})]^2}}\Bigg\}\end{aligned} \tag{3.123}$$

集电极渡越时间与偏压存在一定的反向关系，集电极渡越时间随集电极电流和基极-集电极反向偏压的增大而减小。

Kirk效应渡越时间为

$$\tau_{\text{ke}} = \left.\frac{\partial Q_{\text{kirk}}}{\partial I_{\text{cfq}}}\right|_{V_{\text{bci}}} = T_{\text{kirk}}(1-V_{\text{bci}}\cdot\text{VKIRK2INV})\left(\frac{I_{\text{cfq}}}{I_{\text{kirk2}}}\right)^{\text{GKIRK}} \tag{3.124}$$

$$I_{\text{krik2}} = I_{\text{kirk}}\left(1-\frac{V_{\text{bcike}}}{V_{\text{kirk}}}\right) \tag{3.125}$$

4）自热效应模型

Agilent HBT模型采用子电路的方式来表征HBT器件的自热效应，其拓扑结构由两个热阻和两个电容组成，如图3.51所示。Agilent HBT模型中加入了有关自热效应的参数

Selftmode，如果此参数设为 1，那么模型就打开表征自热效应的模块，设为 0 则关闭。模型的工作温度为

$$T_{\mathrm{dev}} = T_{\mathrm{emp}} + \mathrm{deltaT} \tag{3.126}$$

Selftmode 参数控制的是式（3.126）中的 deltaT，T_{emp} 为环境温度，deltaT 为超过环境温度的变化温度。如果 Selftmode 参数为 0，那么 deltaT 也为 0，工作温度就等于环境温度，器件的自热效应就关闭了。

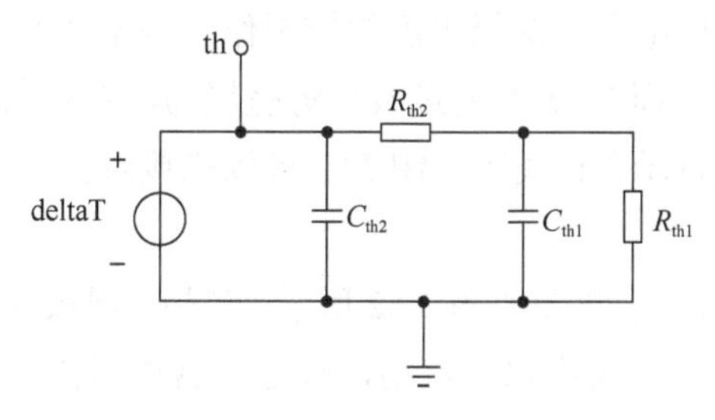

图 3.51　自热效应子电路

在一般情况下，自热效应子电路中的 4 个器件中只有 R_{th1} 起作用，将它设置为一个较大的阻值，其他 3 个器件值则设置为 0，此时相当于一个热效应子网络，温度变化用热阻来表示。

此外，Agilent HBT 模型方程中与温度有关的参数都集成了温度 Scable 模块，也就是说如果器件的工作温度发生了变化，那么不需要对模型参数进行重新提取，只要改变模型中温度变化参数 Trise，其方程会随之变化产生仿真数据，从而与不同温度下的测试数据进行拟合，并且拟合效果良好。

Agilent HBT 模型是针对 III-V 族化合物 HBT 器件开发的模型，几乎表征了 HBT 器件中的所有物理效应，并加入了一些经验性的函数，加快了参数提取过程。该模型集成了众多模型的优势（如集成了 HICUM 模型中的控制电荷部分，在 UCSD 模型基础上改进了直流电流方程），处于目前 InP 基 HBT 器件模型中的顶尖水平，在较多商用 EDA 工具中都有嵌入。当然，Agilent HBT 模型需要在模型简洁度和表征物理效应精确度两者之间进行折中，同时考虑参数个数和模型的适用性。

3.6.3　HEMT 模型介绍

1. HEMT 工作原理

HEMT（High Electron Mobility Transistor，高电子迁移率晶体管）又称异质结场效应晶体管。HEMT 通常在宽禁带半导体一侧掺杂施主杂质，在窄禁带半导体一侧不掺杂或轻掺杂受主杂质。当两个禁带不同的材料相接触时，会在接触面靠近窄禁带一侧形成三角形量子阱，电子将会从宽禁带半导体转移到窄禁带半导体，并被束缚在量子阱中。此时，电子只能在平行于异质结的方向运动，而在垂直方向受到限制，称为二维电子气（2DEG），形

成了器件的导通沟道。因此，HEMT 的电子迁移率很高，非常适合于高频、高速的微波领域。

HEMT 是三端口电压控制器件，它有三个电极，分别是栅极、源极和漏极。栅极通常是肖特基接触电极，源极和漏极是欧姆接触电极。可以通过调节栅极电压来调节沟道中 2DEG 的密度，实现栅极电压（V_{gs}）和漏极电压（V_{ds}）对漏极电流（I_{ds}）的控制。栅极电压可以控制沟道中载流子浓度的大小，从而控制沟道的导通或夹断；漏极电压可以产生电场使电子移动产生电流。

简而言之，HEMT 栅极电压对漏极电流的控制作用基本和 MOSFET 相似，不同之处是 MOSFET 通过反型层调节，而 HEMT 通过改变势垒层与沟道接触面的势阱深度，来实现对 2DEG 的调节，实现开关的开启和关闭。HEMT 可以在接触面形成量子阱，这是与 FET 场效应器件最大的区别。

AlGaN/GaN HEMT 结构示意图如图 3.52 所示，源极、栅极和漏极均制作在器件的上表面，2DEG 所形成的电流在沟道中水平流动，故这种器件叫作横向结构器件。2DEG 位于 Undoped-AlGaN/GaN 异质结界面 GaN 一侧的沟道中。在 Undoped-AlGaN 和 GaN 之间添加一层 AlN 材料可以减少 AlGaN 对 2DEG 的散射作用，AlGaN 表面生长一层纳米级厚度的 GaN 材料用来防止 AlGaN 氧化。

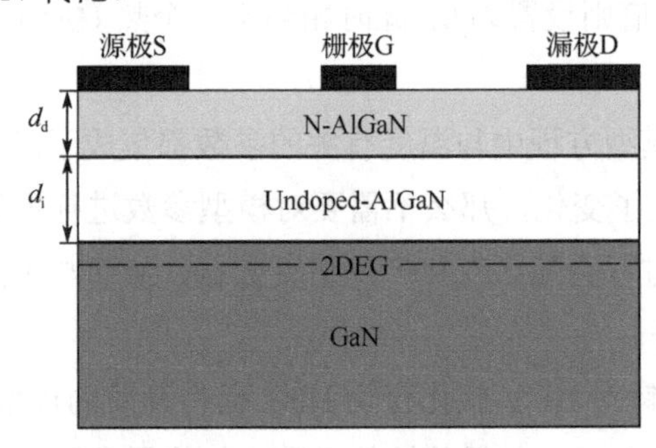

图 3.52 AlGaN/GaN HEMT 结构示意图

根据工作模式可以将 HEMT 分为增强型 HEMT 和耗尽型 HEMT。当栅极电压大于零，源漏之间 2DEG 通道形成，器件导通时，HEMT 为增强型 HEMT。当宽禁带半导体的掺杂浓度较高，且厚度较大时，即使不施加栅极电压，源漏之间也会存在 2DEG 通道，器件导通。当栅极电压小于零时，源漏之间 2DEG 通道断开，器件截止，HEMT 为耗尽型 HEMT。HEMT 会随着宽禁带半导体的掺杂浓度过高、厚度过大而出现器件的退化现象，此时会出现源漏并联的漏电电阻，因此宽禁带半导体的掺杂浓度变化和厚度变化对器件性能的影响非常大。AlGaN/GaN HEMT 结构导带能带图如图 3.53 所示。

当栅极电压一定时（$V_{gs} > V_{th}$），漏极电流会随着 V_{ds} 的增大在电场的作用下逐渐增大，若满足 $V_{ds} < V_{gs} - V_{th}$，则漏极电流随漏极电压的增大近似线性增大，器件工作在线性区。假设电子迁移率 μ_n 为常数，则

$$I_{ds} = \frac{\varepsilon W}{d_d + d_i}[(V_{gs} - V_{th} - V(x)]\mu_n \frac{dV(x)}{dx} \tag{3.127}$$

将式（3.127）沿沟道积分可得

$$I_{ds}=\beta\left[(V_{gs}-V_{th})V_{ds}-\frac{V_{ds}^2}{2}\right] \tag{3.128}$$

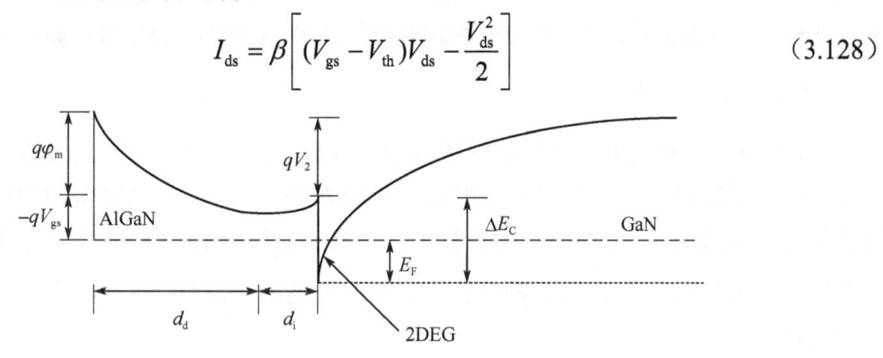

图 3.53 AlGaN/GaN HEMT 结构导带能带图

可以看出当漏极电压一定时，漏极电流和栅极电压成线性关系；当栅极电压一定时，漏极电流和漏极电压之间并非线性关系，而是按抛物线（二次函数）规律变化；如果漏极电压V_{ds}很小，则I_{ds}近似随V_{ds}按线性规律变化。

当$V_{gs}>V_{th}$，且$V_{ds}=V_{gs}-V_{th}$时，漏极电流达到最大值（与抛物线的顶点相对应），该最大值为

$$I_{dsmax}=\beta(V_{gs}-V_{th})^2/2 \tag{3.129}$$

通常将$V_{ds}=V_{gs}-V_{th}$时的漏极电压V_{ds}的值，称为与V_{gs}相应的膝点电压。膝点电压是HEMT器件线性区和饱和区的分界点，通常膝点电压越小越好。

当$V_{gs}>V_{th}$，且$V_{ds}>V_{gs}-V_{th}$时，器件工作在饱和区，电子迁移速度达到饱和。此时，2DEG导电沟道在漏极一侧被夹断，有

$$I_{dss}=\beta V_0^2\left(\sqrt{1+\left(\frac{V_{gs}-V_{th}}{V_0}\right)^2}-1\right) \tag{3.130}$$

式（3.130）表明，饱和区漏极电流（I_{dss}）和漏极电压无关，只与栅极电压和阈值电压有关。

当$V_{gs}\leqslant V_{th}$时，2DEG面电荷密度n_s=0，无漏极电流输出。此时，源漏之间仅存在很小的泄漏电流，器件处于截止区。

2. ASM-HEMT模型

ASM-HEMT模型是基于沟道表面势计算的紧凑型模型，基于器件物理原理计算得到电荷、电流的计算公式。ASM-HEMT模型通过求解薛定谔方程和泊松方程，并结合费米-狄拉克统计分布可得到电场、电子密度和能级三者之间的关系。得到的费米势V_f求解方程是超越方程，难以直接计算。ASM-HEMT模型通过把工作区域根据栅极电压和截止电压的关系分为三个区域，先分区求解得到各个区域的费米势近似解，再通过插值函数将费米势在所有工作区域的近似解连接起来。得到的近似解在数学上是连续且高阶可导的，确保了模

型的收敛性。根据计算得到的表面势方程，结合载流子的输运机制可以推导出本征电流计算公式和电荷计算公式，加上对器件物理效应的建模，即可实现 HEMT 器件特性的完整表征。

1）表面势推导计算

ASM-HEMT 模型的表面势推导流程如图 3.54 所示。首先分别通过求解薛定谔方程和泊松方程得到能级 E_0、E_1 和电荷密度 n_s 与电场 E 的关系，然后联立得到的这两个关系式可以计算得到能级 E_0、E_1 关于 n_s 的计算公式，最后结合费米-狄拉克统计分布和泊松方程即可分区求解得到费米势 V_f 关于栅极施加的纵向电场的近似解。下面将详细介绍每个步骤的推导过程。

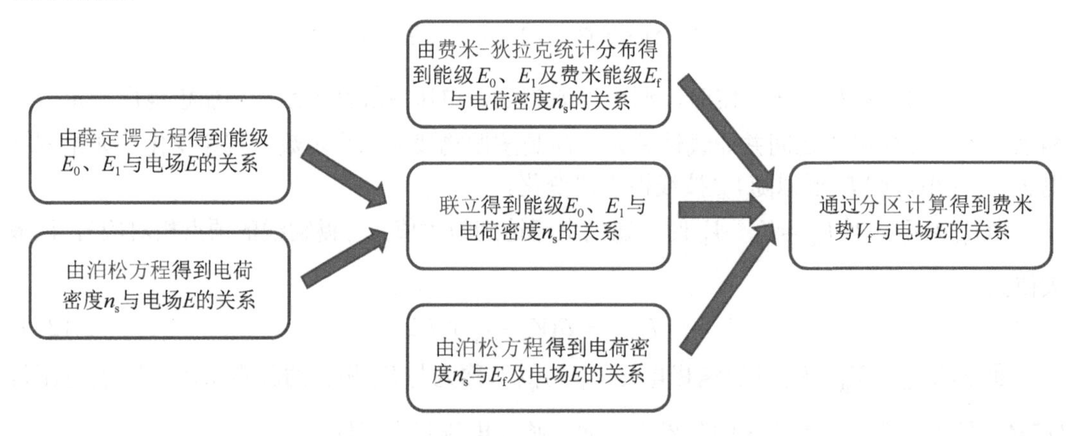

图 3.54　ASM-HEMT 模型的表面势推导流程

首先通过求解薛定谔方程得到能级 E_0、E_1 与电场 E 的关系，如式（3.131）所示。

$$E_n = \left(\frac{\hbar^2}{2m^*}\right)^{2/3}\left(\frac{2}{3}\pi qE\right)^{2/3}\left(n+\frac{3}{4}\right)^{2/3} \tag{3.131}$$

式中，$\hbar$ 为普朗克常量；m^* 为电子的有效质量。当仅考虑两个低能级 E_0 与 E_1 时，可以得到

$$E_0 \approx k_0 E^{2/3} \tag{3.132}$$

$$E_1 \approx k_1 E^{2/3} \tag{3.133}$$

通过求解泊松方程，可以得到电场 E 与电荷密度 n_s 的关系，如式（3.134）所示。

$$\epsilon\varepsilon = qn_s \tag{3.134}$$

同时联立薛定谔方程与泊松方程，通过求解可以得到能级 E_0、E_1 与电荷密度 n_s 的关系。

$$E_{0,1} = \gamma_{0,1} n_s^{2/3} \tag{3.135}$$

式中，γ_0 和 γ_1 为常数，可以通过实验测量估算得到，其值分别为 2.1×10^{-12} 和 3.7×10^{-12}。

费米分布函数用来描述热平衡状态下，允态上的电子分布状况。由费米分布函数可得到器件沟道内电子的分布函数

$$n_s = D\int_{E_0}^{E_1}\frac{\mathrm{d}E}{1+\mathrm{e}^{\frac{E-E_f}{V_{th}}}} + 2D\int_{E_1}^{\infty}\frac{\mathrm{d}E}{1+\mathrm{e}^{\frac{E-E_f}{V_{th}}}} \tag{3.136}$$

式中，D 为 2DEG 的态密度；$V_{\text{th}}=kT/q$ 为热电压。通过数学计算可得到

$$n_{\text{s}}=D\cdot\frac{kT}{q}\left[\ln\left(1+\text{e}^{\frac{E_{\text{f}}-E_1}{V_{\text{th}}}}\right)+\ln\left(1+\text{e}^{\frac{E_{\text{f}}-E_0}{V_{\text{th}}}}\right)\right] \tag{3.137}$$

通过泊松方程可以得到费米能级 E_{f} 与电荷密度 n_{s} 和栅极电压的关系，假设 AlGaN 完全电离，则可以得到

$$n_{\text{s}}=\frac{\epsilon}{qd}\left(V_{\text{g0}}-E_{\text{f}}\right)=\frac{C_{\text{g}}}{q}\left(V_{\text{g0}}-E_{\text{f}}\right) \tag{3.138}$$

式中，$C_{\text{g}}=\frac{\epsilon}{d}$ 为单位面积势垒电容；$V_{\text{g0}}=V_{\text{g}}-V_{\text{off}}$ 为有效栅极电压。

联立式（3.136）、式（3.137）和式（3.138）可求解得到费米能级 E_{f} 的解析表达式，但是这三个方程本质上是超越方程，很难直接进行计算求解，需要将 E_{f} 随 V_{g} 变化曲线分成三个不同区域分别进行近似求解。E_{f}、E_0、E_1 数值解随栅极电压 V_{g} 的变化曲线如图 3.55 所示。

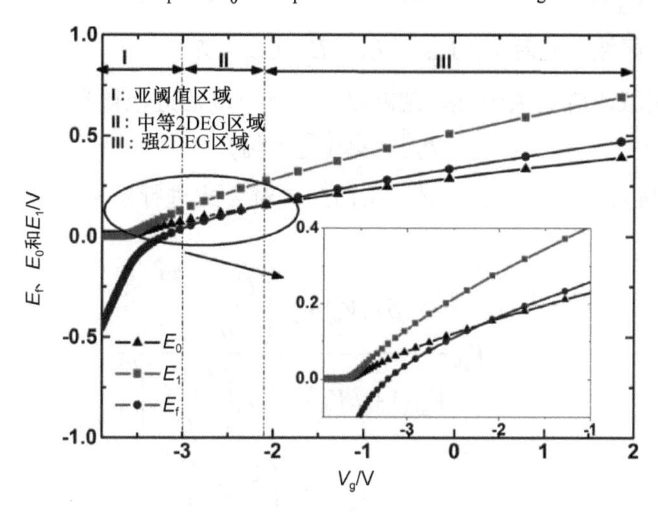

图 3.55　E_{f}、E_0、E_1 数值解随栅极电压 V_{g} 的变化曲线（$T=300\text{K}$，$V_{\text{off}}=-3\text{V}$，$D$=30nm）

（1）亚阈值区域，此时 $V_{\text{g}}<V_{\text{off}}$。

在亚阈值区域，E_{f} 远远小于 E_0、E_1，沟道还没有开启，此时电荷密度 n_{s} 非常小，存在关系 $|E_{\text{f}}|>>|E_0|,|E_1|$，且 $E_{\text{f}}\approx V_{\text{g0}}$。将这些条件代入式（3.137），采用数学近似并联立式（3.138）得到

$$n_{\text{s,sub-voff}}=2DV_{\text{th}}\text{e}^{V_{\text{g0}}/V_{\text{th}}} \tag{3.139}$$

$$V_{\text{f,sub-voff}}=V_{\text{g0}}-\frac{2qDV_{\text{th}}}{C_{\text{g}}}\text{e}^{V_{\text{g0}}/V_{\text{th}}} \tag{3.140}$$

（2）中等 2DEG 区域，此时 $V_{\text{g}}>V_{\text{off}}$，$E_{\text{f}}<E_0$。

在中等 2DEG 区域，E_{f} 比亚阈值区域更接近于 E_0，而 E_0 小于 E_1，所以 E_{f} 远小于 E_1，E_1 对 n_{s} 的影响可以忽略，即式（3.137）中的 $\text{e}^{(E_{\text{f}}-E_1)/V_{\text{th}}}$ 一项可以忽略，此时式（3.137）可近似为

$$n_{s} \approx DV_{th} e^{(E_f - E_0)/V_{th}} \tag{3.141}$$

联立式（3.141）、式（3.138）和式（3.135），对公式进行泰勒展开，将高次项忽略后得到

$$V_f^{\mathrm{II}} = V_{g0} \cdot \frac{V_{th} \ln\left(\beta V_{g0}\right) + \gamma_0 \left(\frac{C_g V_{g0}}{q}\right)^{2/3}}{V_{g0} + V_{th} + \frac{2}{3}\gamma_0 \left(\frac{C_g V_{g0}}{q}\right)^{2/3}} \tag{3.142}$$

$$n_s^{\mathrm{II}} = \frac{C_g V_{g0}}{q} \frac{V_{g0} + V_{th}\left[1 - \ln\left(\beta V_{g0}\right)\right] - \frac{\gamma_0}{3}\left(\frac{C_g V_{g0}}{q}\right)^{2/3}}{V_{g0} + V_{th} + \frac{2}{3}\gamma_0 \left(\frac{C_g V_{g0}}{q}\right)^{2/3}} \tag{3.143}$$

式中，$\beta = C_g / \left(qDV_{th}\right)$。

（3）强 2DEG 区域，此时 $V_g > V_{off}$，$E_f > E_0$ 且 $E_f < E_1$。

在强 2DEG 区域，E_1 远大于 E_f，忽略 $e^{(E_f - E_1)/V_{th}}$ 一项后近似得到

$$n_s^{\mathrm{III}} \approx D \cdot \left(E_f - E_0\right) \tag{3.144}$$

联立式（3.144）、式（3.138）、式（3.135），对公式进行泰勒展开，将高次项忽略后得到

$$V_f^{\mathrm{III}} = V_{g0} \frac{\beta V_{th} V_{g0} + \gamma_0 \left(\frac{C_g V_{g0}}{q}\right)^{2/3}}{V_{g0}\left(1 + \beta V_{th}\right) + \frac{2}{3}\gamma_0 \left(\frac{C_g V_{g0}}{q}\right)^{2/3}} \tag{3.145}$$

$$n_s^{\mathrm{III}} = \frac{C_g V_{g0}}{q} \frac{V_{g0} - \frac{\gamma_0}{3}\left(\frac{C_g V_{g0}}{q}\right)^{2/3}}{V_{g0}\left(1 + \beta V_{th}\right) + \frac{2}{3}\gamma_0 \left(\frac{C_g V_{g0}}{q}\right)^{2/3}} \tag{3.146}$$

对于 $V_g > V_{off}$，综合 $V_{f,sub-voff}$、V_f^{II} 和 V_f^{III} 公式得到 V_f 的统一表达式

$$V_{f,above} = V_{g0}\left[1 - H\left(V_{g0}\right)\right] = V_{g0} \frac{V_{th}\left[\frac{V_{g0}}{V_{g0d}} - 1 + \ln\left(\beta V_{g0n}\right)\right] + \gamma_0 \left(\frac{C_g V_{g0}}{q}\right)^{2/3}}{V_{g0}\left(1 + \frac{V_{th}}{V_{g0d}}\right) + \frac{2\gamma_0}{3}\left(\frac{C_g V_{g0}}{q}\right)^{2/3}} \tag{3.147}$$

$$H\left(V_{g0}\right) = \frac{V_{g0} + V_{th}\left[1 - \ln\left(\beta V_{g0n}\right)\right] - \frac{\gamma_0}{3}\left(\frac{C_g V_{g0}}{q}\right)^{2/3}}{V_{g0}\left(1 + \frac{V_{th}}{V_{g0d}}\right) + \frac{2\gamma_0}{3}\left(\frac{C_g V_{g0}}{q}\right)^{2/3}} \tag{3.148}$$

$$V_{g0x} = \frac{V_{g0}\alpha_x}{\sqrt{V_{g0}^2 + \alpha_x^2}} \tag{3.149}$$

式中，$\alpha_d = 1/\beta$；$\alpha_n = e/\beta$；V_{g0x}为插值函数，起到了平滑过渡的作用，将中等2DEG区域和强2DEG区域联系了起来。把$V_g<V_{off}$亚阈值区域的$V_{f,sub-voff}$与$V_g>V_{off}$区域的$V_{f,above}$整合起来得到V_f的统一表达式

$$V_f = V_{g0} - \frac{2V_{th}\ln\left(1+e^{\frac{V_{g0}}{2V_{th}}}\right)}{\frac{1}{H\left(V_{g0,eff}\right)} + \left(\frac{C_g}{qD}\right)e^{\frac{-V_{g0}}{2V_{th}}}} \tag{3.150}$$

在栅极电压等于V_{off}处，E_0和E_1非常接近E_f，计算误差较大。通过House Holder的数值计算方法能将精度提高到毫微伏量级。在源极，可以通过$\psi_s = V_f + V_s$确定源极电势，漏极电势可以通过$\psi_d = V_f + V_{d,eff}$计算得到。

2）电流模型

在包含迁移扩散模型的缓变近似沟道中，任意一点x处的漏极电流可以按照以下公式计算。

$$I_{ds} = -\mu W Q_{ch}\frac{d\psi}{dx} + \mu W V_{th}\frac{dQ_{ch}}{dx} \tag{3.151}$$

式中，$Q_{ch} = C_g\left(V_{g0} - \psi\right)$。将公式两边同时乘以dx后对两边同时进行从0到$L$的距离积分，接着对公式两边都实施从源极到漏极的电势积分，最后计算得到的电流公式如下。

$$I_{ds} = \frac{W}{L}\mu C_g\left(V_{g0} - \psi_m + V_{th}\right)\psi_{ds} \tag{3.152}$$

式中，$\psi_m = \left(\psi_d + \psi_s\right)/2$；$\psi_{ds} = \psi_d - \psi_s$。

3）电荷模型

想要精确地对各个端口的本征电荷进行建模，需要将沟道电荷精确合理地分配到每个端口。Ward-Dutton分配法是一种科学严谨的方法，源极电荷和漏极电荷通过电荷平衡关系$Q_g+Q_s+Q_d=0$来确定。栅极电荷Q_g的计算公式如下。

$$Q_g = -\int_0^L qWn_s\left(V_{gs}, V_x\right)dx = -\int_0^L WC_g\left[V_{g0} - \psi(x)\right]dx \tag{3.153}$$

根据电流连续性方程，忽略电流饱和可得到

$$dx = \frac{L\left(V_{g0} - \psi + V_{th}\right)}{\left(V_{g0} - \psi_m + V_{th}\right)\psi_{ds}}d\psi \tag{3.154}$$

对电势ψ进行积分后得到

$$Q_g = \frac{WC_gL}{\left(V_{g0} - \psi_m + V_{th}\right)}\left[V_{g0}^2 - V_{g0}\left(\psi_d + \psi_s - V_{th}\right) + \frac{1}{3}\left(\psi_d^2 + \psi_s^2 + \psi_d\psi_s\right) - V_{th}\psi_m\right] \tag{3.155}$$

源极电荷和漏极电荷可以根据 Ward-Dutton 分配法确定，计算公式如下。

$$Q_{\mathrm{d}}=\int_0^L\left(1-\frac{x}{L}\right)Q_{\mathrm{ch}}\left(V_{\mathrm{gs}},V_{\mathrm{x}}\right)\mathrm{d}x \tag{3.156}$$

$$Q_{\mathrm{s}}=-Q_{\mathrm{g}}-Q_{\mathrm{d}} \tag{3.157}$$

3.6.4　DIO 模型介绍

PN 结二极管是一种基于 PN 结的半导体二极管。PN 结是半导体单晶内两种半导体材料（P 型半导体和 N 型半导体）之间接触的结合面，P 型半导体一侧包含多余的空穴，而 N 型半导体一侧包含多余的电子。在结合面两侧出现了电子和空穴的浓度差，一些电子从 N 型半导体一侧向 P 型半导体一侧扩散，形成了离子薄层即空间电荷区，空间电荷区缺少多子，也称为耗尽区，PN 结内多子扩散和少子漂移达到了动态平衡。

产生 PN 结的 P 型区域和 N 型区域是通过半导体掺杂制成的，常用的方法有离子注入、扩散和外延生长，扩散方法常用于制造缓变 PN 结，外延生长方法常用于制造突变 PN 结。图 3.56 所示为 lnP 衬底的 PN 结二极管横截面。

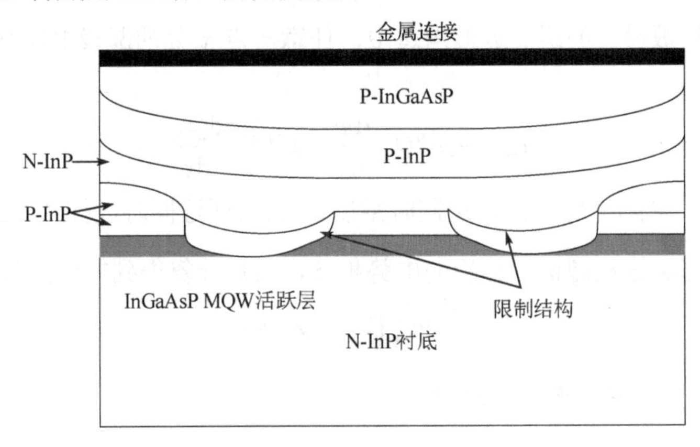

图 3.56　lnP 衬底的 PN 结二极管横截面

PN 结最重要的特性是单向导电性，在电子电路中搭配其他无源器件，可以实现交流电整流，调制信号检波、限幅和钳位及电源电压的稳压等多种功能。为了使 PN 结正向导通，需要抵消耗尽区的电场阻力，这时只需在 P 型区域接外加电源的正极，N 型区域接外加电源的负极，产生反方向的更大的电场。当接反向电压时，内建电场的阻力更大，PN 结不能导通，少子的漂移运动导致此时有极微弱的反向电流，此时整个 PN 结呈现高阻性。当反向电流增大到某一数量级时，耗尽区变宽，内建电场增强，反向电流急剧增大导致 PN 结击穿。雪崩击穿常发生在掺杂浓度较低的 PN 结中，而齐纳击穿常发生在掺杂浓度较高的 PN 结中，两者均可逆，只有热击穿不可逆。图 3.57 所示为 PN 结的 *I-V* 特性曲线。

对二极管而言，其模型基本可以通过以下参数加以描述：作为已知参数，可以直接由工艺过程或器件材料决定的主要有禁带宽度 EG、饱和电流温度指数 XTI、闪烁噪声系数

KF 和 AF；反映二极管 *I-V* 特性的静态模型参数主要有反向饱和电流 IS、发射系数 *N*、反向击穿电流 IBV、梯度系数 *M*、内建电势 VJ 和串联电阻 RS；反映二极管 *C-V* 特性的动态模型参数主要有零偏结电容 CJ0 和渡越时间 TT。器件测量温度 TNOM、饱和电流温度指数 XTI、禁带宽度 EG 则反映了饱和电流随温度变化的特性。

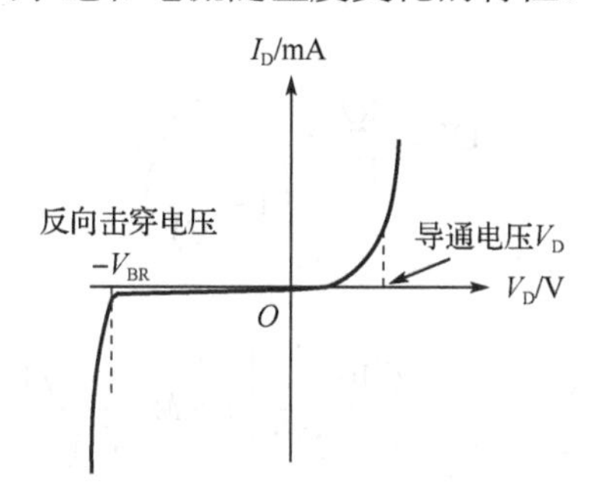

图 3.57 PN 结的 *I-V* 特性曲线

理想情况下，二极管的 *I-V* 特性关系式为

$$I = \mathrm{IS}\left(\mathrm{e}^{\frac{V}{V_T}} - 1\right) \tag{3.158}$$

式中，V_T 为半导体热电势。其表达式为

$$V_T = \frac{KT}{q} \tag{3.159}$$

式中，q 为电子电荷；K 为波尔兹曼常数；T 为绝对温度。

考虑非理想情况下少子在穿越势垒区时的复合，二极管的 *I-V* 特性关系式被修正为

$$I = \mathrm{IS}\left(\mathrm{e}^{\frac{V}{NV_T}} - 1\right) \tag{3.160}$$

式中，N 为反映势垒区复合程度的发射系数。由于在正向偏压下复合电流占主导，*I-V* 特性曲线斜率为 $1/2V_T$，故 N 的取值范围为[1,2]。随着扩散电流的逐渐升高，串联电阻上的压降逐渐成为 *I-V* 特性关系式的主宰。

二极管的内建电势 VJ 是由平衡 PN 结空间电荷区域内的内建电场引起的，它的值由 N 型区域和 P 型区域间存在的电势差决定。

当外加反向偏压增至某值时，反向电流会迅速增大引发击穿现象。分析可知，二极管的禁带宽度 EG 越窄，掺杂浓度越高，反向击穿现象越容易发生。

在不考虑衬底的情况下，二极管的串联电阻主要由 PN 结两侧中性区域和金属引线间的欧姆接触电阻和 P 型区域、N 型区域的等效电阻组成，在高频情况下，还包含趋肤电阻。串联电阻降低了施加于 PN 结上的分压，从而导致了 *I-V* 特性曲线斜率的降低。此外，串联电阻还会对二极管的品质因数 Q 和截止频率造成不良影响。

PN 结的电荷存储能力决定了半导体二极管的 *C-V* 动态特性。在外加偏压发生变化时，

耗尽区宽度随着结电场发生改变。结的两边空间电荷随耗尽区宽度变化呈现正比关系，将势垒区电荷随外加偏压的变化等效成一个电容，即势垒电容 CJ。在低于反向击穿电压的范围内，并且忽略二极管外部封装引起的封装电容的情况下，二极管外加反向偏压和结电容之间的关系如下。

当 $V \leqslant \mathrm{FC} \cdot \mathrm{VJ}$ 时，可得

$$\mathrm{CJ}=\frac{\mathrm{d}Q}{\mathrm{d}V}=\frac{\mathrm{CJ0}}{\left(1-\dfrac{V}{\mathrm{VJ}}\right)^{M}} \tag{3.161}$$

当 $V > \mathrm{FC} \cdot \mathrm{VJ}$ 时，可得

$$\mathrm{CJ}=\frac{\mathrm{d}Q}{\mathrm{d}V}=\frac{\mathrm{CJ0}}{\left(1-\dfrac{V \cdot \mathrm{FC}}{\mathrm{VJ}}\right)^{M}}\left[1+M\frac{V-\mathrm{VJ}\cdot\mathrm{FC}}{\mathrm{VJ}(1-\mathrm{FC})}\right] \tag{3.162}$$

式中，CJ0 为零偏压时对应的结电容；FC 为正偏耗尽区系数，用于对 PN 结的动态模型进行线性近似修整，以逼近结势垒的真实情况，通常取值为 0.5；内建电势 VJ 由半导体的材料和工艺决定；M 为梯度系数，它代表 C-V 曲线的斜率，由 PN 结不同掺杂浓度的分布决定。理论推导表明，M 值越高，掺杂浓度随结边距的突变就越明显。

在正向偏压下，结两侧少子扩散长度范围内，存在由少子构成的扩散电荷，当 PN 结返回到外加零偏压状态时，这些少子因复合作用逐渐消失。这一过程所需的时间称为渡越时间 TT。渡越时间由二极管的材料、工艺和结构决定。渡越时间反映了二极管的开关速度。

反映二极管噪声特性的参数有 KF（闪烁噪声系数）和 AF（闪烁噪声系数）。NF（噪声系数）是随着器件的偏置电流、工作频率、温度及信号源内阻变化的，反映的是信号源上由器件增加导致的噪声功率。NF 的表达式为

$$\mathrm{NF}=10\lg\frac{\text{输入信噪比}}{\text{输出信噪比}} \tag{3.163}$$

KF 的值取决于结合面材料类型和几何形状。根据 Hooge 提出的迁移率涨落模型，KF 的功率谱密度函数表达式为

$$S_f(f)=\frac{\mathrm{KF}}{f}I \tag{3.164}$$

式中，I 为反向饱和电流与正向扩散电流的和。

3.6.5 无源器件模型介绍

无源器件模型主要包括电阻模型、电容模型、电感模型和传输线模型。

1. 电阻模型

金属导体中电流是自由移动的电子定向移动形成的，自由电子在移动中与金属粒子频繁碰撞，这种碰撞阻碍了自由电子的移动，这种阻碍作用就叫作电阻，它是用来描述导体

导电性能的物理量。

对于横截面恒定的电阻，电阻值近似表示为

$$R = \rho \frac{L}{A} \tag{3.165}$$

式中，R 表示电阻值；ρ 表示导体电阻率；L 表示电阻长度；A 表示电阻横截面面积。

在集成电路中，电阻通过多种制作方式实现，按照不同制作方式可将电阻分为阱电阻、P+/N+电阻、Poly 电阻、金属电阻等。

阱电阻用阱作为电阻主体，在 P 型衬底下一般用 N 阱实现。N 阱电阻方块薄层电阻值 R_{sh} 比较大，通常为几百欧姆。

P+/N+电阻是在衬底或阱中用 P+或 N+扩散区制作而成的电阻，与阱电阻的区别从本质上来说就是掺杂浓度不同，阱和衬底的掺杂浓度要远低于 P+/N+扩散区，这导致了两种电阻的性能差别，其薄层电阻值 R_{sh} 要比阱电阻小，通常为 100～200Ω。

Poly 电阻包括掺杂硅化的 Poly 电阻和掺杂非硅化的 Poly 电阻。如果用栅极的 Poly 层来制作电阻，那么电阻是掺杂硅化的。在 Poly 层上覆盖一层硅化物，防止 Poly 层被硅化，这样成为掺杂非硅化的 Poly 电阻，其电阻值一般为几十到一百多欧姆。

金属电阻是所有电阻中薄层电阻值最小的，一般用来制作其他电阻无法完成的小电阻。

在 MMIC 设计中，常使用薄膜电阻、厚膜电阻、贴片电阻等。薄膜电阻与厚膜电阻的共同特征在于，在耐热基板表面涂覆一层薄膜状的电阻材料。薄膜电阻与厚膜电阻最直观的区别在于这层膜的厚度，也就是导电层的厚度。根据导电层的厚度，薄膜电阻与厚膜电阻有精度和功率上的差异，厚膜电阻主要针对功率而设计，薄膜电阻主要针对精度而设计。薄膜电阻稳定性好、体积小、频率响应快、耐高温，所以使用广泛。

薄膜电阻常用真空法来淀积导电层，这种工艺方法称为溅镀。此方法能将某种电阻材料（镍化铬等）蒸镀于绝缘基板上，形成一个薄而均匀的层，层厚度大约为 0.1μm。随后，薄膜将经历激光蚀刻或光刻，这个过程可以将薄膜表面刻出一定的形状。这个步骤决定了电阻的精度，容差极为精细，现代工艺可以将容差降至 0.01%。图 3.58 所示为薄膜电阻横截面示意图，在化合物工艺中衬底多为绝缘化合物。

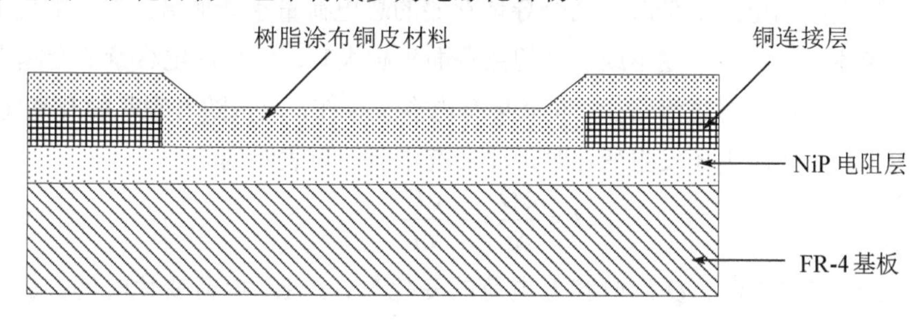

图 3.58 薄膜电阻横截面示意图

在射频电路仿真中，电阻的性能不仅受到其电阻值的影响，还受到其寄生电感、寄生电容和介质损耗等因素的影响。这些因素都需要在仿真模型中考虑，以准确预测电阻在不同情况下的性能。图 3.59 所示为薄膜电阻等效电路结构。

在图 3.59 中，R_s 为薄膜电阻主电阻，L_{co}、R_{co} 分别为引线寄生电感和引线寄生电阻，C_{sub} 和 R_{sub} 分别为衬底寄生电容和衬底寄生电阻。

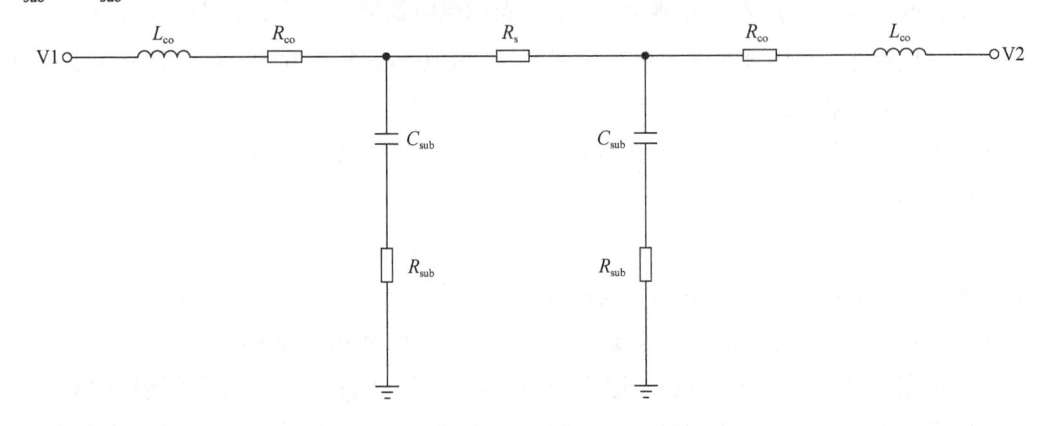

图 3.59　薄膜电阻等效电路结构

2. 电容模型

电容在模拟/射频集成电路设计中有广泛的用处，其作用不仅包括阻直、耦合，还涉及阻抗匹配、滤波、储能、相移和谐振等方面。

从结构上来说，电容实际上是由两个导体构成的，任何两个导体之间都存在一定的电容量（存储电荷的能力）。如果给两个导体分别加上正负电荷，则两个导体之间就会产生电压，两个导体的电容量为单个导体上存储的电荷量与它们之间电压的比值。

$$C=\frac{Q}{V} \tag{3.166}$$

式中，C 表示电容量（单位为 F）；V 表示两个导体之间的电压（单位为 V）；Q 表示电荷量（单位为 C）。

实际上，两个导体之间的电容量与施加电压完全无关，而取决于导体的几何结构和周围介质的材料特性。当电压加倍时，两个导体存储的总电荷量也会加倍，二者的比值保持不变。当两个导体之间的距离越小或它们的重叠面积越大时，它们的电容量就会越大。

如果两个导体之间没有直流路径，其就会有电容量存在，阻抗随着频率的升高而降低，所以只有当两个导体之间电压发生变化时，才会有电流，可表示为

$$I=\frac{\Delta Q}{\Delta t}=C\frac{\mathrm{d}V}{\mathrm{d}t} \tag{3.167}$$

式中，I 为流过电容的电流；Q 为电容上电荷的变化量；t 表示电荷变化时间；C 表示电容量。

平行板电容是一种常见的电容，若有平行的两块平板，间距为 d，总面积为 A，则其近似电容量可表示为

$$C = \varepsilon_0 \frac{A}{d} \tag{3.168}$$

式中，ε_0 表示自由空间的介电常数。

但是实际上需要考虑导体两侧的边缘场，因此实际的电容量会大于近似值，对于一个边长为 w 的正方形平行板，w/d 越大，近似值越准确。

集成电路电容根据结构可分为 4 类：MOS（Metal-Oxide-Semiconductor）电容、P-N 结电容、PIP（Poly-Insulator-Poly）电容和 MIM（Metal-Insulator-Metal）电容。MOS 电容和 P-N 结电容随着外加反向偏压和内建电势的变化而变化，电容在电路中表现不稳定。PIP 电容和 MIM 电容由于其平板电容的稳定性在小尺寸集成电路设计中被普遍采用。PIP 电容由于非金属电极，因此会产生较大损耗电阻。MIM 电容通过采用金属作为电极，有效降低了寄生电容和互连线的接触电阻，因此其导电性强、损耗低，在尺寸更小的工艺中常采用 MIM 电容。

以 MIM 电容为例，在射频频率下，实际的介质并非理想介质，因此介质内部存在传导电流，即存在传导电流引起的损耗，在高频电路设计中会产生一些寄生参数。图 3.60 所示为 MIM 电容的等效电路图。其中 C_{main} 为本征电容，即表征 MIM 电容量的电容，L_s 为引线寄生电感，R_s 为引线寄生电阻，R_i、R_o 为衬底寄生电阻，C_i、C_o 为衬底寄生电容。

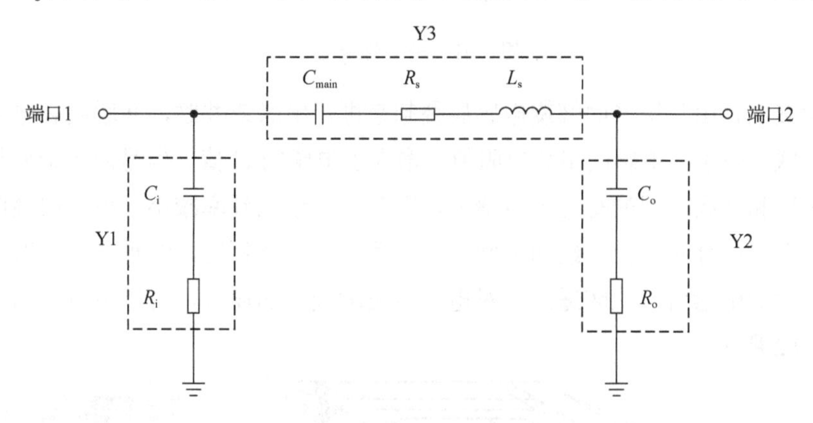

图 3.60　MIM 电容的等效电路图

3. 电感模型

片上螺旋电感是射频集成电路中的重要器件，它广泛应用于各种射频前端电路。片上螺旋电感在电路中可实现阻抗匹配、负载调谐、反馈、滤波等功能，因而被广泛应用于压控振荡器（VCO）、低噪声放大器（LNA）、功率放大器（PA）及混频器（Mixer）等射频前端电路中，其性能直接决定这些电路的性能。

片上螺旋电感分为平面螺旋电感和多层螺旋电感。平面螺旋电感从线圈的几何形状上来看，可分为四边形电感、六边形电感、八边形电感和圆形电感等。从工艺上来看，四边形电感实现起来最简单。但是由于它存在 90° 角，因此当信号通过时会引起损耗。在一般情况下，电感的边数越多，其性能越好。与四边形电感相比，圆形电感的自谐振频率（SRF）较高，同时其串联电阻较小，Q 值较高。但是从工艺的角度来说，圆形电感实现起来比较困难，一般用边数较多的多边形来近似它，如 32 边形或 64 边形等。平面螺旋电感如图 3.61 所示。

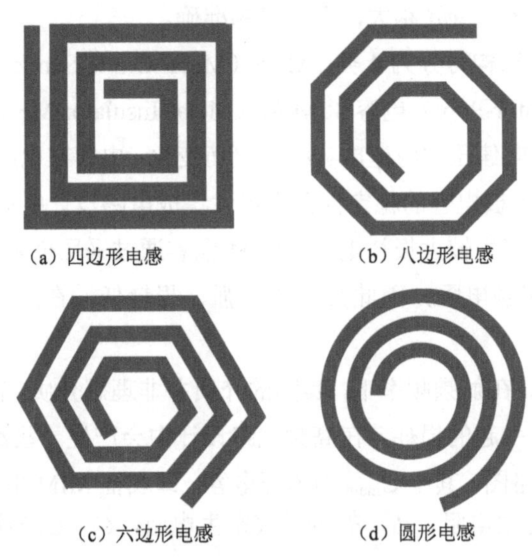

图 3.61　平面螺旋电感

多层螺旋电感由几层平面螺旋电感层叠起来进行串联或并联，并联层叠电感将多层金属用通孔并联，减小了电感的串联电阻值，增大了电感的 Q 值。但是由于金属与衬底的距离更近，电感和衬底之间的寄生电容增大，因此其自谐振频率减小。串联层叠电感用通孔将多个分布在不同金属层上的线圈串联，与平面螺旋电感相比，这种结构能够在相同的面积下实现更大的电感值，比较适用于对电感值要求较大的场合，可以节省面积。多层螺旋电感如图 3.62 所示。

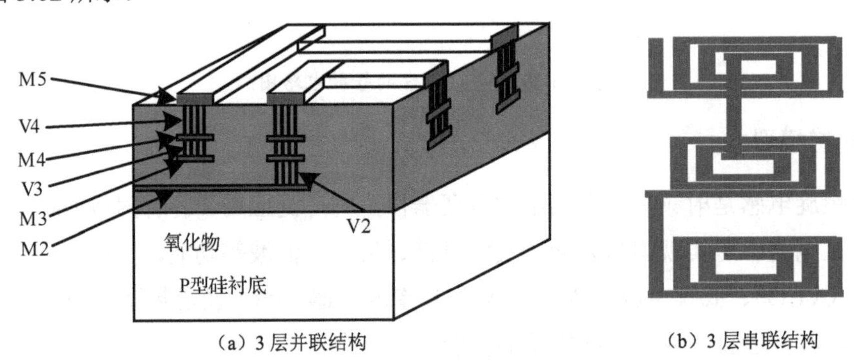

图 3.62　多层螺旋电感

电感的频率特性如图 3.63 所示，整个频段可分成三个区域：I 区域，工作区域，在这个区域中，电感值基本保持不变，在一般情况下，这是电感在电路中的使用区域；II 区域，自谐振频率前后的区域，在这个区域中，电感值由正值变为零再变为负值；III 区域，频率超过自谐振频率的区域，在这个区域中，电感呈现容性。对于电感而言，自谐振频率是一个非常重要的指标，它是区分电感感性和容性的标志，决定了电感的使用频率。当频率小于自谐振频率时，电感呈现感性；当频率大于自谐振频率时，电感呈现容性。

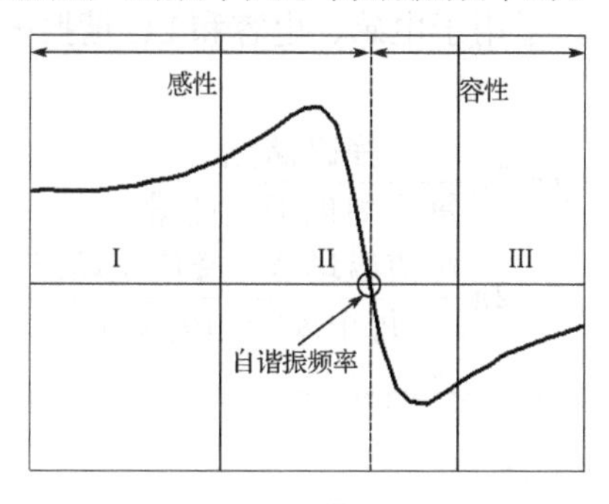

图 3.63 电感的频率特性

电感值和电阻值是衡量电感性能的两个重要指标，片上螺旋电感的电感值曲线和电阻值曲线分别如图 3.64 和图 3.65 所示。片上螺旋电感由金属线构成，由于使用的金属线不是理想导体，因此在实际电感中存在寄生电阻。电感是一个双端口器件，测量时一般测量其两个端口的 S 参数。从 S 参数中，我们很难看出电感值和电阻值，因此可以先将 S 参数转换成 Y 参数，再通过以下公式计算电感值和电阻值。

$$L_{11} = \frac{\mathrm{Im}\left(\dfrac{1}{Y_{11}}\right)}{\omega} \tag{3.169}$$

$$L_{22} = \frac{\mathrm{Im}\left(\dfrac{1}{Y_{22}}\right)}{\omega} \tag{3.170}$$

$$L_{\mathrm{eff}} = \frac{\mathrm{Im}\left(\dfrac{1}{-Y_{12}}\right)}{\omega} \tag{3.171}$$

$$R_{11} = \mathrm{Re}\left(\frac{1}{Y_{11}}\right) \tag{3.172}$$

$$R_{22} = \mathrm{Re}\left(\frac{1}{Y_{22}}\right) \tag{3.173}$$

$$R_{\mathrm{eff}} = \mathrm{Re}\left(\frac{1}{-Y_{12}}\right) \tag{3.174}$$

式（3.169）和式（3.172）分别为端口 2 接地时，端口 1 的电感值和电阻值；式（3.170）和式（3.173）分别为端口 1 接地时，端口 2 的电感值和电阻值；式（3.171）和式（3.174）分别为端口 1 到端口 2 的有效电感值和有效电阻值。

品质因数 Q 是表征储能器件性能的重要指标之一。这里的储能器件是指电感和电容，它们分别存储磁场能和电场能。在正弦信号的作用下，品质因数 Q 可定义为

$$Q = 2\pi \frac{\text{储能}}{\text{每个周期损失能量}} \tag{3.175}$$

式（3.175）是 Q 的一般定义，适用于电感、电容和 LC 谐振电路等。由于电感存储的是磁场能，因此 Q 可定义为

$$\begin{aligned} Q &= 2\pi \frac{\text{净磁储能}}{\text{每个周期损失能量}} \\ &= 2\pi \frac{\text{峰值磁场能} - \text{峰值电场能}}{\text{每个周期损失能量}} \end{aligned} \tag{3.176}$$

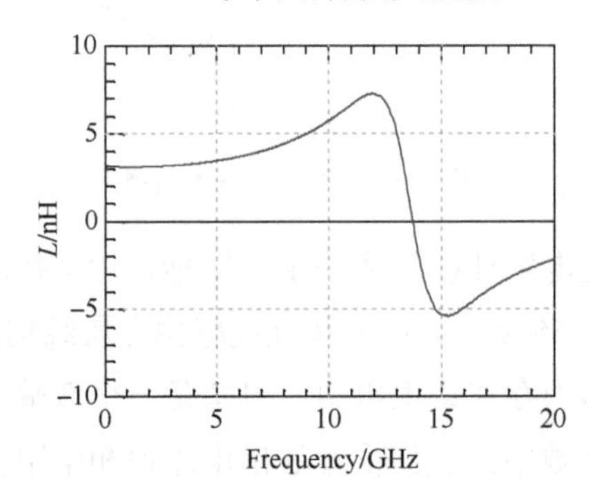

图 3.64　片上螺旋电感的电感值曲线

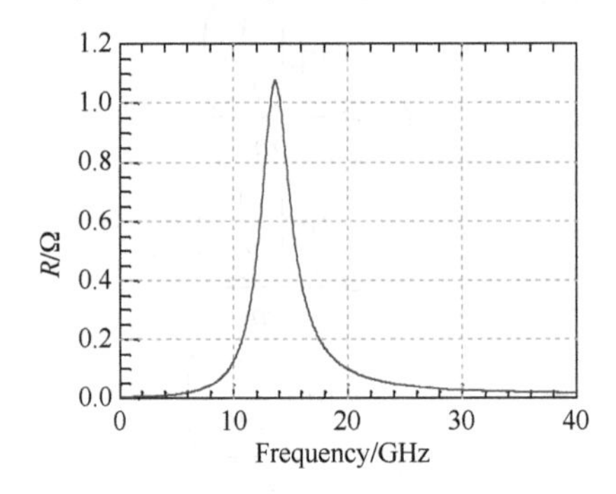

图 3.65　片上螺旋电感的电阻值曲线

片上螺旋电感的 Q 值曲线如图 3.66 所示，当自谐振时，它的峰值电场能和峰值磁场能相等，因此 Q 值为零。与电感值和电阻值的计算方法类似，Q 值可以用 Y 参数表示：

$$Q_{11}(\omega) = -\frac{\text{Im}(Y_{11})}{\text{Re}(Y_{11})} \tag{3.177}$$

$$Q_{22}(\omega) = -\frac{\text{Im}(Y_{22})}{\text{Re}(Y_{22})} \tag{3.178}$$

式（3.177）和式（3.178）分别为电感端口 1 和端口 2 的 Q 值。此时，Q 值是角频率的函数，且在电感的自谐振频率范围内有效。

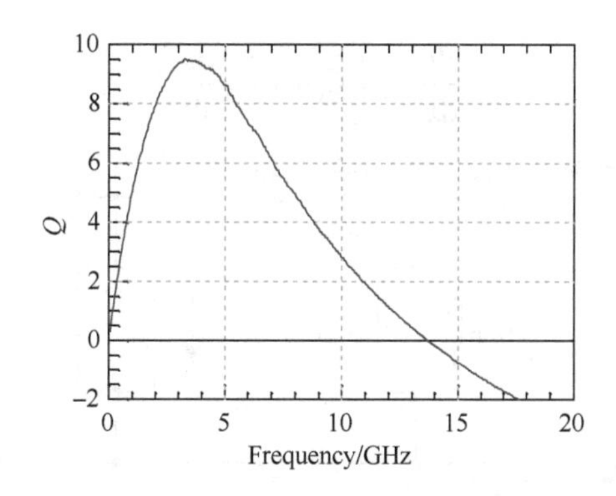

图 3.66　片上螺旋电感的 Q 值曲线

当片上螺旋电感的总长度小于其工作频率对应的波长时，我们可将整个片上螺旋电感用一个集总参数模型表示。这种模型结构比较简单，计算量小，并且在低于自谐振频率时可以达到较高的精度。

电感的等效电路如图 3.67 所示。

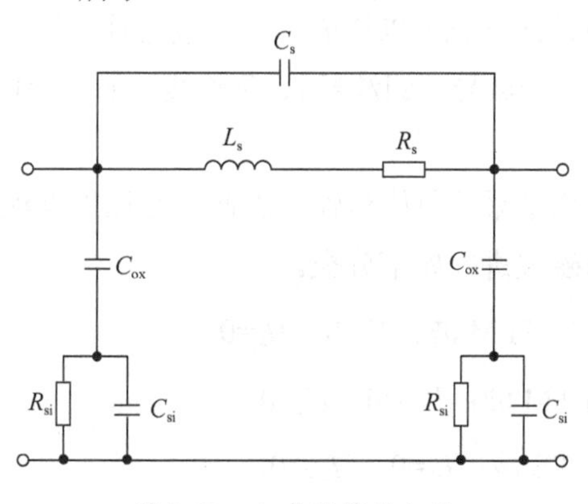

图 3.67　电感的等效电路

在图 3.67 中，L_s 和 R_s 分别表示等效电感和等效电阻，C_s 表示输入端口和输出端口之间的电容（主要是电感线圈和 Underpass 之间的电容），C_{ox} 表示电感线圈和衬底之间的氧化层电容，R_{si} 和 C_{si} 分别表示衬底的寄生电阻和寄生电容。

4．传输线模型

与电路理论相比，传输线理论的主要区别是电长度尺寸。在电路理论中，由于工作频率低，电长度远远大于电路尺寸，因此认为电路中的电流幅度和相位不变，而传输线理论讨论的情况是电长度与电路尺寸相当或小于电路尺寸。假设电路激励信号为正弦信号，在电路上存在信号幅度和相位的变化，则这时需要用分布参数理论来讨论。

图 3.68 所示为传输线的端口模型。

此时分析线路中的电压、电流，得到电路的微分方程为

$$\frac{\mathrm{d}u}{\mathrm{d}x}=-\left(R_0 i+L_0\frac{\mathrm{d}i}{\mathrm{d}t}\right) \tag{3.179}$$

$$\frac{\mathrm{d}i}{\mathrm{d}x}=-\left(G_0u+C_0\frac{\mathrm{d}u}{\mathrm{d}t}\right) \tag{3.180}$$

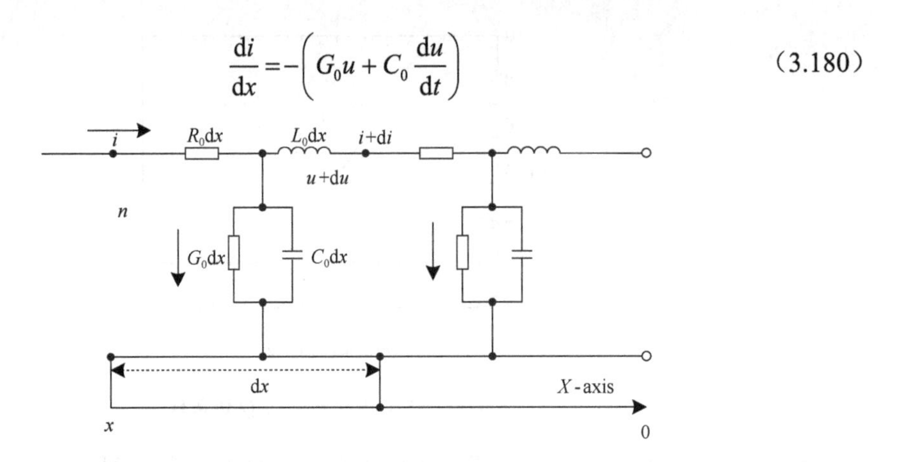

图 3.68　传输线的端口模型

通过求解上述微分方程，就能得出电压和电流的位置和时间关系。

微波传输线在射频系统中起着非常重要的作用。利用微波传输线，不仅可以有效地传输微波信号，通过恰当地设计，还可以构成各种微波器件、微波电路和天线。常见的导波结构有规则金属波导（如矩形波导、圆波导）、传输线（如平行板传输线、同轴线）和表面波波导（如微带线）。

大多数实用的波导结构都采用单模传输。因此，可以根据纵向场分量 E_z 和 H_z 的存在与否，对波导中传输的电磁波进行如下分类。

（1）横电磁波，又称为 TEM 波：E_z=0，H_z=0。

（2）横磁波，又称为 TM 波：$E_z\neq0$，H_z=0。

（3）横电波，又称为 TE 波：E_z=0，$H_z\neq0$。

（4）混合波：$E_z\neq0$，$H_z\neq0$。

传输线分类如图 3.69 所示。TEM 波是同轴线和平行板传输线的主要传输方式。TE 波和 TM 波通常出现在矩形波导、圆波导或脊状波导中。混合波主要在微带线（MS）、槽线（SL）和共面波导（CPW）结构中传输。

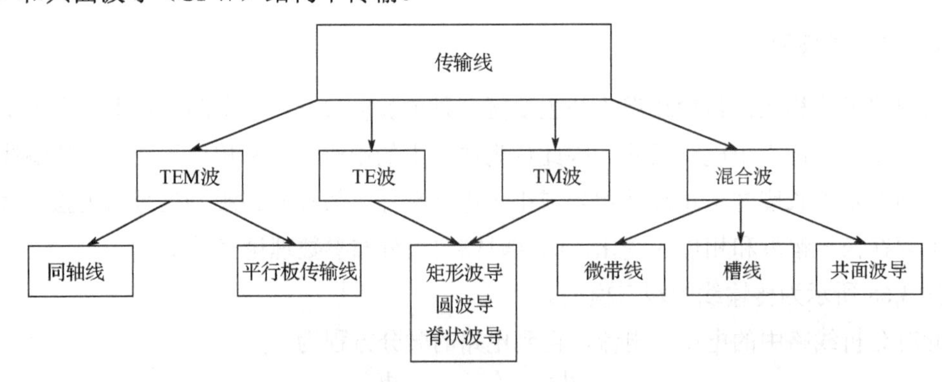

图 3.69　传输线分类

现代微波电路和系统中常用的三种传输线为同轴线、矩形波导和微带线，它们分别有着不同的优缺点。下面以微带线为例对传输线的公式进行简单推导。

微带线是一种平面传输线，它由双导线型传输线发展衍生而来。微带线体积较小、质量较小、可靠性高、加工相对容易，并且可以很方便地集成在很多微波无源与有源器件中，它的多种优点使之成为目前使用颇为广泛的平面型微波传输线。微带线结构如图 3.70 所示，介质基板位于金属地板之上，介质基板上有一条金属导体带（微带线），其中介质基板的相对介电常数为 ε_r、厚度为 h，微带线的厚度为 t、宽度为 W。微带线电场与磁场示意图如图 3.71 所示。

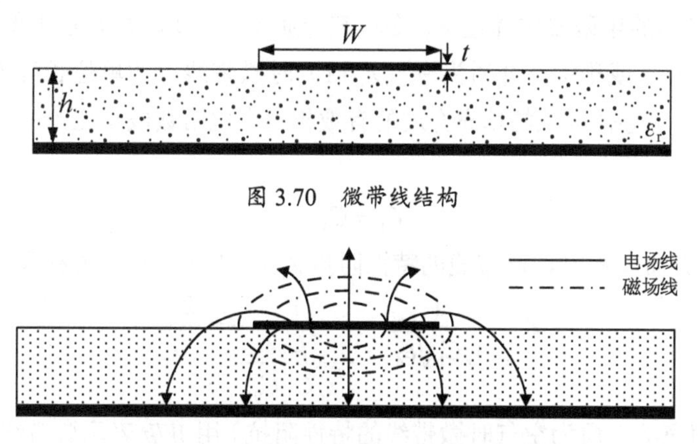

图 3.70　微带线结构

图 3.71　微带线电场与磁场示意图

微带线的一面与空气接触，另一面与介质基板接触。微带线的大部分场分布都位于均匀的介质基板区域，仅小部分的场分布位于上方的空气区域。空气区域的 TEM 模的相速度为 c，介质基板区域的 TEM 模的相速度则为 $c/\sqrt{\varepsilon_r}$，微带线的这种结构会使得 TEM 波不能在介质基板与空气的交界处实现相位匹配，从而导致微带线无法支持纯 TEM 波。事实上，微带线的场解是由 TE 波与 TM 波混合而成的，这样的混合场分布的分析往往是非常复杂的，然而在现实中，介质基板的设计一般较薄，其厚度远小于波长（$h \ll \lambda$），这样的微带线的场分布已经很接近 TEM 模，一般可称为准 TEM 模传输，在实际场分析中可以将准 TEM 模等效为纯 TEM 模。这样就可以用一个介电常数为 ε_e 的均匀媒介来代替原介质基板与空气区域，ε_e 也被称为微带线结构的有效相对介电常数。准 TEM 模微带线的等效结构图如图 3.72 所示。

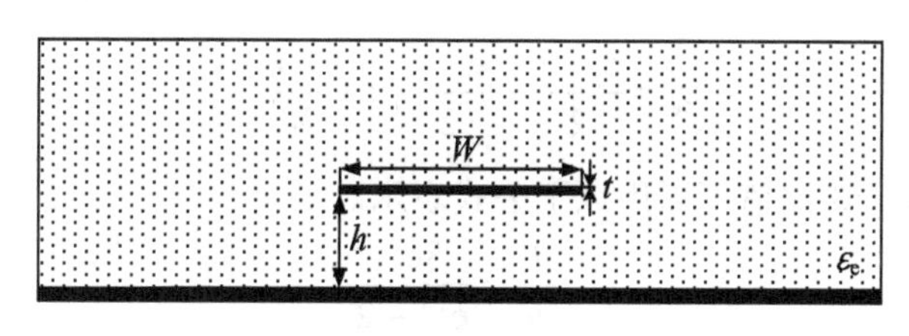

图 3.72　准 TEM 模微带线的等效结构图

对于准 TEM 模传输模式，使用准静态法分析，微带线上的相速度 v_p、中心频率对应的波导波长 λ_g 和传播常数 β 可以用以下公式表示。

$$v_p = \frac{c}{\sqrt{\varepsilon_e}} \tag{3.181}$$

$$\lambda_g = \frac{\lambda_0}{\sqrt{\varepsilon_e}} \tag{3.182}$$

$$k_0 = \omega\sqrt{\mu_0 \varepsilon_0} \tag{3.183}$$

$$\beta = k_0\sqrt{\varepsilon_e} \tag{3.184}$$

式中，c 表示真空中的电磁波传播速度。令填充介质（$\varepsilon_r \neq 1$）时微带线上的单位长度电容量为 C_1，不填充介质（或称填充介质为空气 $\varepsilon_r=1$）时微带线上的单位长度电容量为 C_{01}，由于电容量大小与围绕导体区域的填充介质的有效相对介电常数成正比，故 C_1 与 C_{01} 有如下关系。

$$C_1 = C_{01}\varepsilon_e \tag{3.185}$$

因此在填充介质基板时，微带线的特性阻抗 Z_0 可以用如下公式表示。

$$Z_0 = \frac{1}{v_p C_1 \sqrt{\varepsilon_e}} = \frac{1}{\dfrac{C}{\sqrt{\varepsilon_e} C_{01} C_{01e}}} = \frac{Z_{01}}{\sqrt{\varepsilon_e}} \tag{3.186}$$

式中，Z_{01} 表示填充的介质为空气时微带线的特性阻抗。用 W/h 表示微带线的宽度与介质基板的厚度间的比值，通过对微带线进行精确准静态解的曲线拟合，可以得到微带线特性阻抗 Z_0 与有效相对介电常数 ε_e 的关系如下。

当 $W/h \leqslant 1$ 时，有

$$Z_0 = \frac{60}{\sqrt{\varepsilon_e}} \ln\left(\frac{8h}{W} + \frac{W}{4h}\right) \tag{3.187}$$

$$\varepsilon_e = \frac{\varepsilon_r + 1}{2} + \frac{\varepsilon_r - 1}{2}\left[\left(2 + \frac{12h}{W}\right)^{-\frac{1}{2}} + 0.041\left(1 - \frac{W}{h}\right)^2\right] \tag{3.188}$$

当 $W/h > 1$ 时，有

$$Z_0 = \frac{120\pi}{\sqrt{\varepsilon_e}\left[\dfrac{h}{W} + 1.393 + 0.667\ln\left(\dfrac{W}{h} + 1.4444\right)\right]} \tag{3.189}$$

$$\varepsilon_e = \frac{\varepsilon_r + 1}{2} + \frac{\varepsilon_r - 1}{2}\left(1 + \frac{12h}{W}\right)^{-\frac{1}{2}} \tag{3.190}$$

当 $1 < W/h \leqslant 2$ 时，该比值可以用以下公式表示。

$$\frac{W}{h} = \frac{8e^A}{e^{2A} - 2} \tag{3.191}$$

当 $W/h > 2$ 时，该比值可以用以下公式表示。

$$\frac{W}{h}=\frac{2}{\pi}\frac{10\pi}{B-1-\ln(2B-1)+\frac{\varepsilon_r-1}{2\varepsilon_r}\left[\ln(B-1)+0.39-\frac{0.11}{\varepsilon_r}\right]} \tag{3.192}$$

式中

$$A=\frac{Z_0}{60}\sqrt{\frac{\varepsilon_r+1}{2}}+\frac{\varepsilon_r-1}{\varepsilon_r+1}\left(0.23+\frac{0.11}{\varepsilon_r}\right) \tag{3.193}$$

$$B=\frac{377\pi}{2Z_0\sqrt{\varepsilon_r}} \tag{3.194}$$

由上述公式可知，微带线的宽度 W 与微带线的特性阻抗 Z_0 成反比，介质基板的厚度 h 与微带线的特性阻抗 Z_0 成正比，上述公式常被用于工程计算。

3.6.6 网表介绍

华大九天的 ALPS 仿真器支持业界主流的晶体管模型和建模语言，如 Spectre、Hspice 等，下面以 Spectre 格式为例介绍模型网表文件的相关语法。

```
library GaAs HEMT                        #定义模型库名称
simulator lang=spectre insensitive=yes
#声明仿真器语言类型，并声明不区分参数定义的大小写
parameters ErSub=12.9
parameters Thickness=50e-6               #定义介电常数和衬底厚度
ahdl_include "./xxx.va.esp"              #将 va 文件挂载进来
Subckt HEMT D G S
parameters NOF = 9 UGW = 125e-6          #网表和模型传递的参数
……
Ends HEMT                                #定义 HEMT 器件模型
model M hemt l=l w=wf nf=nf …
#调用 va 文件中的器件模型，并对其相关参数进行赋值
L1 x1 x2 inductor L= LD
R1 x2 x3 resistor R=RD
…
#通过调用仿真器内部的器件来定义模型中的等效电路
endlibrary GaAs pHEMT                    #模型库定义结束
```

3.7 物理验证文件

工艺制造商希望能够提供合格的产品来满足用户的需求，同时减少生产成本，保障产品的可靠性，这就需要执行多方面的规则检查，满足这些规则的为合格的产品。在制造芯片时，必须要满足一定的规则才能制造出来。在纳米级工艺中，芯片的量子效应越来越明

显，要保证电路的正常功能，就必须在物理上满足它的一些长度、宽度等要求，如果有不满足的地方，流片就会失败。不同的工艺，芯片制造的规则要求也不同。PDK 开发者会根据工艺制造商提供的规则手册开发出适合该 PDK 的规则文件，并用其充当后端设计与芯片制造的桥梁。

3.7.1 设计规则检查

设计规则检查（DRC）是指根据工艺制造所要求的规则对设计的版图进行检查，其检查内容主要是版图层，对相邻的版图层和相同的版图层之间的关系与尺寸进行检查。通常需要检查相同工艺层的最小宽度、最小间距，以及不同工艺层的重叠长度、内部包含距离等。此外，还有一些较为复杂的天线规则，用于检查每个工艺层的区域比例，防止加工过程中金属表面积累的电荷过多，对栅氧造成破坏。DRC 对于消除电路制造工艺错误及提升流片的良率有着极大的帮助。

EPDK 的 DRC 用华大九天 Argus 作为验证工具，Argus DRC 的运行机制如图 3.73 所示。

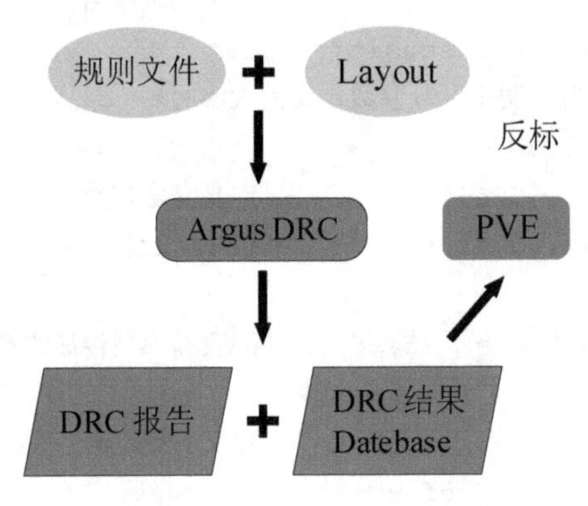

图 3.73 Argus DRC 的运行机制

1. 常用图形逻辑运算函数

在进行 DRC 时，需要将检查的内容转换为物理验证工具所能识别的信息，复杂的 DRC 不只是检查一个工艺层中所有的区域，而是检查多个和工艺层相关的区域，这就需要图形逻辑运算函数来支持。PDK 通过调用图形逻辑运算函数来确定需要检查的区域，下面列出一些常用函数及其解析。

（1）geom_and：选择 layer1 和 layer2 相交的区域。geom_and(layer1 layer2)示例如图 3.74 所示。如果输入层为空，则无输出。

（2）geom_adjacent：选择位于 layer2 以外的且有重合边的所有 layer1 的图形，也可以选择与 layer2 重合几条边的 layer1 的图形。geom_adjacent 示例如图 3.75 所示。

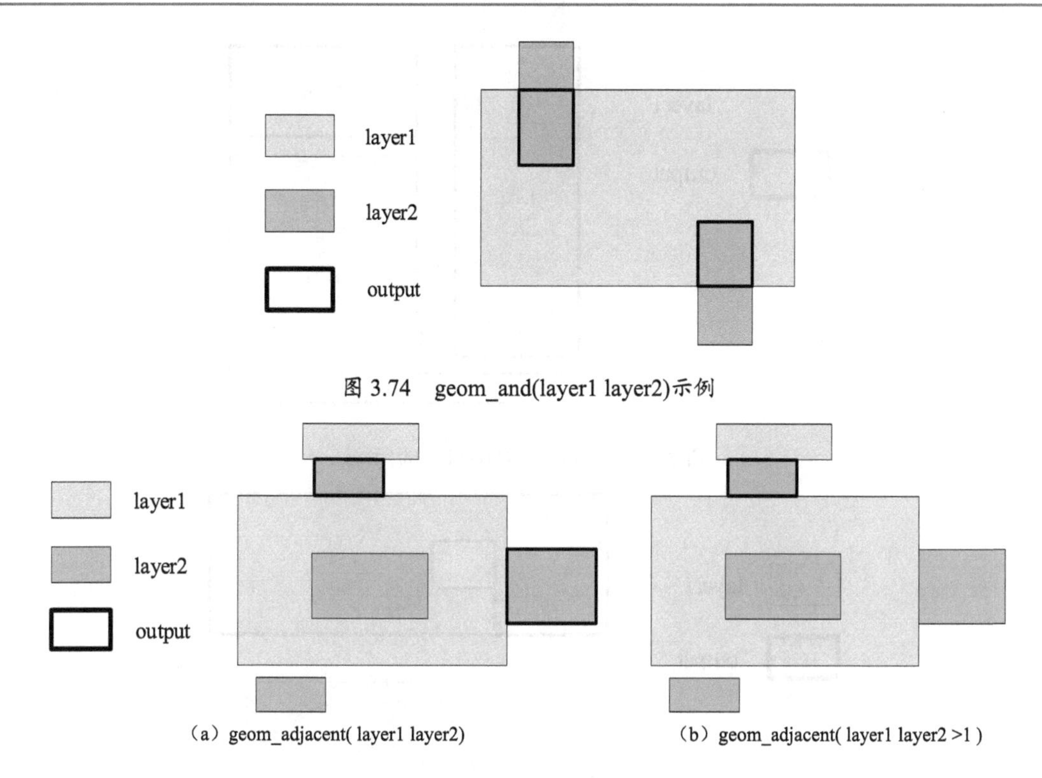

图 3.74　geom_and(layer1 layer2)示例

（a）geom_adjacent(layer1 layer2)　　（b）geom_adjacent(layer1 layer2 >1)

图 3.75　geom_adjacent 示例

（3）geom_cut：选择与 layer2 有交集（但不包含）的所有 layer1 的图形，也可以选择与 layer2 有指定数量交集的所有 layer1 的图形。geom_cut 示例如图 3.76 所示。

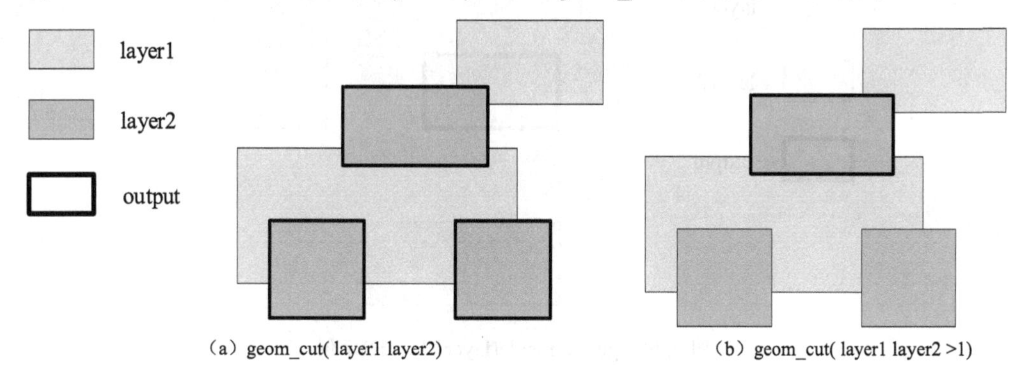

（a）geom_cut(layer1 layer2)　　（b）geom_cut(layer1 layer2 >1)

图 3.76　geom_cut 示例

（4）geom_area：选择符合约束条件区域的所有层图形。geom_area(layer1 < 60)示例如图 3.77 所示。

（5）geom_donut：选择具有内部孔的图形。geom_donut(layer1)示例如图 3.78 所示。

（6）geom_inside：选择与 layer2 共享其整个区域的所有 layer1。如果 layer1 与 layer2 共享 layer2 的所有区域，并且两个图形具有重合的边，则满足“inside”条件。geom_inside(layer1 layer2)示例如图 3.79 所示。

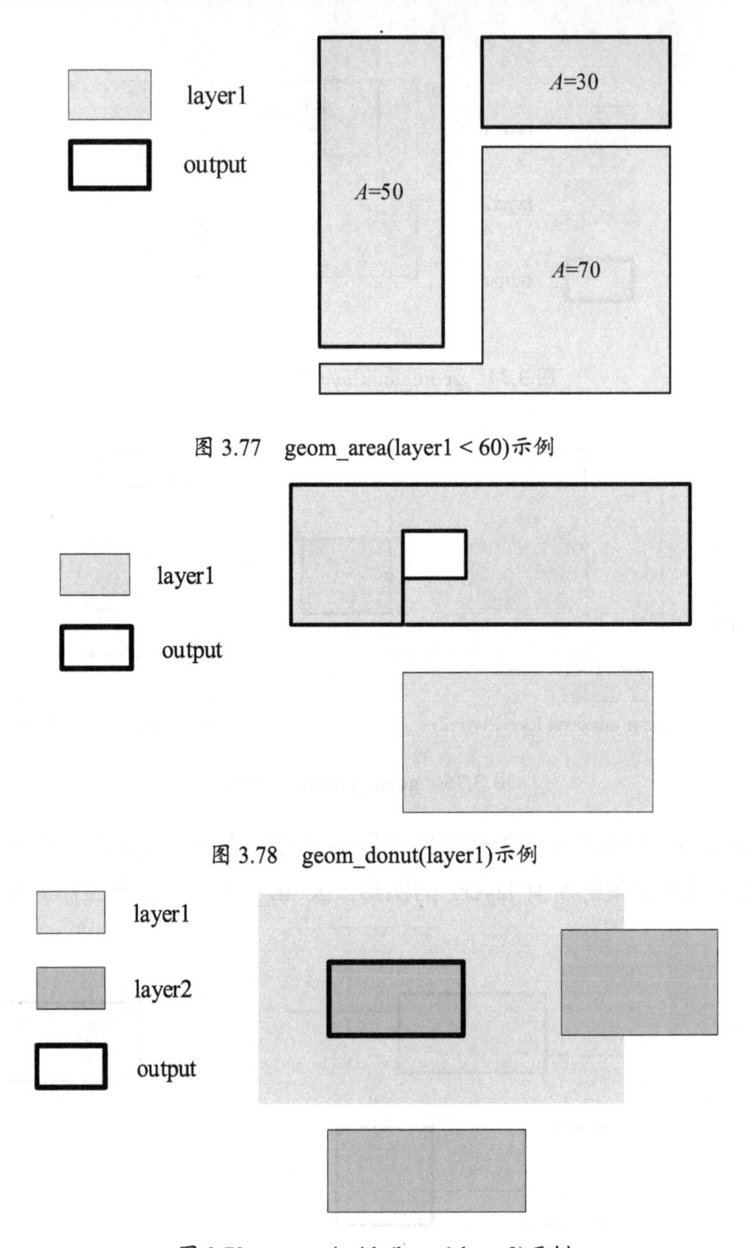

图 3.77　geom_area(layer1 < 60)示例

图 3.78　geom_donut(layer1)示例

图 3.79　geom_inside(layer1 layer2)示例

（7）width：对于某个 layer 绘制的图形，width 函数是对其边长进行检测的函数，当某图形边长符合条件时，此图形边长将会被检测出来。

（8）space：space 函数对两个 layer 之间进行间距的检查，当两个 layer 之间的间距符合规定条件时，此符合条件的间距将会被检测出来。space(input1 input2 < 3 region)示例如图 3.80 所示。

在 Argus 中，可利用 DRStudio 模块对.rule 文件进行开发管理。在 DRStudio 模块界面中，可便捷、快速地查看图形逻辑运算函数的功能，如图 3.81 所示。

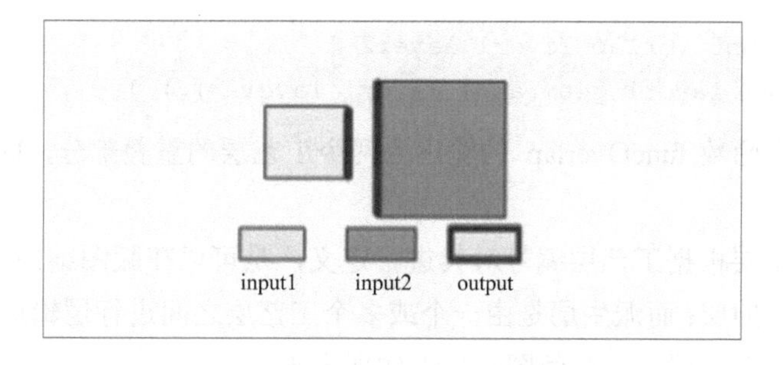

图 3.80　space(input1 input2 < 3 region)示例

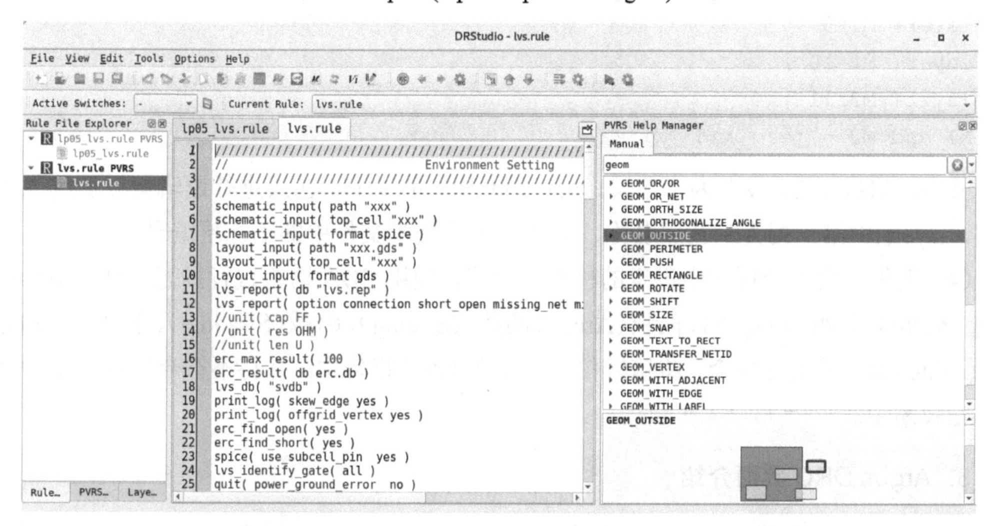

图 3.81　DRStudio 模块界面

2. DRC 规则文件组成

DRC 规则文件由头文件、自定义函数、工艺定义层、主程序四个部分组成。下面分别进行说明。

（1）DRC 规则文件的起始部分就是头文件，头文件主要定义了输入版图的相关信息及工具在进行检查时的输入和输出信息，其中 head_name()用于定义 DRC 规则文件的标题，layout_input(format)用于指定布局的数据库类型，如 GDS 或 SPICE 等，drc_result()用于定义 DRC 输出结果文件。

```
head_name( "XXX_PDK_DRC" )                          #定义 DRC 规则文件的标题
layout_input( top_cell "toPcell" )                  #指定布局的数据库类型
layout_input( path "*.gds" )
layout_input( format gds )
drc_result( db "cal_drc.out" text_format ) #定义 DRC 输出结果文件
drc_summary( "cal_drc.sum" )
```

（2）当进行工艺层运算时，电路设计师可以将某一操作定义为一个函数，方便后续进行调用。

```
define_fun funcOverlap layer1 layer2 {
geom_enclose( layer1 geom_and( layer1 layer2 ) ) }
```

其中，自定义函数 funcOverlap 的输出为两个工艺层的重叠部分，layer1、layer2 为输入参数。

（3）工艺定义层根据工艺层编号对其进行定义，是可以在版图结构中看到的层，即在技术文件中定义过的层；而派生层是由一个或多个工艺层之间进行逻辑运算而产生的新层，也被称为中间层，派生层不会在版图结构中体现出来。

```
layer( M1 9 )
layer( M2 10 )
layer( M3 11 )
M1_and_M2 = geom_and( M1 M2 )
```

其中，M1、M2、M3 为工艺层，M1_and_M2 是三个工艺层进行逻辑运算后产生的派生层，layer()中第一列为工艺层名称、数字对应于技术文件中的工艺层编号。

（4）主程序由设计规则中设定的检查项组成，使用 EDA 语言进行描述，对版图形状的宽度（Width）、长度（Length）、面积（Area）、间距（Spacing）、跨越（Straddle）、重叠（Overlap）、包含（Enclose）等进行检查，将错误信息输出在 DRC 报告中，并将不符合设计规则的区域反标在版图中。

3．Argus DRC 界面介绍

在 AetherMW 版图界面菜单栏中选择 Verify→Argus 选项，执行 Run Argus DRC 命令，打开 Argus DRC 界面，如图 3.82 所示。Argus DRC 界面的菜单栏中包括 File、Setup、Help 三个选项，其对应功能是对 Runset 的处理及对 DRC 工具的一些设置。左侧的工具栏中包括多个选项，下面进行介绍。

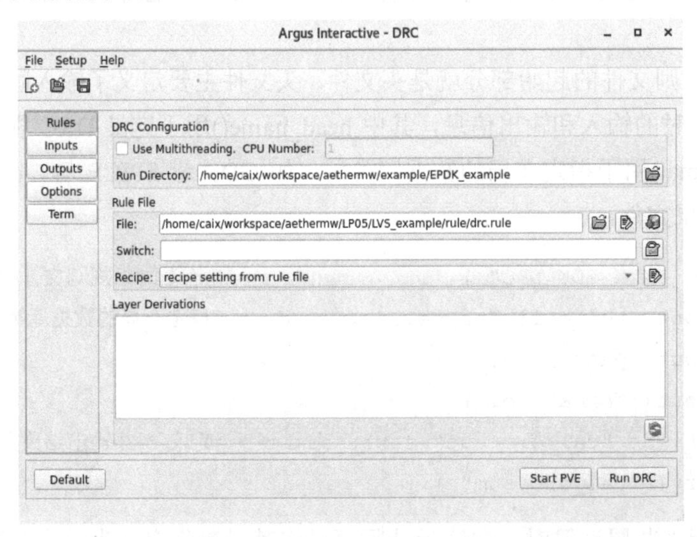

图 3.82　Argus DRC 界面

运行结果在 Rules 选项中显示，Run Directory 为 DRC 的运行目录，File 为 DRC 的规则文件，通过单击文件区域右边第一个按钮来实现规则文件的选择，单击第二个按钮则可以直接打开 DRStudio 模块对规则文件进行编辑。

图 3.83 所示为选择 Inputs→Layout 选项的显示结果，其中 Flat 和 Hierarchical 单选按钮用于选择 DRC 的运行方式。Layout 选项功能介绍见表 3.9。

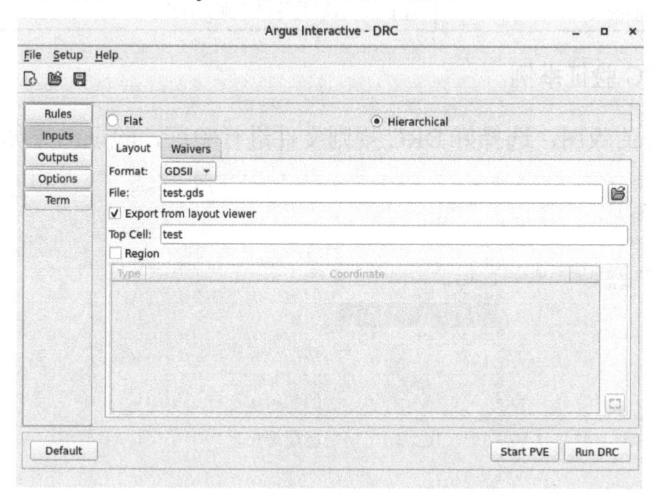

图 3.83　选择 Inputs→Layout 选项的显示结果

表 3.9　Layout 选项功能介绍

选项	功能
Format	版图的格式（GDSII/OASIS/OA）
File	版图文件名称（默认为打开的版图）
Top Cell	版图顶层单元名称
Export from layout viewer	从版图查看器中导出文件

图 3.84 所示为选择 Outputs 选项的显示结果，其具体功能见表 3.10。

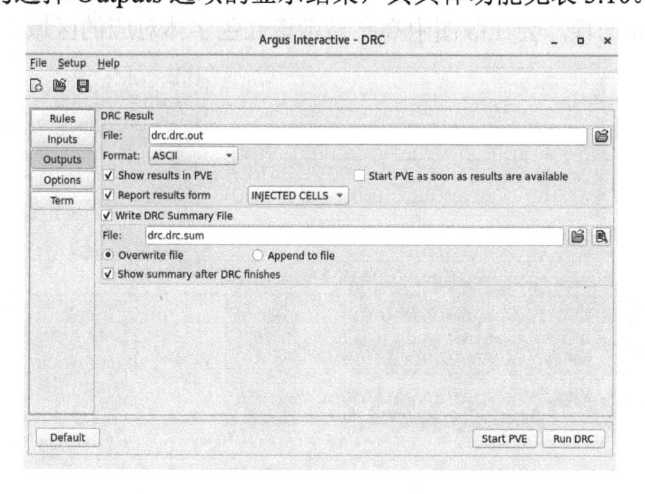

图 3.84　选择 Outputs 选项的显示结果

表 3.10 Output 选项功能介绍

选项	功能
File	进行 DRC 后生成的数据库文件名称
Format	进行 DRC 后生成的数据库格式（ASCII/GDSII/ASCII&GDSII/OASIS）
Show results in PVE	DRC 完成后弹出 PVE 窗口
Write DRC Summary File	将 DRC 总结文件保存到文件中

4. Argus DRC 验证举例

打开需要验证的版图，选择好 DRC 规则文件进行验证，验证结果如图 3.85 所示。

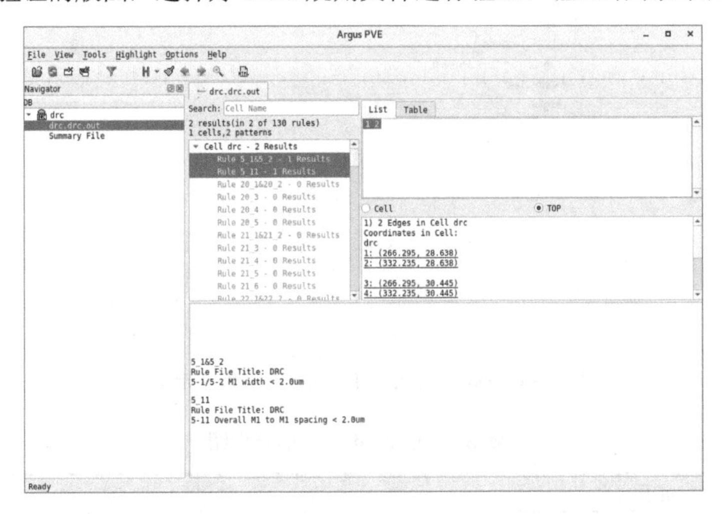

扫描二维码查看彩图

图 3.85 验证结果

在图 3.85 中，黑色字体是版图未通过的 DRC 规则；绿色字体是版图通过的 DRC 规则，单击该规则就会在界面下方显示该规则的具体信息；在界面右侧会用红色字体显示版图中不符合 DRC 规则的列表，单击该红色字体会在下面显示该处的坐标。右击该红字字体，选择 Highlight 选项，会在版图中高亮显示该红色字体对应的区域，如图 3.86 所示。

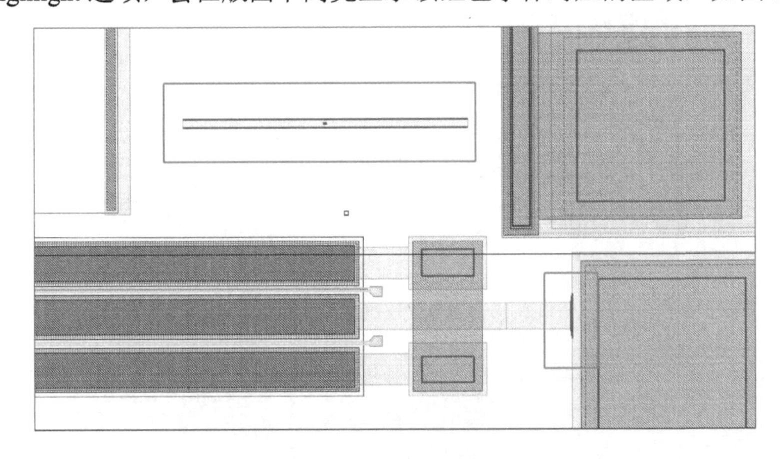

扫描二维码查看彩图

图 3.86 相应的版图问题定位

图 3.86 中的问题是 M1 层的宽度和间距不符合规则，右击定位到该问题，版图中会框出来相应的区域（红色框框出来的绿色部分）。将该区域放大后，界面中会显示该区域对应的规则编号。

3.7.2 版图与原理图一致性检查

版图与原理图一致性检查（LVS）的目的是检查版图设计是否与原理图设计相符，主要检查以下内容。

（1）器件类型是否匹配，如版图和原理图中分别使用不同类型的器件是否能够识别出来。

（2）器件参数是否匹配，器件被识别出来之后，识别到的器件参数是否一致。

（3）器件的连接关系是否一致，器件缺失、器件引脚连接错误或器件引脚数不一致均可导致器件的连接关系不一致。

EPDK LVS 是通过华大九天工具 Argus 来检查的，检查机制如图 3.87 所示。在检查过程中，Argus 首先通过 LVS 规则文件将版图中的器件识别出来，然后根据规则中的逻辑运算提取出器件参数及器件端口的位置，最后根据版图中的器件连接关系生成对应的版图级网表。Argus 将在原理图中生成网表并与版图中生成的网表进行对比，如果信息一致，则通过检查；如果信息不一致，则不一致的情况会显示在报错信息中。

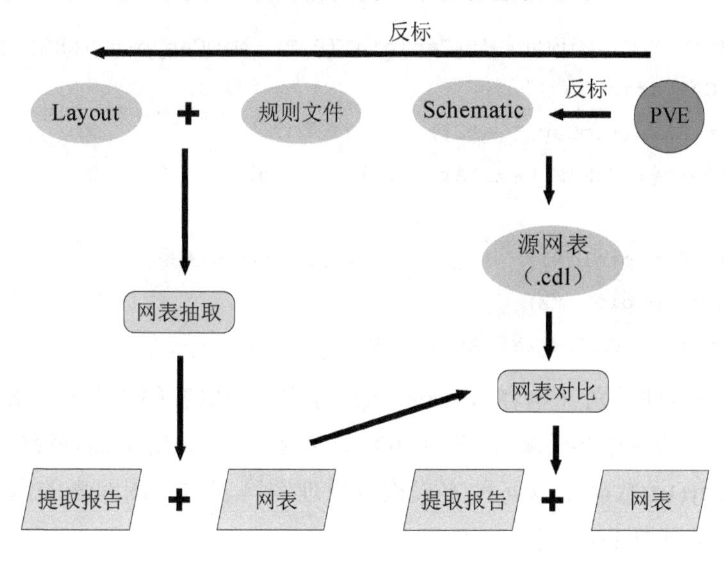

图 3.87 检查机制

1. LVS 规则文件组成

LVS 规则文件通常由头文件、工艺层与运算层、版图器件网表提取三个部分构成。

（1）头文件定义检查的输入/输出信息的路径、类型、格点精度及模块名称等。

```
schematic_input( path "xxx" )
```

```
schematic_input( top_cell "xxx" )
schematic_input( format spice )
layout_input( path "xxx.gds" )
layout_input( format gds )
lvs_report( db "lvs.rep" )
```

（2）LVS 规则文件中需要定义工艺层信息及工艺层经过几何运算生成的运算层。

```
layer(M1 5)
layer(CAP 23)
layer(GR25 25)
MimCap = ~geom_inside(CAP GR25)
MimCap_pin1 = geom_and(MimCap M1)
MimCap_pin2 = geom_and(MimCap CAP)
```

其中，MimCap 用于在布局中识别电容器件，MimCap_pin1、MimCap_pin2 用于识别电阻引脚。

（3）版图器件网表提取根据版图结构中的图形和工艺层来定义不同的器件，如电阻、电容等，并通过工艺层图形尺寸大小确定器件参数值，常用函数有 device()函数、area()函数、common_length()函数、check_property()函数、connect()函数。

```
device(C(MIM_CAP) MimCap MimCap_pin1(POS)  MimCap_pin2(NEG) [
PROPERTY CAP_area
CAP_area = AREA(MimCap)*1e12])        #参数计算
check_property( C(MIM_CAP) Area CAP_area 5)
]
connect(MimCap_pin1 M1)               #定义引脚连接关系
connect(MimCap_pin2 M2)
check_property( C(MIM_2X) Area CAP_area 5 )
```

其中，C 为器件类别（电容），MimCap 用于识别电容的工艺层，MimCap_pin1、MimCap_pin2 用于识别电容的端口。对于电容的参数识别，采用 area()函数提取其面积，采用 check_property()函数确定以何种方式检查原理图网表与版图网表的属性差异，采用 connect()函数定义引脚连接关系。

与 DRC 不同的是，在进行 LVS 时需要额外导入一个空网表文件，这个空网表文件的作用是定义不进行参数提取的器件，只需要识别出来。

2. Argus LVS 界面介绍

同 DRC 类似，在 AetherMW 版图界面菜单栏中选择 Verify→Argus 选项，执行 Run Argus LVS 命令，打开 Argus LVS 界面，如图 3.88 所示。菜单栏中包括 File、Setup、Help

三个选项，其对应功能是对 Runset 的处理及对 LVS 工具的一些设置。左侧的工具栏中包含多个选项，下面进行介绍。

运行结果在 Rules 选项中显示，其中 Run Directory 为 LVS 的运行目录，File 为 LVS 的规则文件，通过单击文件区域右边第一个按钮实现规则文件的选择，单击第二个按钮则可以直接打开 DRStudio 模块对规则文件进行编辑。

图 3.89、图 3.90 和图 3.91 所示分别为选择 Inputs→Layout/Netlist/H-Cells 选项的显示结果，其中 Flat 和 Hierarchical 单选按钮用于选择 LVS 的运行方式，Layout vs Netlist、Netlist vs Netlist、Netlist Extraction 和 Multi-Netlist Extraction 为 LVS 的对比类别。Layout 选项、Netlist 选项、H-Cells 选项的具体功能见表 3.11、表 3.12 和表 3.13。

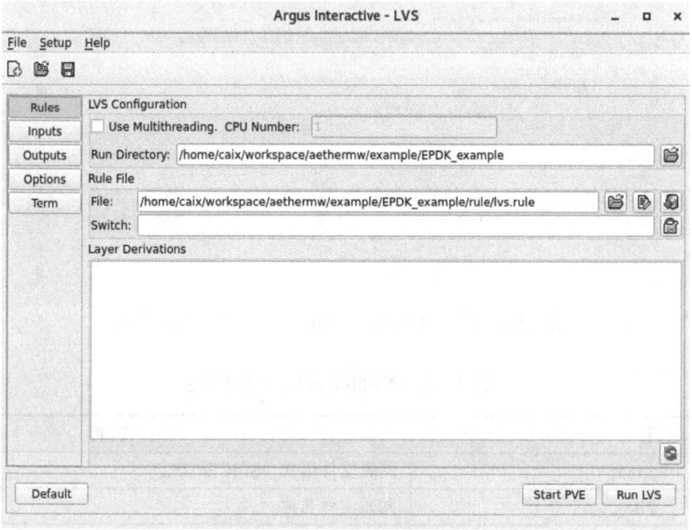

图 3.88　Argus LVS 界面

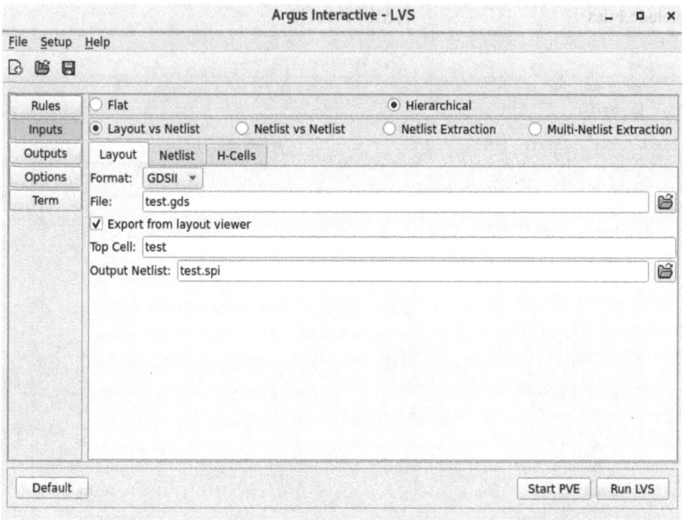

图 3.89　选择 Inputs→Layout 选项的显示结果

表 3.11　Layout 选项功能介绍

选项	功能
Format	版图格式（GDSII/OASIS/OA）
File	版图文件名称（默认为打开的版图）
Top Cell	版图顶层单元名称
Export from layout viewer	从版图查看器中导出文件

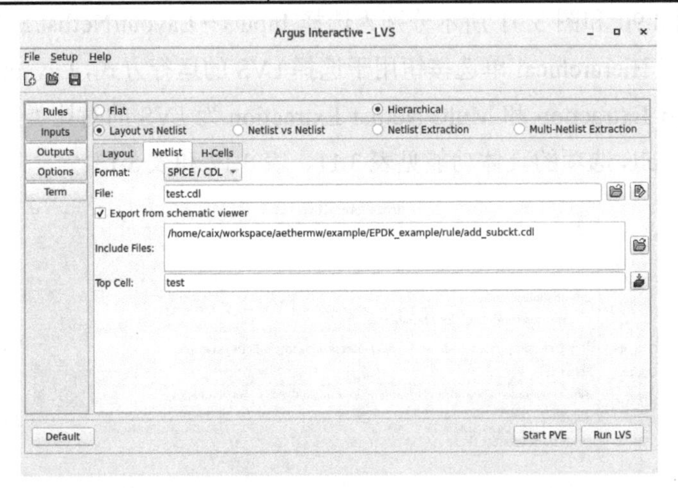

图 3.90　选择 Inputs→Netlist 选项的显示结果

表 3.12　Netlist 选项功能介绍

选项	功能
Format	网表文件格式（SPICE/CDL）
File	网表文件名称
Top Cell	电路原理图顶层单元名称
Export from schematic viewer	从电路原理图查看器中导出文件
Include Files	空网表文件

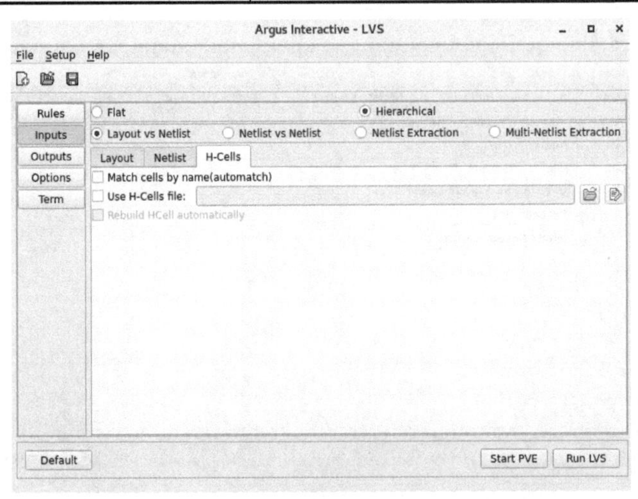

图 3.91　选择 Inputs→H-Cells 选项的显示结果

表3.13 H-Cells选项功能介绍

选项	功能
Match cells by name(automatch)	通过名称自动匹配单元
Use H-Cells file	以自定义文件来匹配单元

图3.92所示为选择Outputs选项的显示结果，其具体功能见表3.14。

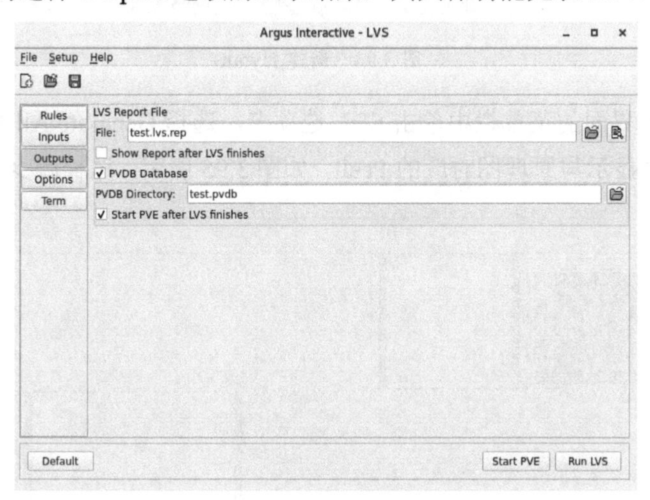

图3.92 选择Outputs选项的显示结果

表3.14 Outputs选项功能介绍

选项	功能
LVS Report File	LVS后生成的报告文件名称
Show Report after LVS finishes	LVS后自动开启查看器
PVDB Directory	PVDB产生的文件名称，默认为pvdb
Start PVE after LVS finishes	LVS后自动弹出PVE窗口

3. Argus LVS验证举例

LVS原理图验证示例如图3.93所示。打开需要验证的原理图，单击菜单栏SDL选项卡，选择Start SDL选项后会新建同一目录下的layout且会自动打开layout，如图3.94所示。

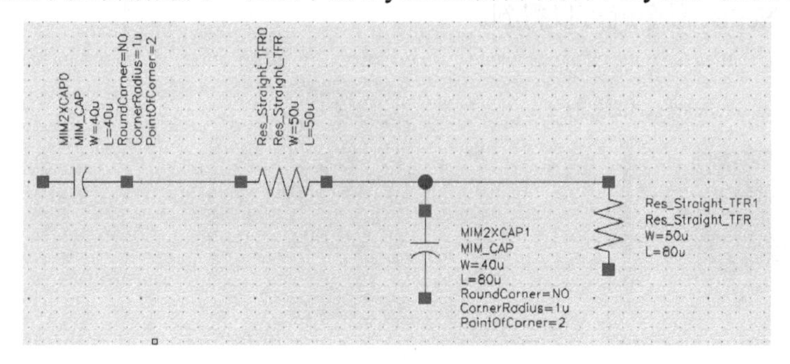

图3.93 LVS原理图验证示例

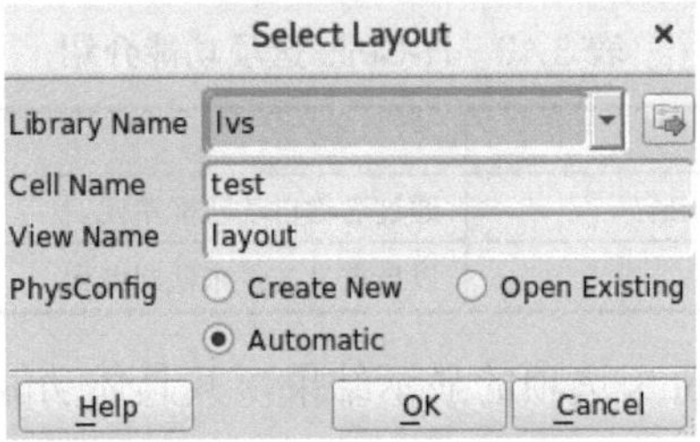

Select Layout
Library Name lvs
Cell Name test
View Name layout
PhysConfig ○ Create New ○ Open Existing
◉ Automatic
Help OK Cancel

图 3.94　新建 layout

在打开的版图界面的菜单栏中单击 SDL 选项卡，选择 Generate All From Schematic 选项，版图中会自动显示与原理图对应的 Pcell，如图 3.95 所示，这样减少了器件不一致导致的 LVS 验证错误。

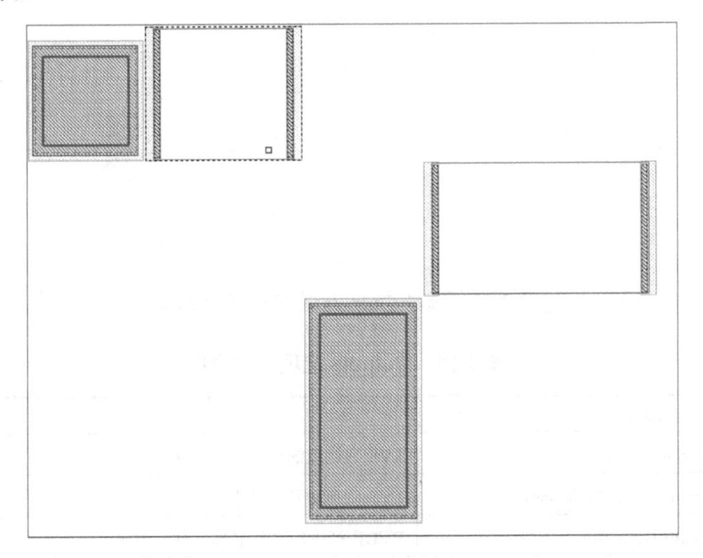

图 3.95　与原理图对应的 Pcell（未连接）

将版图对应原理图的连接关系进行连接，连接后进行 LVS 验证，如图 3.96 所示，验证结果一致（见图 3.97）。原理图网表和版图网表分别位于左侧 Inputs 选项下方的子栏 Source Netlist 与 Layout Netlist 中，原理图网表位于和版图同一目录下的.cdl 文件中，版图网表直接执行 Layout Netlist 命令就可以得到。

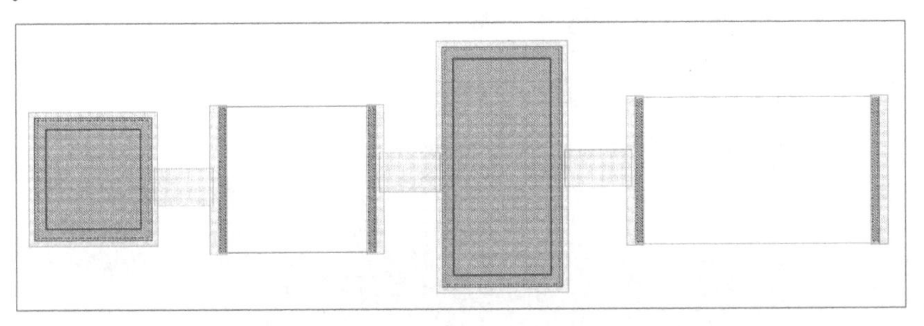

图 3.96　与原理图对应的 Pcell（已连接）

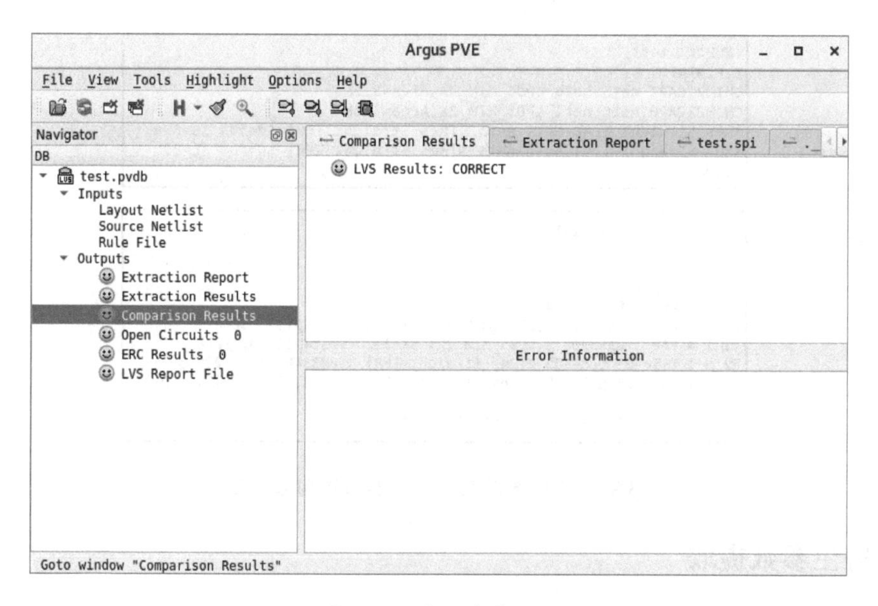

图 3.97 验证结果一致

如果版图与原理图不一致，则验证结果如图 3.98 所示。结果显示 Property Error，即版图与原理图的器件参数不一致，下方分别罗列出不一致的情况，左侧和右侧分别为版图和原理图的参数情况，Argus 将其放到同一行进行对比。单击超链接，Argus 将会在版图或原理图中自动定位到不一致的位置。

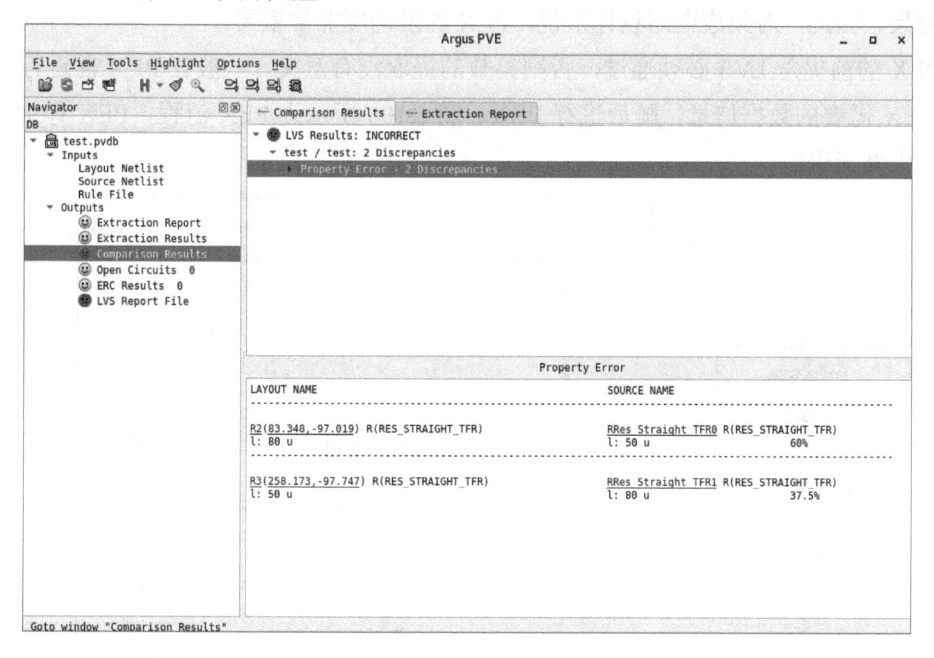

图 3.98 验证结果不一致

同时查看原理图网表和版图网表的情况，如图 3.99 所示，器件类型及器件参数一致，连接关系不一致，发现两个电阻的位置相反。

```
.SUBCKT test
*.PININFO
CMIM2XCAP1 net5 net6 LP05_MIM_2X Area=3.2K
CMIM2XCAP0 net0 net1 LP05_MIM_2X Area=1.6K
RRes_Straight_TFR0 net1 net5 $[Res_Straight_TFR] $W=50u $L=50u
RRes_Straight_TFR1 net5 net4 $[Res_Straight_TFR] $W=50u $L=80u
.ENDS test
```

```
* ARGUS SPICE NETLIST
****************************************

.SUBCKT test
** N=5 EP=0 IP=0 FDC=4
C0 0 3 CAP_area=1600 $[LP05_MIM_2X] $X=19377 $Y=-91179 $D=0
C1 1 4 CAP_area=3200 $[LP05_MIM_2X] $X=192470 $Y=-110032 $D=0
R2 0 1 W=5e-05 L=8e-05 $[Res_Straight_TFR] $X=83348 $Y=-97019 $D=1
R3 1 2 W=5e-05 L=5e-05 $[Res_Straight_TFR] $X=258173 $Y=-97747 $D=1
.ENDS
****************************************
```

图 3.99　原理图网表（上）和版图网表（下）

3.7.3　寄生参数提取

寄生参数提取（Parasitic Extraction，PEX）是芯片流片过程中的重要步骤，正确提取寄生参数是保证后仿真与芯片测试结果保持一致的关键。PEX 根据工艺产商提供的寄生参数文件对版图进行寄生参数的提取，该参数通常为等效的寄生电容和寄生电阻，在工作频率较高的情况下会增加寄生电感的提取。电路设计中对提取的寄生参数网表进行仿真，因为寄生参数的存在，该仿真结果对比前仿真存在不同程度的性能恶化，更加符合实际芯片的测试结果。因此，对集成电路设计来说，PEX 的准确度非常重要。

PEX 的前提是 LVS 必须通过，否则参数的提取没有意义。一般在 PEX 前进行 LVS，生成 PEX 需要的数据信息，随后进行 PEX。图 3.100 所示为 PEX 流程，PEX 详细信息请参考华大九天手册。

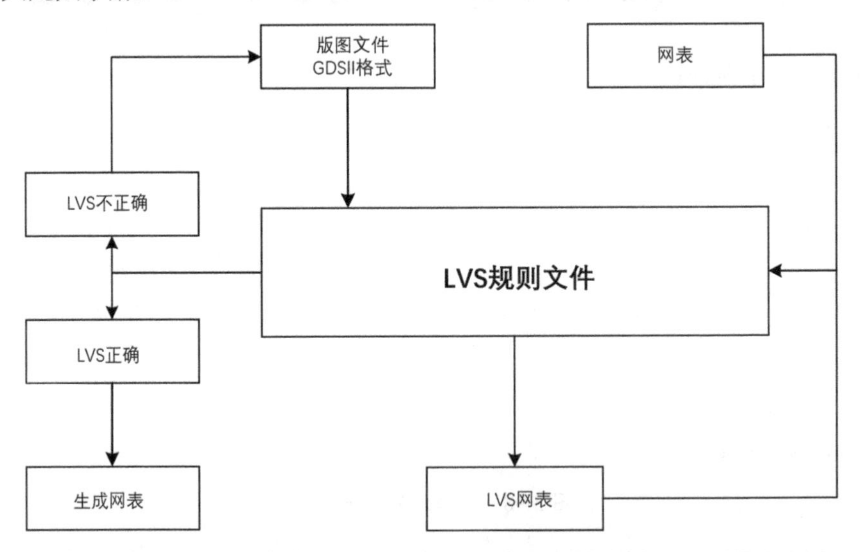

图 3.100　PEX 流程

3.8　仿真和 EM 仿真

3.8.1　ALPS 仿真器介绍

ALPS 仿真器是新一代高性能 SPICE 仿真器，采用先进的仿真算法，可为具有挑战性的模拟和混合信号设计提供高精度和前所未有的性能和容量。与传统的 SPICE 仿真器相比，ALPS 仿真器可以模拟超过千万个部件的设计，性能有了显著的提升。同时，它支持并行技术，使用 8 个线程可以获得 4～6 倍的额外加速。ALPS 仿真器是新一代高性能仿真器，是由华大九天推出的高速高精度并行晶体管级电路仿真工具，支持数千万个元器件的电路仿真和数模混合信号仿真，通过创新的智能矩阵求解算法和高效的并行技术，突破了电路仿真的性能和容量瓶颈，仿真速度相比其他电路仿真工具显著提升。

ALPS 仿真器容量和准确度示意图如图 3.101 所示。

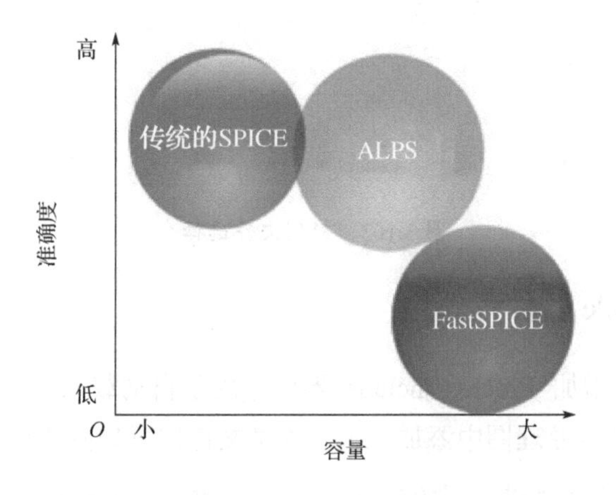

图 3.101　ALPS 仿真器容量和准确度示意图

ALPS 支持最新的 SPICE 模型和硬件描述语言，如 BSIMSOI、BSIMCMG、PSP 等，以及支持各种电路分析，如 OP、DC、AC、TRAN、PZ、STB、XF、SP 等。

为了支持射频电路的仿真，华大九天推出了 ALPS RF，其包含两大主流射频求解引擎：从频域进行求解的 Harmonic Balance（HB）和从时域进行求解的 Shooting，并且具备完善的射频分析功能。同时，ALPS RF 使用了 ALPS SPICE 仿真器的相同平台，继承了 ALPS SPICE 仿真器强有力的解析器、求解器、模型等工具，保持了 ALPS 系列产品一贯的高速、高精度。

3.8.2　Netlist Include 控件仿真

在电路仿真过程中，调用模型文件的方法如图 3.102 所示，在 AetherMW 原理图菜单栏中单击 Create 选项卡，选择 Netlist Include 选项，进行模型文件选择，如图 3.103 所示。

图 3.102　调用模型文件的方法

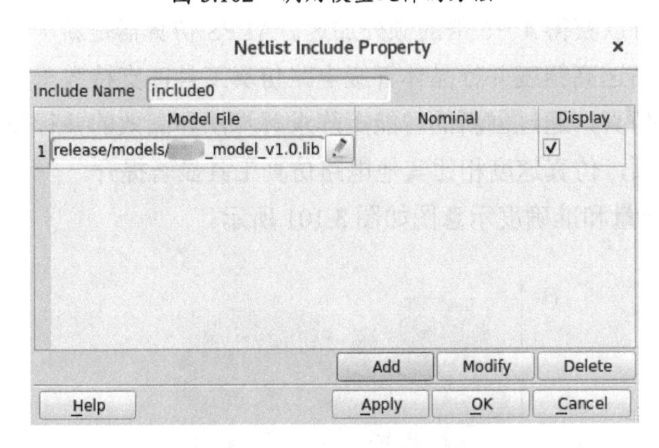

图 3.103　模型文件选择

3.8.3　Process Include 器件

在 EPDK 中可以增加 Process Include 器件，用于自动载入指定的模型文件。同时，EPDK 支持该器件只能在原理图中添加一个。模型文件位置如图 3.104 所示。

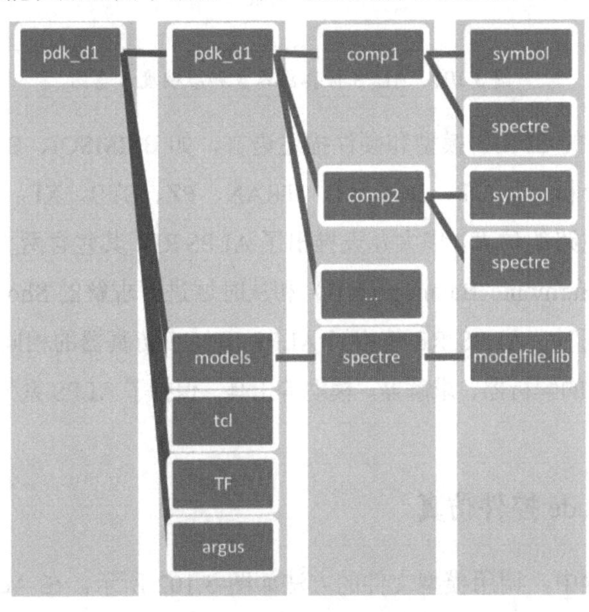

图 3.104　模型文件位置

其中，models/spectre/modelfile.lib 存放器件库/PDK 中使用的模型文件，在最终的网表中使用 Netlist Include 语法加入网表中。models 目录中可能会存放多个模型文件，如 models/spectre/modelfile2.lib 或 models/hspice/model3.lib 等，另外在输出网表时有可能使用 Section 关键字指定模型中的工艺角 Corner。Process Include CDF 参数见表 3.15。

表 3.15　Process Include CDF 参数

参数名称	描述	类型	默认值	显示情况
FileB	浏览与选择模型	boolean	nil	t
ModelFile	模型文件	string	model.lib	t
modelfile1	模型文件			
Section	模型段落	cyclic	“”	t
H1	衬底厚度	string	100u	t
Er	相对介电常数	string	12.9	t
Thermal	热分析开关	cyclic	“No”	t
Only1Instance	变量开关	boolean	false	nil

其中，Section 的选择项有“ ”“target”“slow”“fast”“hemt”“diode”等；Thermal 的选择项有“Yes”“No”，输出网表时用 1、0 替代。

若使 Process Include 器件输出的网表可以调用模型文件，则该器件的网表函数需要满足以下要求。

（1）ModelFile 和 Section 参数。

① 取得当前器件库/PDK 的安装位置，如/home/aetherMW/demo_pdk。

② 对于 ModelFile 参数的形式，输出网表应该满足如下格式。

```
include "/home/aetherMW/demo_pdk/models/spectre/model.lib"
```

其中，spectre/model.lib 为 ModelFile 的输入参数。

③ 如果 Section 字段不为空，则输出 Section 选中的部分，如输出网表：

```
include "/home/aetherMW/demo_pdk/models/spectre/model1.lib" section=target
```

其中，spectre/model.lib 为模型文件，target 为 Section 选中的部分。

（2）物理参数。

例如：

```
parameters H1=100u        #衬底调试
parameters Er=12.9        #介电常数
parameters Thermal=0      #热参数
```

（3）Only1Instance 参数。

当 Only1Instance 参数的值为 true 时，该器件只能在原理图中放置一次（仅针对当前视图，不对子电路进行检查）。

3.8.4 数据导入和导出

1. 数据导入

Aether 工具的数据导入功能位于 iViewer 界面。

在导航栏中单击 iViewer 图标（见图 3.105），进入界面后，右击 Workspace 选项，在弹出的对话框中选择 Datasets→Import file 选项，如图 3.106 所示，读取数据。

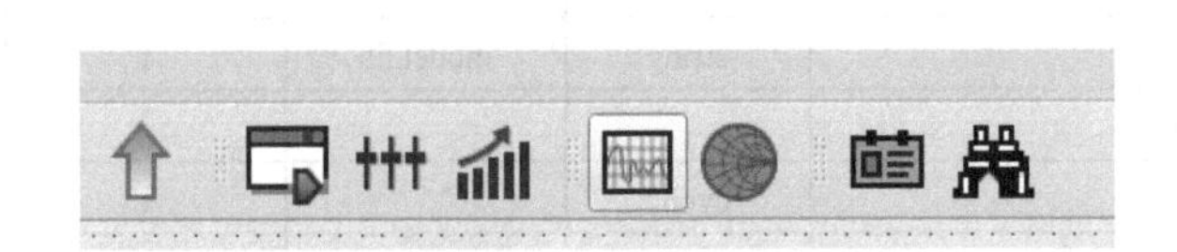

图 3.105 iViewer 图标

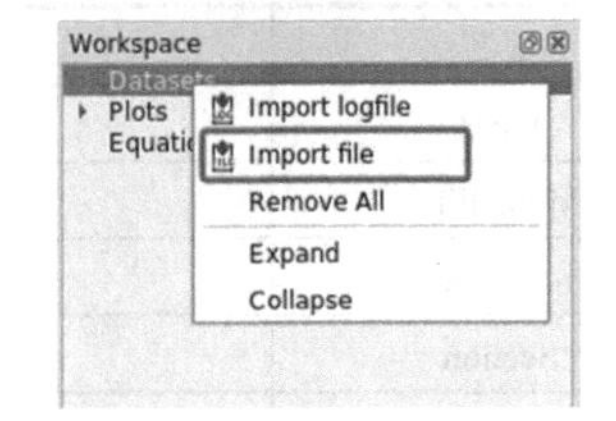

图 3.106 选择 Datasets→Import file 选项

在 Import 对话框中，选择对应的 S2P 文件，如图 3.107 所示。导入的电容 S 参数数据如图 3.108 所示，生成的 S_{11} Smith 圆图如图 3.109 所示。

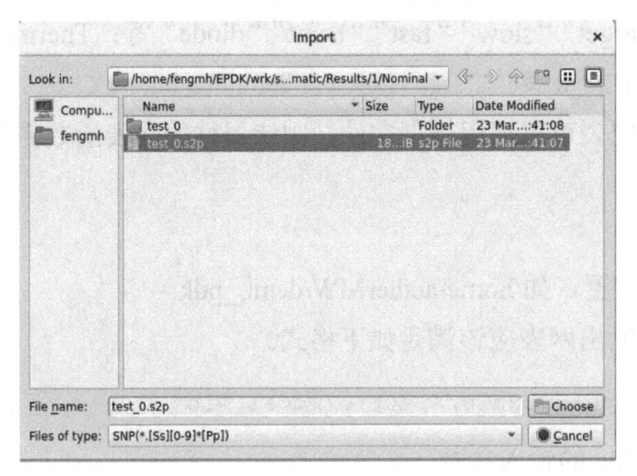

图 3.107 选择对应的 S2P 文件

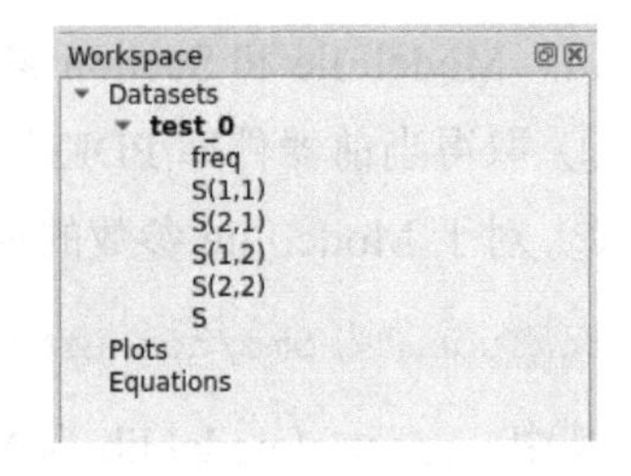

图 3.108 导入的电容 S 参数数据

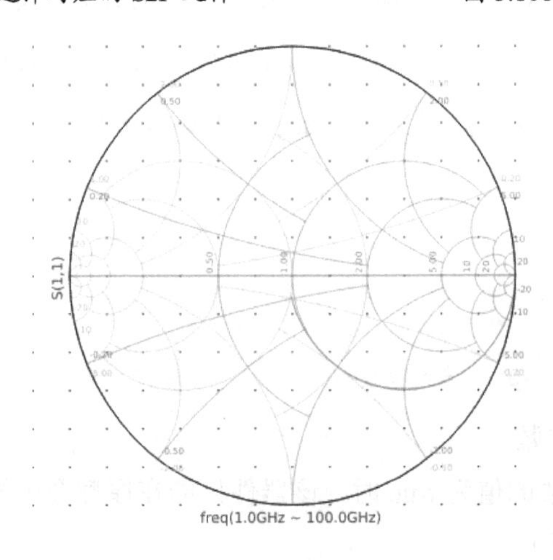

图 3.109 S_{11} Smith 圆图

2. 数据导出

完成原理图连接和电路仿真后，在相应工程目录下，会生成 S2P 文件。电容仿真得到的 S2P 文件如图 3.110 所示。

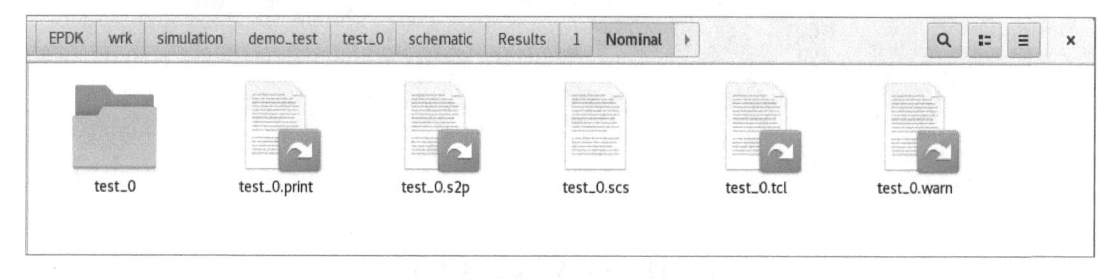

图 3.110　电容仿真得到的 S2P 文件

通过在 iViewer 界面选择 File→Export 选项，可导出 CSV 文件，如图 3.111 所示，保存在相应文件目录下。

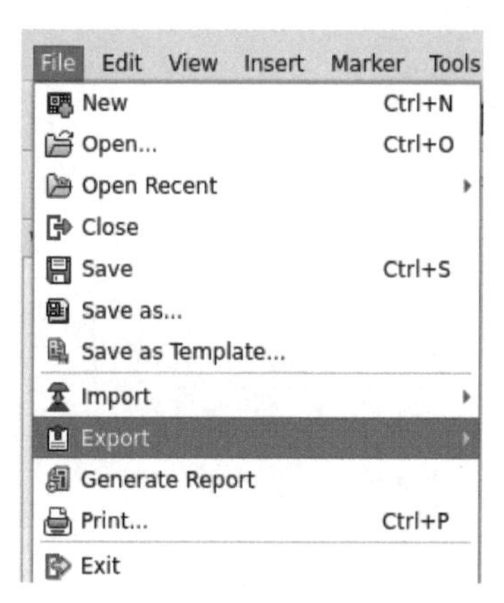

图 3.111　导出 CSV 文件

3.8.5　数据图形计算

完成原理图连接和电路仿真后，我们可以通过编辑公式计算相应的元器件参数，下面我们以电容的仿真为例进行介绍。

图 3.112 所示为电容 S 参数原理图仿真，仿真频率范围为 1GHz～100GHz，步进值为 1GHz。图 3.113 所示为 S_{12} Smith 圆图。

在 iViewer 界面中，选择 Workspace→Equations→New Equations 选项，建立新公式，如图 3.114 所示。

“y”参数和“C12”公式编辑如图 3.115 所示。

图 3.116 所示为编辑公式后计算出来的电容“C12”曲线图，图形趋势与预期一致。

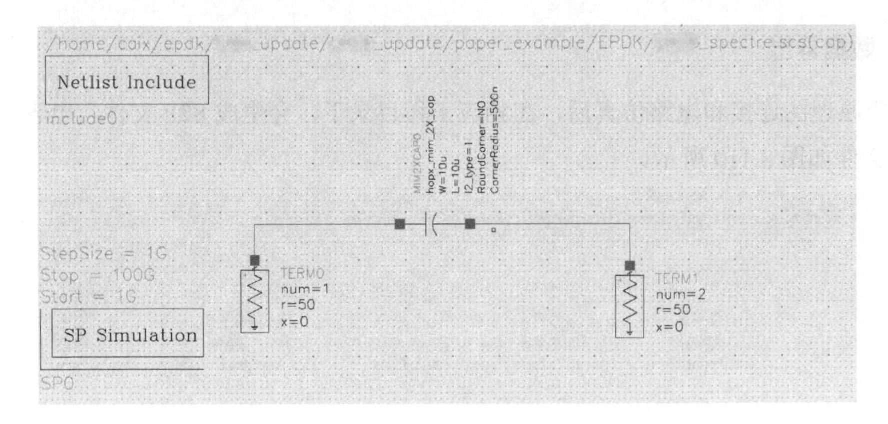

图 3.112　电容 *S* 参数原理图仿真

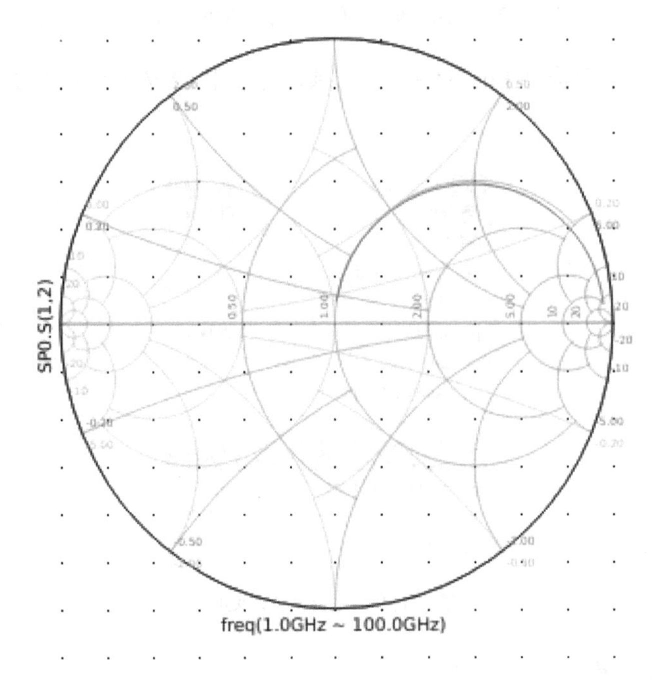

图 3.113　S_{12} Smith 圆图

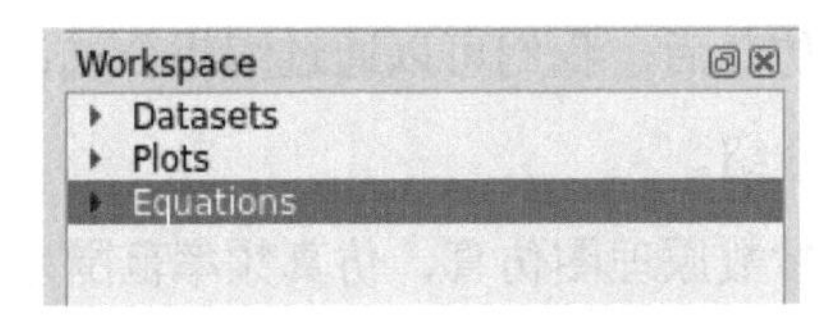

图 3.114　建立新公式

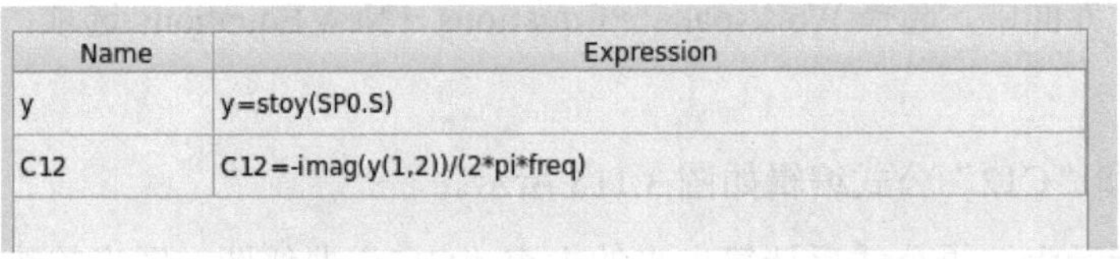

Name	Expression
y	y=stoy(SP0.S)
C12	C12=-imag(y(1,2))/(2*pi*freq)

图 3.115　“y”参数和“C12”公式编辑

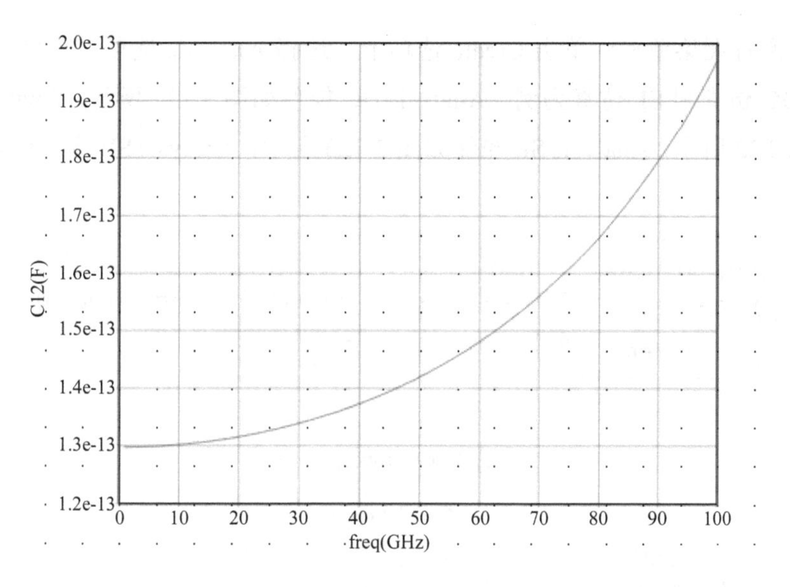

图 3.116　电容“C12”曲线图

3.8.6　仿真控件

1．Variable 控件

Variable 控件用来定义电路仿真中的参数，在 AetherMW 原理图菜单栏中单击 Create 选项卡，选择 Variable 选项，即可调用 Variable 控件。Variable 控件如图 3.117 所示。Variable 变量添加如图 3.118 所示。

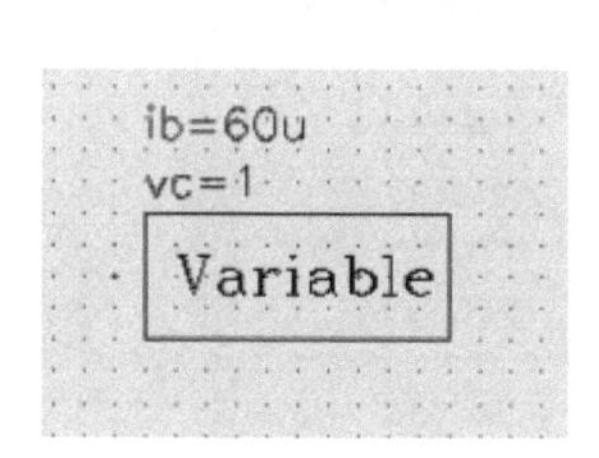

图 3.117　Variable 控件

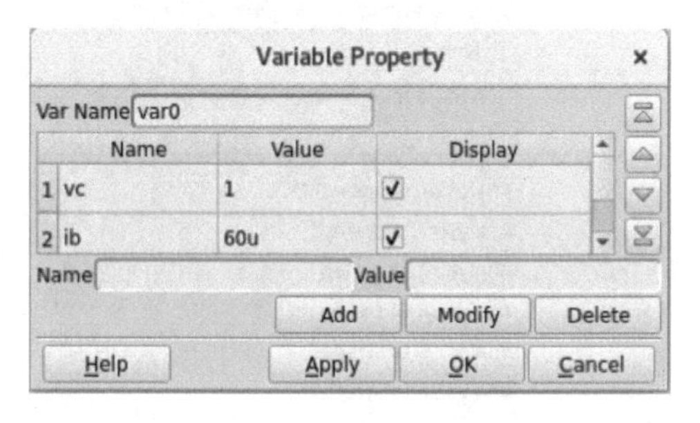

图 3.118　Variable 变量添加

2．Sweep 控件

Sweep 控件用来设置多个扫描变量，在 AetherMW 原理图菜单栏中单击 Create 选项卡，选择 Sweep 选项，即可调用 Sweep 控件。Sweep 控件如图 3.119 所示。Sweep 控件编辑如图 3.120 所示。

3．Analysis 控件

Analysis 控件是实现电路仿真的关键，用于定义电路在什么条件下进行仿真。在

AetherMW 原理图菜单栏中单击 Create 选项卡，选择 Analysis 选项，即可调用 Analysis 控件。以 DC 仿真和 SP 仿真为例，Analysis DC 控件如图 3.121 所示，Analysis DC 仿真设置如图 3.122 所示，Analysis SP 控件如图 3.123 所示，Analysis SP 仿真设置如图 3.124 所示。

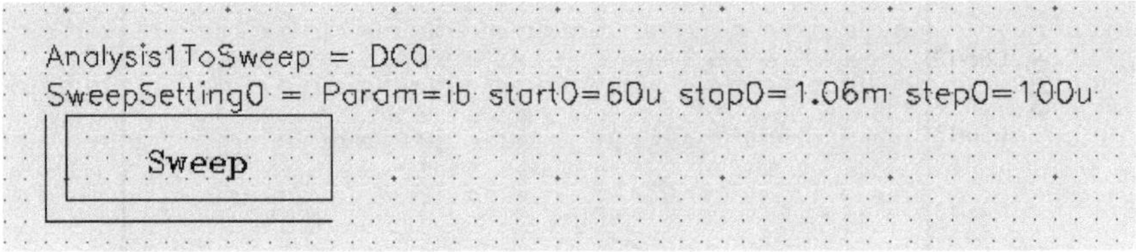

图 3.119　Sweep 控件

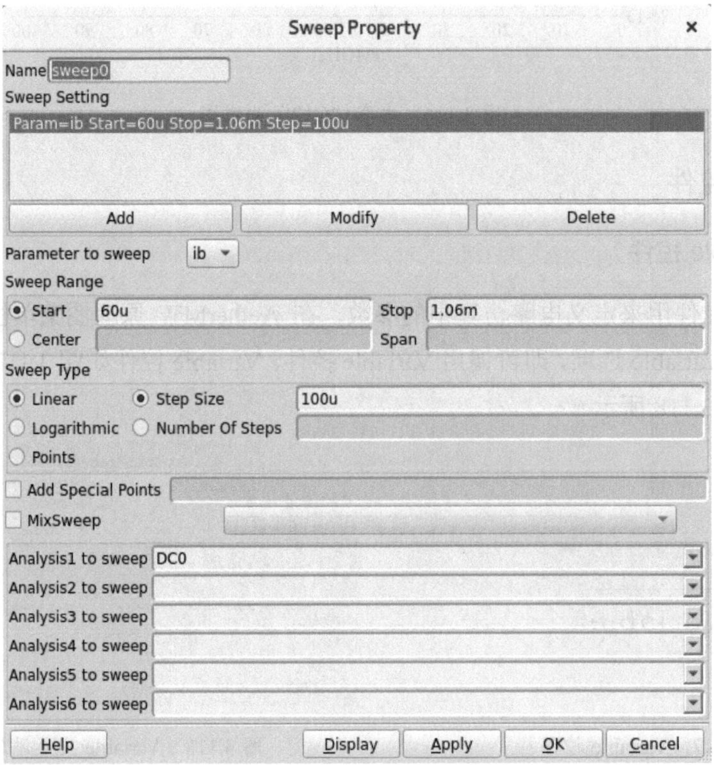

图 3.120　Sweep 控件编辑

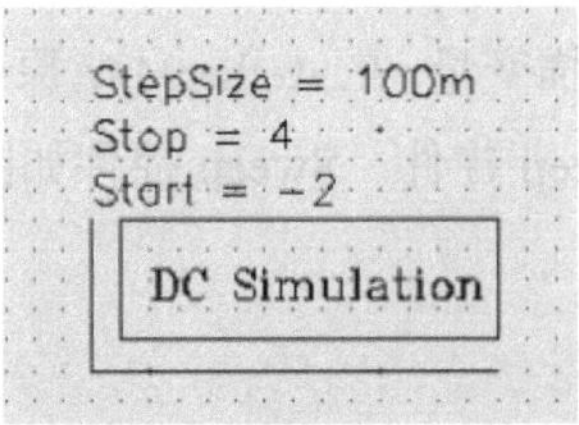

图 3.121　Analysis DC 控件

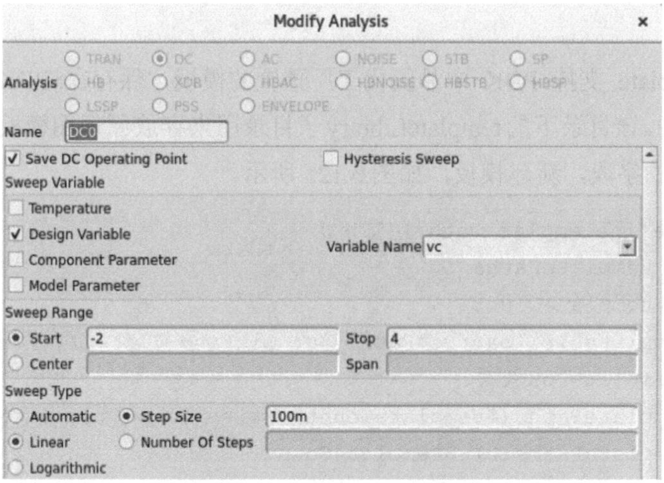

图 3.122　Analysis DC 仿真设置

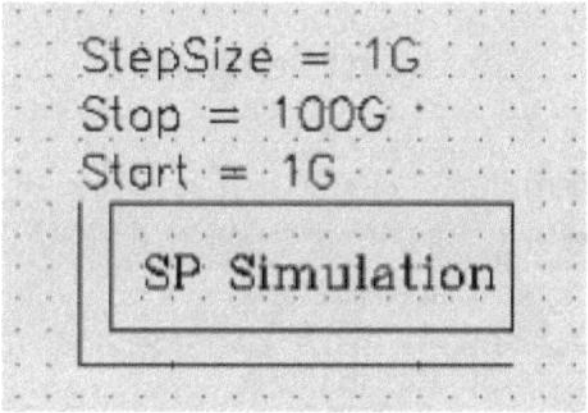

图 3.123　Analysis SP 控件

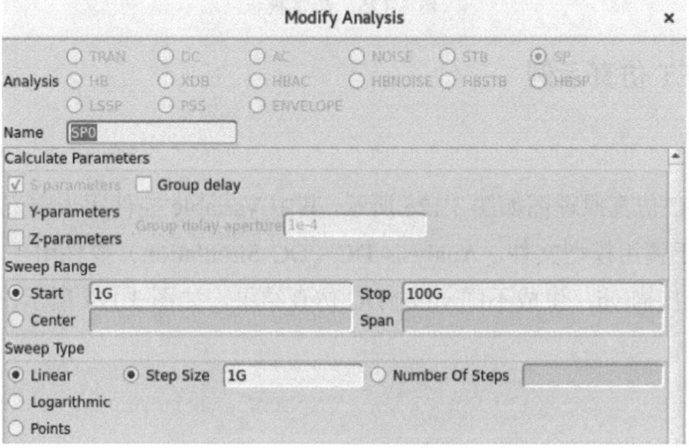

图 3.124　Analysis SP 仿真设置

3.8.7　仿真模板添加

Design Template 为原理图设计和数据显示提供模板。在原理图环境中，当用户单击 Create→From Template……菜单项时，将会把预置的原理图插入当前原理图中，用户只需要加入部分器件，进行适当的连线，就可以完成整个电路的仿真设置，运行仿真后，会调用与原理图模板对应的显示模板进行显示。使用 Design Template 功能，可以提高用户的设计效率。

Design Template 支持 PDK 中晶圆代工厂预置的模板，保存在$PDK_Name 目录下的 template 子目录中。该目录下的 templateLibrary 子目录用来存放原理图模板。在 emyLibInit.tcl 文件中添加下面的字段，新建模板，如图 3.125 所示。

```
proc emp_defineTemplatePath { lib } {
    global templatePaths
    global templateCount
    set templateDir [oa::getPath [oa::LibFind $lib]]/../template
    incr templateCount 1
    set templatePaths($templateCount) [list $lib $templateDir]
    set templatePaths(0) $templateCount
}
emp_defineTemplatePath $libName
```

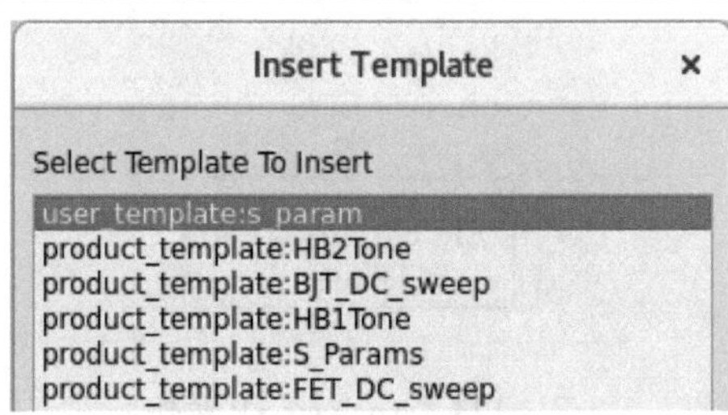

图 3.125 新建模板

3.8.8 MOSFET 仿真示例

1. DC 仿真

MOSFET DC 仿真原理图如图 3.126 所示，其中 Variable 控件用于定义 vg 和 vd，Netlist Include 控件用于调用模型文件，Analysis DC（DC Simulation）控件用于 DC 仿真分析，Sweep 控件用于扫描 vd，生成不同 vd 的 DC 仿真结果，如图 3.127 所示。

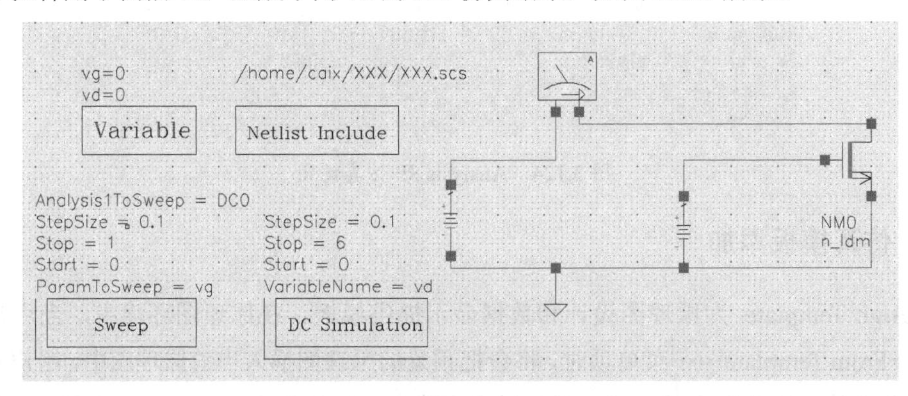

图 3.126 MOSFET DC 仿真原理图

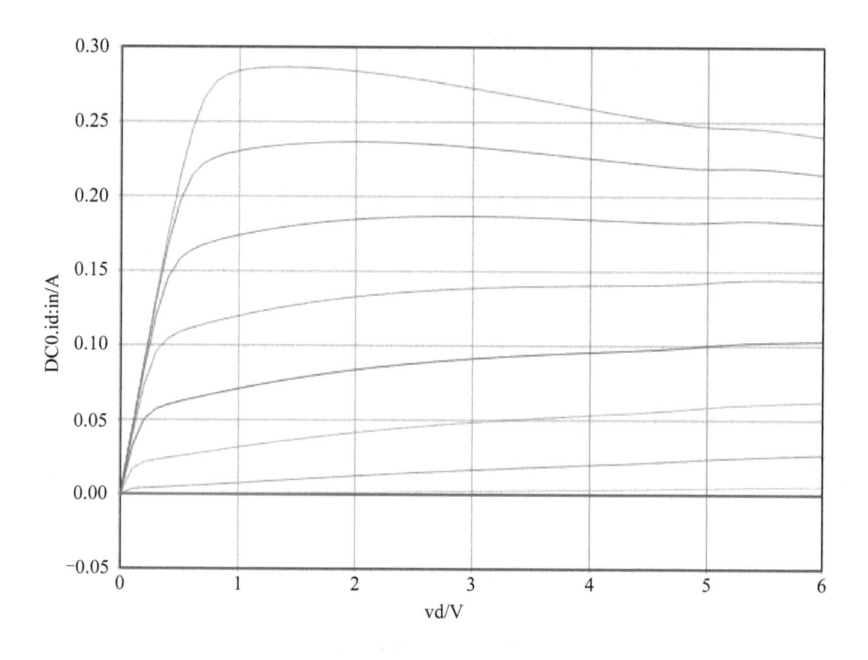

图 3.127 MOSFET DC 仿真结果（id-vd）

2. *S* 参数仿真

MOSFET *S* 参数仿真原理图如图 3.128 所示，其中 Variable 控件用于定义 vg 和 vd，Netlist Include 控件用于调用模型文件，Analysis SP（SP Simulation）控件用于 *S* 参数仿真分析，Sweep 控件用于扫描 vg、vd，生成不同 vg、vd 的 *S* 参数仿真结果，如图 3.129 所示。

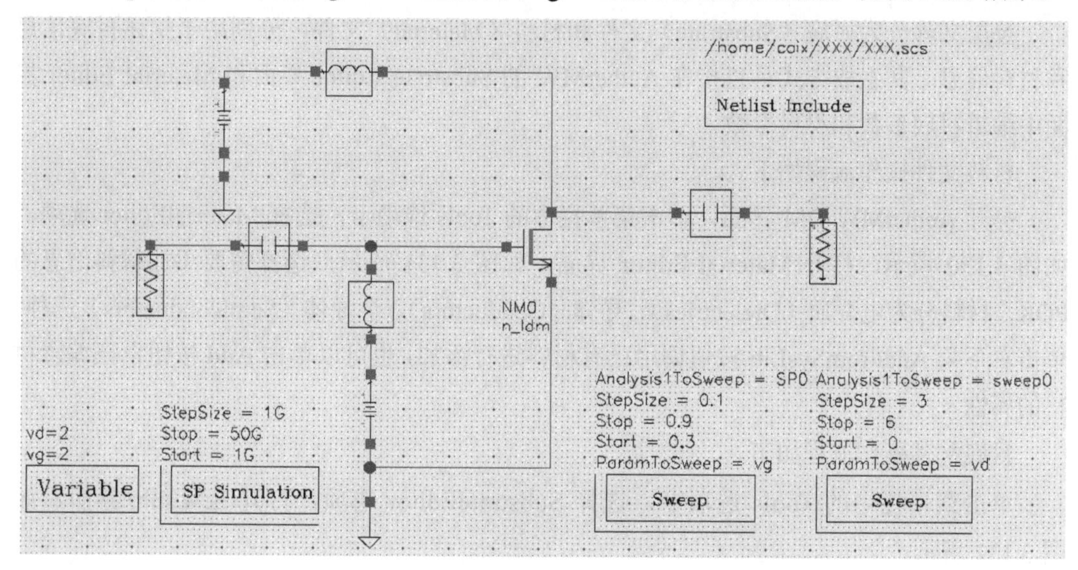

图 3.128 MOSFET *S* 参数仿真原理图

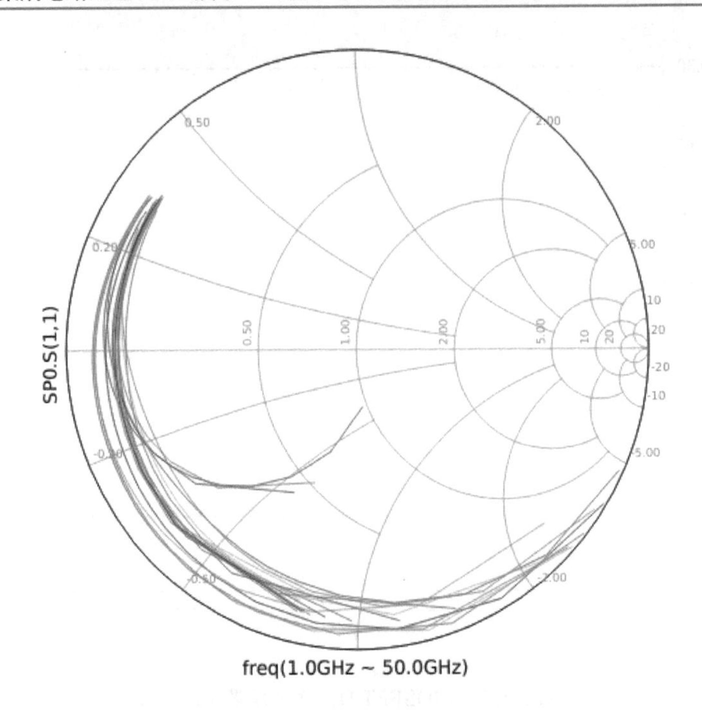

图 3.129 MOSFET S 参数仿真结果（S_{11}）

3.8.9 衬底文件设置

为了让 PDK 在华大九天 EM 仿真工具中更好地支持 EM 仿真，EPDK 需要增加叠层文件和派生层（Derived Layer）文件。

叠层文件分为衬底（Substrate）文件和材料（Material）文件，分别用于描述衬底信息和材料信息。其生成方式是直接在 AetherMW 的 Substrate Editor 界面和 Material Editor 界面中编辑衬底参数和材料参数。

材料文件操作流程如下。

打开 AetherMW DM 界面，单击菜单栏中的 Tools 选项卡，选择 MaterialEditor 选项，如图 3.130 所示，打开 Material Editor 界面，如图 3.131 所示，选择需要添加材料信息的 PDK。材料分为电介质（Dielectrics）、导体（Conductors）、半导体（Semiconductors）三种，单击右下角 AddFromSysLib 按钮调用已有材料进行添加，也可以单击 Add 按钮自己编辑材料的属性。

衬底文件操作流程如下。

单击菜单栏中的 Tools 选项卡，选择 SubstrateEditor 选项，打开 new.sub*界面，如图 3.132 所示。

首先新建电介质层，右击蓝色介质区域选择 Add Dielectric Layer 选项，在界面下方的 Layer Summary 窗口中给新建的电介质层设置材料和厚度，如图 3.133 所示。右击蓝色介质区域选择 Add Bottom Cover Layer 选项添加覆盖层，如图 3.134 所示。

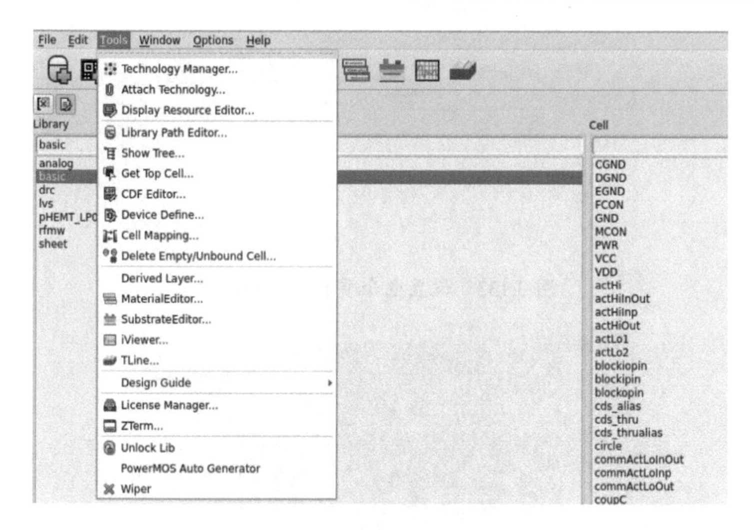

图 3.130　选择 MaterialEditor 选项

Material Editor

Library Name

Dielectrics　Conductors　Semiconductors

	Name	Er (Real)	Er (Imag)	Er (TanD)	MUr (Real)	MUr (Imag)
1	BS	0	0	0	0	0
2	GaAs	12.9	0	0	0	0
3	N1	6.9	0	0	0	0
4	N2	6.9	0	0	0	0
5	N3	6.9	0	0	0	0
6	PV1	1.9	0	0	0	0

Add　AddFromSysLib　Delete

Help　Apply　OK　Cancel

图 3.131　Material Editor 界面

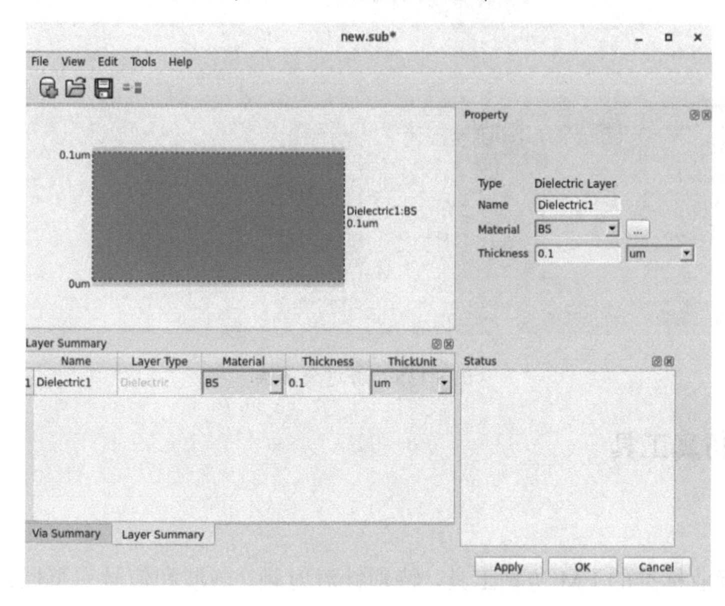

扫描二维码查看彩图

图 3.132　new.sub*界面

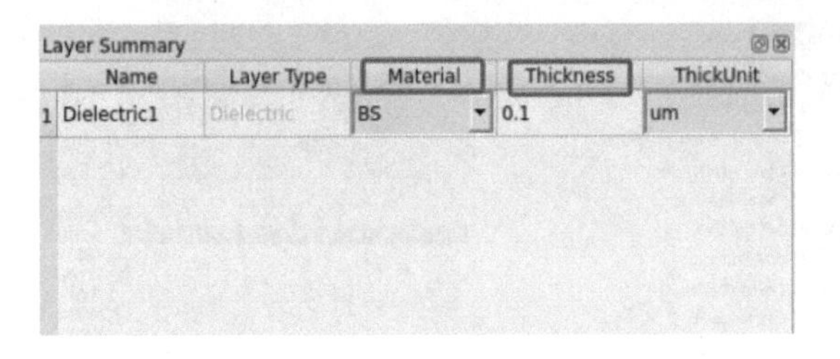

扫描二维码查看彩图

图 3.133 设置电介质层材料和厚度

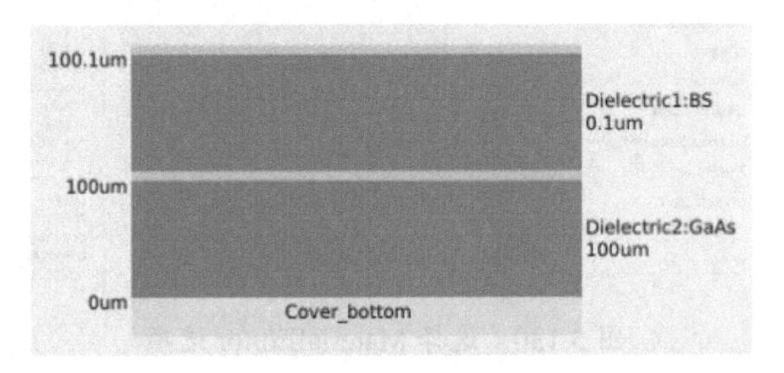

扫描二维码查看彩图

图 3.134 添加覆盖层

新建金属层，右击蓝色介质区域选择 Add Upper Conductor Layer 选项，在衬底右侧和下方都可以对金属层信息进行修改。金属层有在电介质层上方和下方的位置区别，分别单击 Above 和 Below 单选按钮即可设置其位置，如图 3.135 所示。

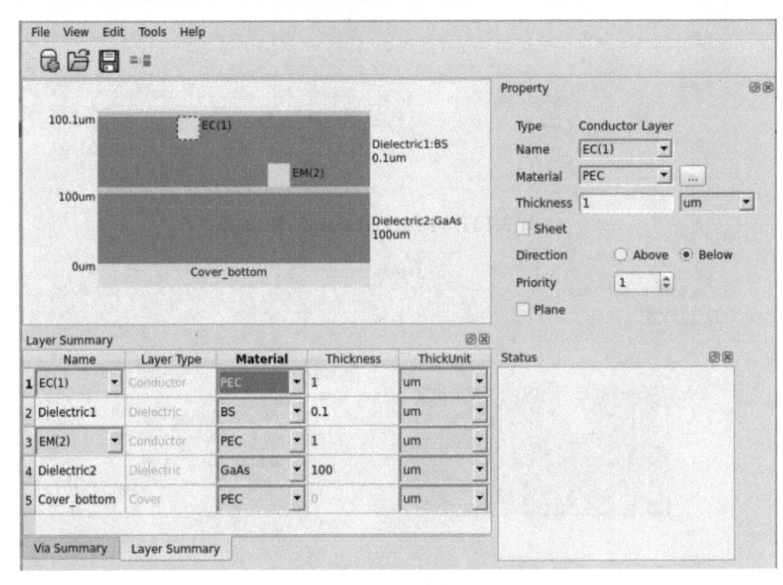

扫描二维码查看彩图

图 3.135 新建金属层

3.8.10 EM 仿真工具

1. HFSS

HFSS 是行业标准的 EM 仿真工具，特别针对射频、微波和信号完整性设计领域，是分析任何基于电磁场、电流或电压工作的物理结构的工具。作为任意 3D 结构全波电磁场仿真的标准和签核工具，HFSS 能够在用户干预最少的情况下，对直接关系到电子器件性能的电磁场状态进行快速精确的仿真。针对一个部件或子系统、系统及终端产品在电磁场中的性能及其相互影响，HFSS 可分析整个电磁场问题，包括反射损耗、衰减、辐射和耦合等。

HFSS 的强大功能基于有限元算法与积分方程理论，以及稳定的自适应网格剖分技术。该网格剖分技术可保证 HFSS 的网格能与 3D 物体共形，并适合任意电磁场问题分析。在 HFSS 中，物体结构决定网格，而不是网格决定物体结构。

受益于多种尖端的求解技术，HFSS 能根据用户的不同需求来选择合适的求解技术。每个求解器都具有强大的功能，HFSS 可自动根据用户指定的几何模型、材料属性及求解频段来生成适合、有效和准确的网格进行求解，以保证求解的精度。当求解较为苛刻的高频仿真问题时，所有的 HFSS 求解器均可配置高性能计算（HPC）技术，如区域分解法和分布式求解技术，以减少计算时间，有效利用计算机资源来加速求解电大尺寸问题，即物理尺寸远大于一个波长的情况。

HFSS 求解图示如图 3.136 所示。

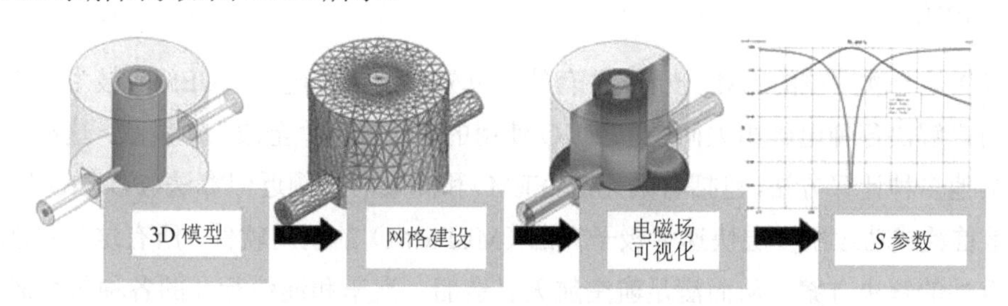

图 3.136　HFSS 求解图示

2. ADS

ADS（Advanced Design System，高级设计系统）是由 Keysight 公司开发的电子设计自动化软件，适用于射频、微波和信号完整性应用。ADS 是快速、精确、简单易用的全套集成系统、电路和 EM 仿真器，能够一次性成功完成桌面流程设计。ADS 内置线性频域模拟器、*X* 参数发生器模拟器、非线性模拟器、动量 3D 平面 EM 模拟器等，拥有创新的技术和强大的集成系统及电路、EM 仿真模块，具备 3D 图查看和编辑功能及全新的 3D 电热仿真功能，可进行时域电路仿真、频域电路仿真、3D EM 仿真、通信系统仿真等。

3. CST Studio Suite

CST Studio Suite 是一款业界领先的高性能 3D EM 分析软件包，如图 3.137 所示，用于设计、分析和优化 EM 组件和系统。

覆盖 EM 全频段应用的多个电磁场求解器包含在 CST Studio Suite 的单个用户界面中。求解器可以耦合以执行混合仿真，这使工程师能够灵活地以高效和直接的方式分析由多个组件组成的整个系统。EM 分析的常见主题包括天线和滤波器的性能和效率、电磁兼容性和干扰（EMC / EMI）、人体暴露于电磁场、电动机和发电机中的机电效应，以及大功率下的热效应设备。

图 3.137　CST Studio Suite 示意图

4. FEKO

FEKO 是一款完整的 EM 分析软件套件，以先进的计算电磁（CEM）技术为依托，能够帮助用户解决各种电磁相关问题。FEKO 使用的是精准的“全波”矩量法，这种方法充分结合了其他多种计算方法，包括有限元法（FEM）和高效的高频近似算法（PO、GO 和 UTD）。FEKO 是首款成功运用多层快速多极子算法（MLFMM）的商用软件。所有这些算法融合成一套综合性的解决方案，从而满足航空航天、造船、汽车和通信行业的各种仿真需求。

将 MLFMM 与高频技术结合使用后，能够有效分析实际操作环境下的多种 EM 问题，如船舶或飞机等大型平台上的天线布局、车辆中复杂电缆束的电缆耦合（EMC）分析，以及移动通信基站这类大型结构上天线的人体靠近辐射危险分析。这种特殊功能让 FEKO 在其他常用 EM 仿真软件中脱颖而出。

3.9　PDK 器件帮助

当 PDK 器件帮助文档满足以下要求时，可以在 AetherMW 中实现联机帮助跳转。

（1）帮助信息使用 HTML 格式，使用浏览器提供显示功能。

（2）PDK 器件帮助文档置于 PDK 目录下的 doc/manual/html 中，主文件为 index.html。

各个 PDK 器件属性界面由固定字段 cmp 和该器件的 Cell Name 组成，如 cmp_P1Tone.html。

在原理图中双击 PDK 器件或按下快捷键 Q 进入 Edit Instance Properties 对话框，如图 3.138 所示，将左下方的 Help 按钮与 PDK 器件帮助文档界面关联。

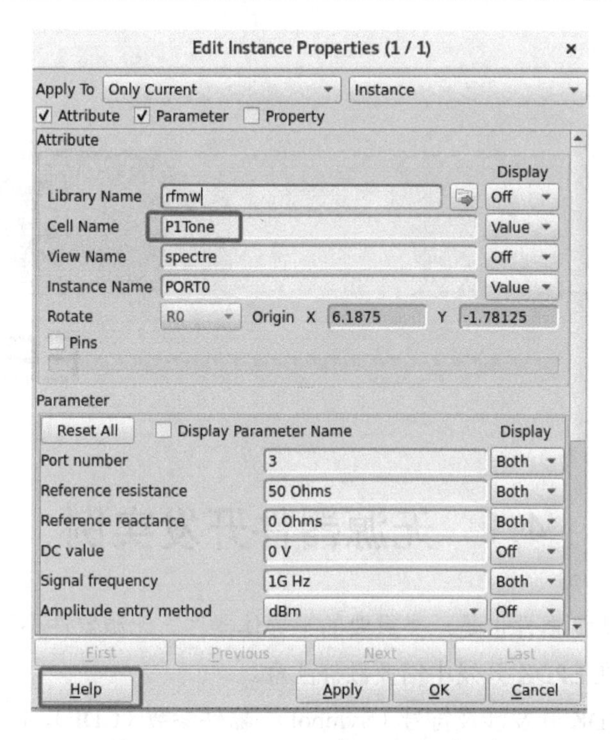

图 3.138　Edit Instance Properties 对话框

例如，某 PDK 器件的 HTML 帮助文档界面为 $PDK_DIR/doc/manual/html/cmp_P1Tone.html，其中$PDK_DIR 为 PDK 的安装目录。

习　　题

阐述 PDK 各个文件之间的联系及作用。

参考文献

[1] TRIPATHI S L, KUMAR A, PATHAK J. Programming and GUI Fundamentals: TCL-TK for Electronic Design Automation (EDA) [M]. Wiley-IEEE Press, Piscataway, 2023.

[2] WELCH B, JONES K. Practical Programming in Tcl and Tk, Fourth Edition[M]. Upper SaddleRiver, NJ: Prentice Hall, 2003.

第4章

EPDK 实例

4.1　无源器件开发实例

除传输线外，无源器件也是一类重要的半导体器件。无源器件不仅关注结构，还关注相应的版图层次，在 EPDK 开发中需要额外注意。

无源器件的 EPDK 开发涉及符号（Symbol）、器件参数（CDF）、回调函数（Callback）、版图（Layout）、参数化单元（PyCell）和模型（Model）。为了便于理解 EPDK 中以上重要组件的开发过程，我们提供了几个无源器件的 EPDK 开发实例及代码供读者学习参考。

4.1.1　电容

电容是一种存储电荷和电能的电子器件，在射频电路中，片上电容得到了普遍应用，用于滤波器调谐、匹配网络，以及有源器件的偏置等。

1. MIM 电容

MIM 电容被称为极板电容，由金属-绝缘介质-金属组成，电容值较精确，且电容值不会随偏压变化而变化[1]。MIM 电容结构如图 4.1 所示。

1）符号

MIM 电容的符号如图 4.2 所示。

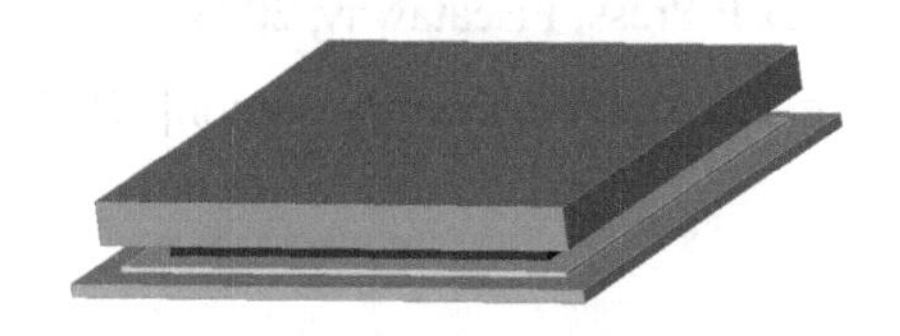

图 4.1　MIM 电容结构

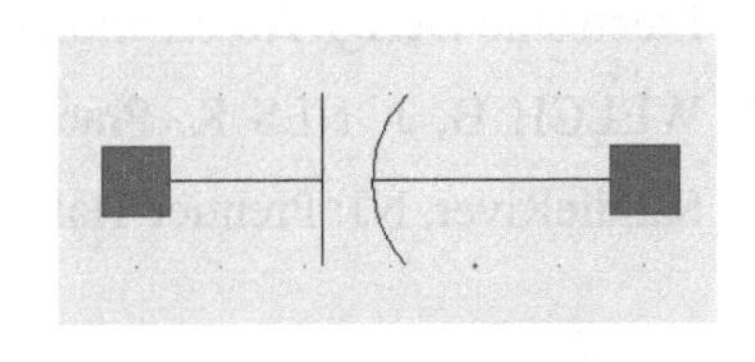

图 4.2　MIM 电容的符号

2）器件参数

MIM 电容的 CDF 参数见表 4.1。

表 4.1　MIM 电容的 CDF 参数

名称	描述	默认值
W	宽度	40μm
L	长度	40μm
C	电容值	1.152pF

3）回调函数

MIM 电容的回调函数主要代码如下。

```
proc capCB_check {inst grid dbu} {
    set inst [iPDK_getCurrentInst]
    set grid [cdf_getMfgGrid $inst]
    #获取 MIM 电容的 CDF 参数 W、L、Model、C、Area 的值
    set W [iPDK_engToSci [iPDK_getParamValue W $inst]]
    set L [iPDK_engToSci [iPDK_getParamValue L $inst]]
    set Model [iPDK_getParamValue Model $inst]
    set C [iPDK_getParamValue C $inst]
    set Area [iPDK_getParamValue Area $inst]
    if {$W<0.000005} {
        set W 0.000005
        errorMessage "min" "W" "5u"
    } elseif {$W>0.0005} {
        set W 0.0005
        errorMessage "max" "W" "500u"
    }
    iPDK_setParamValue W $W $inst 0                #设置为修改后的参数值
    if {$L<0.000005} {
        set L 0.000005
        errorMessage "min" "L" "5u"
    } elseif {$L>0.0005} {
        set L 0.0005
        errorMessage "max" "L" "500u"
    }
    iPDK_setParamValue L $L $inst 0
    #根据电容公式计算电容值
    if {$Model == "MIM_CAP" } {
        set C [expr (78.78e-3+7.153e3*$W*$L*1e6)*1e-13]
    } else {
        set C [expr 1e-15*-72.88+$W*$L*83.63*1e-5+46.47e3*$L*
        1e-13+183.6e3*$W*1e-13]
    }
    set Area [expr $L*$W*1e12]
    iPDK_setParamValue C $C $inst 0
```

```
    iPDK_setParamValue Area $Area $inst 0
}
```

4）版图

MIM 电容的版图如图 4.3 所示。

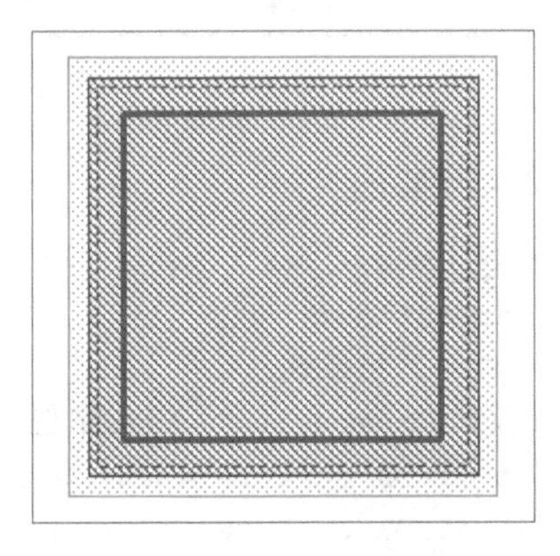

图 4.3　MIM 电容的版图

5）参数化单元

MIM 电容的参数化单元主要代码如下。MIM 电容的参数化单元的实现主要是画出不同层的矩形。

```
    Ext_I2_M2 = 0.5
    Ext_M1_M2 = 3.5
    Ext_CAP_M2 = 5.5
    Ext_CAP_R = 0
    if(RoundCorner=="NO"):                # RoundCorner 为 NO 的 MIM 电容结构
    Rect(-Ext_I2_M2 + 1,-Ext_I2_M2 + 1,Wc + 2 *Ext_I2_M2 - 2,Lc + 2 *
Ext_I2_M2 - 2,"PNV2")
    Rect(-Ext_M1_M2 + 1,-Ext_M1_M2 + 1,Wc + 2 *Ext_M1_M2 - 2,Lc + 2 *
Ext_M1_M2 - 2,"CAP")
    Rect(-Ext_M1_M2,-Ext_M1_M2,Wc + 2 * Ext_M1_M2,Lc + 2* Ext_M1_M2,"M2")
    Rect(-Ext_CAP_M2,-Ext_CAP_M2,Wc+ 2 * Ext_CAP_M2 +Ext_CAP_R,Lc + 2 *
Ext_CAP_M2,"M1")
    if(RoundCorner=="YES"):               # RoundCorner 为 YES 的 MIM 电容结构
    Rect_Arc(-Ext_I2_M2 + 1,-Ext_I2_M2+ 1,Wc + 2 * Ext_I2_M2 - 2,Lc + 2 *
Ext_I2_M2 - 2,cr,pt,"PNV2")
    Rect_Arc(-Ext_M1_M2 + 1,-Ext_M1_M2 + 1,Wc + 2 * Ext_M1_M2 - 2,Lc + 2 *
Ext_M1_M2 - 2,cr,pt,"CAP")
    Rect_Arc(-Ext_M1_M2,-Ext_M1_M2,Wc+ 2*Ext_M1_M2,Lc+ 2 * Ext_M1_M2,cr,pt,
"M2")
    return Rect_Arc(-Ext_CAP_M2,-Ext_CAP_M2,Wc+2*Ext_CAP_M2 + Ext_CAP_R,Lc +
2 * Ext_CAP_M2,cr,pt,"M1")
    …
```

6）模型

MIM 电容的模型是基于 AetherMW 工具中集成的电容、电感、电阻来建立的等效电路模型，电容值、电感值、电阻值都是与电容尺寸相关的全局公式。MIM 电容 Spectre 格式的模型网表如下。

```
subckt MIM_CAP (1 2)
parameters W=2E-005 L=2.5E-005 T = 25  #MIM 电容参数传递
parameters W_scale=W
parameters L_scale=L
parameters area=W*L
#MIM 电容等效电路中的电阻值、电容值、电感值
parameters Cf_cal=…
parameters Ls_rf_cal=…
parameters Rs_rf_cal=…
parameters CSUB1_cal=…
parameters CSUB2_cal=…
#MIM 电容等效电路
Cf 1 a11 capacitor C=Cf_cal
Rs a11 a22 resistor R=Rs_rf_cal
CSUB1 1 0 capacitor C=CSUB1_cal
CSUB2 2 0 capacitor C=CSUB2_cal
Ls a22 2 inductor L=Ls_rf_cal
ends MIM_CAP
```

2. Stack 电容

Stack 电容是一种利用多层金属-绝缘介质-金属结构实现高电容密度的集成电容。Stack 电容结构如图 4.4 所示，有三层金属，其中中间层金属作为一个电极，如果上层金属、下层金属分别作为一个电极，则构成了两个电容的串联；如果上层金属、下层金属短接作为一个电极，则相当于电容板面积增大，构成了两个电容的并联。

1）符号

Stack 电容的符号如图 4.5 所示。

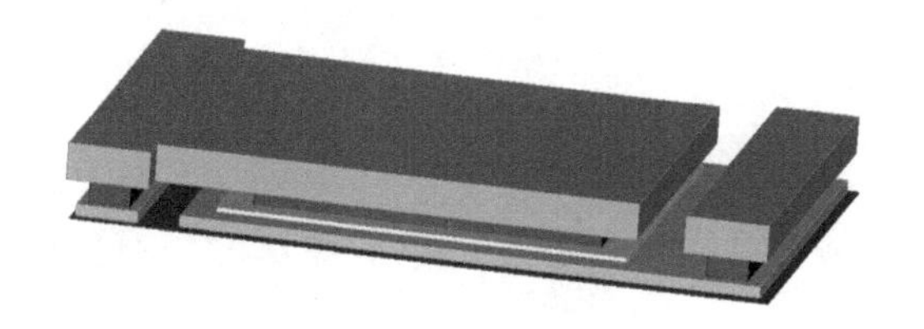

图 4.4　Stack 电容结构

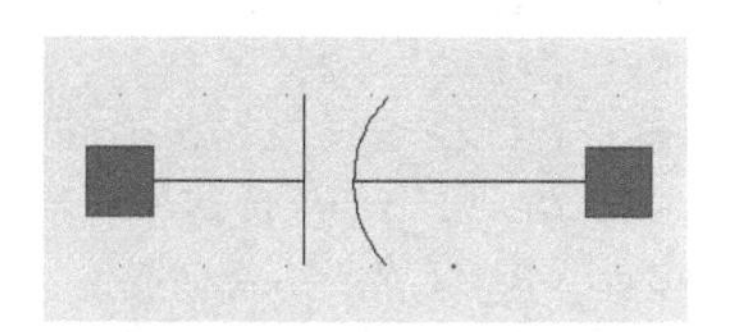

图 4.5　Stack 电容的符号

2）器件参数

Stack 电容的 CDF 参数见表 4.2。

表 4.2　Stack 电容的 CDF 参数

名称	描述	默认值
W	宽度	40μm
L	长度	40μm
C	电容值	2.185pF

3）回调函数

Stack 电容的回调函数主要代码与 MIM 电容相似，此处省略。

4）版图

Stack 电容的版图如图 4.6 所示。

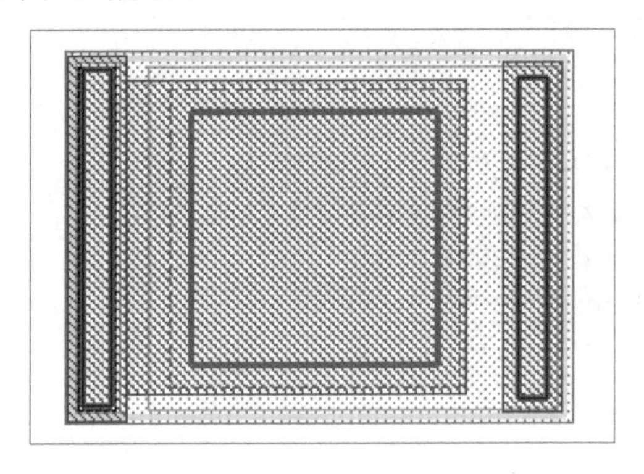

图 4.6　Stack 电容的版图

5）参数化单元

Stack 电容的参数化单元主要代码如下。

```
Wc = W - 5 + 2
Lc = L - 5 + 2
cr = CornerRadius
pt = PointOfCorner
Ext_I2_M2 = 0.5
Ext_M1_M2 = 3.5
Ext_CAP_M2 = 1.5
Ext_CAP_R = 2.
Ext_GH_M2_X = 14.0
Ext_GH_M2_Y = 4.5
Ext_GR_M2_X = 14.3
Ext_GR_M2_Y = 5.5
if Lc>190 :
    xtemp = 2
```

```
    else :
        xtemp = 1
    if(RoundCorner=="NO"):                 # RoundCorner 为 NO 的 Stack 电容结构
        Rect(0 - 6.5 ,0 - 3.5,Wc + 9 + 1,Lc - 2 + 7,"M2")
        Rect(-Ext_I2_M2 + 2 + 1,-Ext_I2_M2 + 1,Wc + 2 * Ext_I2_M2 - 2 - 2,Lc
+ 2 * Ext_I2_M2 - 2 - 2,"PNV2")
        Rect(-Ext_M1_M2,-Ext_M1_M2 - 2,Wc + 2 * Ext_M1_M2 + 9 + 2.65 + 0.85 +
xtemp - 1,Lc + 2 * Ext_M1_M2 + 2,"M1")
        Rect(-Ext_CAP_M2 + 1,-Ext_CAP_M2 - 2 + 1,Wc + 2 * Ext_CAP_M2 +
Ext_CAP_R - 2,Lc + 2 * Ext_CAP_M2 + 2 - 2,"CAP")
    if(RoundCorner=="YES"):                # RoundCorner 为 YES 的 Stack 电容结构
        Rect_Arc_R(0 - 6.5,0 - 3.5,Wc + 9 + 1,Lc - 2 + 7,cr,pt,"M2")
        Rect_Arc(-Ext_I2_M2 + 2 + 1,-Ext_I2_M2 + 1,Wc + 2 * Ext_I2_M2 - 2 -
2,Lc + 2 * Ext_I2_M2 - 2 - 2,cr,pt,"PNV2")
        Rect_Arc_L(-Ext_M1_M2,-Ext_M1_M2 - 2,Wc + 2 * Ext_M1_M2 + 9 + 2.65 +
0.85 + xtemp - 1,Lc + 2 * Ext_M1_M2 + 2,cr,pt,"M1")
        Rect_Arc(-Ext_CAP_M2 + 1,-Ext_CAP_M2 - 2 + 1,Wc + 2 * Ext_CAP_M2 +
Ext_CAP_R - 2,Lc + 2 * Ext_CAP_M2 + 2 - 2,cr,pt,"CAP")
        RectX(Wc + Ext_CAP_M2 + Ext_CAP_R + 7.5 + xtemp + 2.5,-2. - 2,-4.0,Lc
+ 2 * Ext_CAP_M2 + 1 + 2,"PNV2",1)
        RectX(Wc + Ext_CAP_M2 + Ext_CAP_R + 7.5 + xtemp + 2.5,-2. - 2,-4.0,Lc
+ 2 * Ext_CAP_M2 + 1 + 2,"dummy_PNV2",1)
        RectX(Wc + Ext_CAP_M2 + Ext_CAP_R + 7.5 + 2.0 + xtemp + 2.5,-2.5 -
3.5,-8.0,Lc + 2 * Ext_CAP_M2 + 4 + 3,"M2",1)
        RectX(-Ext_GH_M2_X,-Ext_GH_M2_Y - 2,Wc + 2 * Ext_GH_M2_X - 1 + 3.0 +
xtemp,Lc + 2 * Ext_GH_M2_Y + 2,"GH25",1)
        RectX(-Ext_GR_M2_X - 0.7,-Ext_GR_M2_Y - 2,Wc + 2 * Ext_GR_M2_X + 0.4
+ 3.0 + xtemp,Lc + 2 * Ext_GR_M2_Y + 2,"GR25",1)
        RectX(-Ext_GH_M2_X + 1.5,-Ext_GH_M2_Y + 1.5 - 2,4,Lc + 2 * Ext_GH_M2_Y
- 3 + 2,"PNV2",1)
        RectX(-Ext_GH_M2_X + 1.5,-Ext_GH_M2_Y + 1.5 - 2,4,Lc + 2 * Ext_GH_M2_Y
- 3 + 2,"dummy_PNV2",1)
        RectX(-Ext_GH_M2_X + 1,-Ext_GH_M2_Y + 1 - 2,5,Lc + 2 * Ext_GH_M2_Y -
2 + 2,"NV1",1)
        RectX(-Ext_GH_M2_X + 0.5,-Ext_GH_M2_Y + 0.5 - 2,6,Lc + 2 * Ext_GH_M2_Y
- 1 + 2,"M1",1)
        return RectX(-Ext_GH_M2_X-0.5,-Ext_GH_M2_Y -2.5,8,Lc+2* Ext_GH_M2_Y
- 1 + 4,"M2",1)
    …
```

6）模型

Stack 电容的模型与 MIM 电容相似，此处省略。

4.1.2　电阻

电阻是电路中最常用的器件之一，基本功能是将一些电能转换成热能产生压降。在电路中，一个或多个电阻可构成降压或分压电路用于器件的直流偏置，也可用作直流或射频电路的负载电阻完成某些特定功能。

TFR 为薄膜电阻，尺寸能够做得非常小。TFR 是利用金属层和薄膜作为电阻组件组合而成的[2]。为了正确接触，金属层和薄膜要叠加一定的长度。TFR 结构如图 4.7 所示。

1）符号

TFR 的符号如图 4.8 所示。

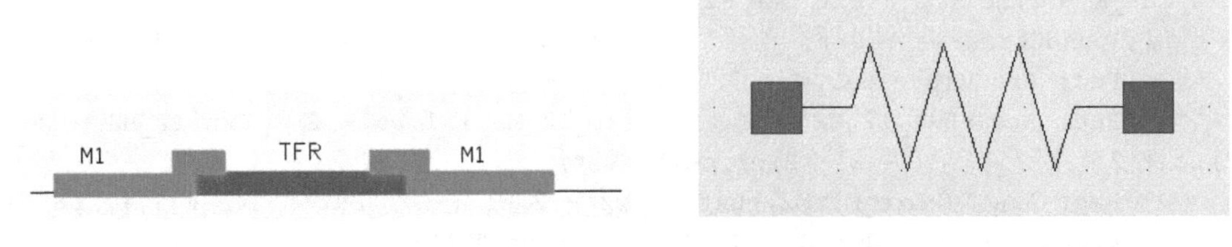

图 4.7 TFR 结构

图 4.8 TFR 的符号

2）器件参数

TFR 的 CDF 参数见表 4.3。

表 4.3 TFR 的 CDF 参数

名称	描述	默认值
W	宽度	50μm
L	长度	50μm

3）回调函数

TFR 的回调函数主要代码如下。

```
proc resCB_check {inst grid dbu} {
    set inst [iPDK_getCurrentInst]
    set grid [cdf_getMfgGrid $inst]
    set dbu 1
    #获取 TFR CDF 参数 W、L、R、Model 的值
    set W [iPDK_engToSci [iPDK_getParamValue W $inst]]
    set L [iPDK_engToSci [iPDK_getParamValue L $inst]]
    set R [iPDK_getParamValue R $inst]
    set Model [iPDK_getParamValue Model $inst]
    if {$Model == "Res_Straight_TFR"} {
        set W_min 1.0e-6
        set W_max 500e-6
        set L_min 3.5e-6
        set L_max 5000e-6
    }
    if {$W<$W_min} {
```

```
        set W $W_min
        errorMessage "min" "W" $W_min
    } elseif {$W>$W_max} {
        set W $W_max
        errorMessage "max" "W" $W_max
    }
    iPDK_setParamValue W $W $inst 0      #设置为修改后的参数值
    if {$L<$L_min} {
        set L $L_min
        errorMessage "min" "L" $L_min
    } elseif {$L>$L_max} {
        set L $L_max
        errorMessage "max" "L" $L_max
    }
    iPDK_setParamValue L $L $inst 0
    #根据电阻公式计算 TFR 电阻值
    if {$Model == "Res_Straight_TFR"} {
        set R [expr $L*($W-70.0*1e-9)**-1*(50+376.5*1e-3)+1.295*1e-3*50]
    }
    iPDK_setParamValue R $R $inst 0
}
```

4）版图

TFR 的版图如图 4.9 所示。

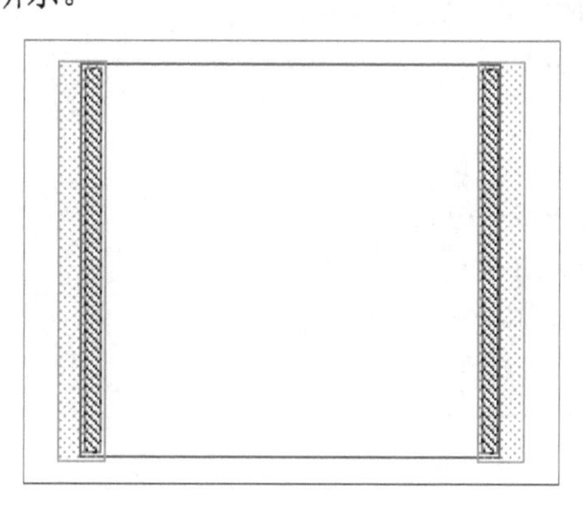

图 4.9　TFR 的版图

5）参数化单元

TFR 的参数化单元主要代码如下。

```
Enc_NC_M1 = 3
W_M1 = 6.5
W_cathod = 2.0
Ext_ISO_X = 0.5
```

```
    Ext_ISO_Y = 0.5
    RectX(-(Ext_ISO_X + W_cathod) , 0 , L + (Ext_ISO_X + W_cathod) * 2 , W ,
"NC" , 1)
    RectX(-W_cathod , Ext_ISO_Y , W_cathod , W - Ext_ISO_Y * 2 , "NV1" , 1)
    RectX(-W_cathod , Ext_ISO_Y , W_cathod , W - Ext_ISO_Y * 2 , "dummy_NV1" , 1)
    RectX(L , Ext_ISO_Y , W_cathod , W - Ext_ISO_Y * 2 , "NV1" , 1)
    RectX(L , Ext_ISO_Y , W_cathod , W - Ext_ISO_Y * 2 , "dummy_NV1" , 1)
    RectX(-(Ext_ISO_X + W_cathod + Enc_NC_M1) , -Enc_NC_M1 + 2.5 , W_M1 - 0.5,
W + Enc_NC_M1 * 2 - 5 , "M1" , 1)
    RectX(L + Ext_ISO_X + W_cathod + Enc_NC_M1 - W_M1 + 0.5 , -Enc_NC_M1 +
2.5, W_M1 - 0.5 , W + Enc_NC_M1 * 2 - 5 , "M1" , 1)
    …
```

6）模型

TFR 的模型是基于 AetherMW 工具中集成的电容、电感、电阻来建立的等效电路模型，电容值、电感值、电阻值都是与电阻尺寸相关的全局公式，TFR Spectre 格式的模型网表如下。

```
    subckt NCRes_Straight P1 P2
    parameters W=3E-006 L=5E-006 T=25                    #TFR 参数传递
    parameters Rp=1
    parameters w=W
    parameters l=L
    #TFR 等效电路中的电阻值、电容值、电感值
    parameters R121 = …
    #TFR 等效电路
    R121  P1 12 resistor R= R121
    L12   12 P2 inductor L= …
    R122  12 P2 resistor R=…
    R10   P1 11 resistor R=…
    C10   11 0  capacitor C=…
    CR10  P1 11 capacitor C= …
    R20   P2 22 resistor  R= …
    C20   22 0  capacitor  C= …
    ends NCRes_Straight
```

4.1.3 电感

电感是一种由线圈组成的无源电气器件，是用于滤波、定时、电力电子应用的两端器件，属于一种储能器件，可以把电能转换成磁能并存储起来。电感通常用于晶体管的偏置网络[3]。电感通常有两种平面螺旋结构：方形电感和圆形电感。方形电感的直线段较长，因

此线损相对较小。圆形电感的线损相对较大，但是小功率电路中使用圆线电感会更加节省空间，因此圆形电感常用于小功率电路中。电感结构如图 4.10 所示。

（a）方形电感　　（b）圆形电感

图 4.10　电感结构

1. 方形电感

1）符号

方形电感的符号如图 4.11 所示。

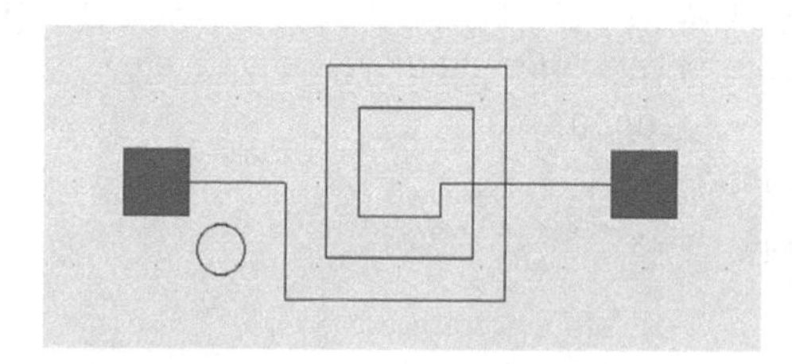

图 4.11　方形电感的符号

2）器件参数

方形电感的 CDF 参数见表 4.4。

表 4.4　方形电感的 CDF 参数

名称	描述	默认值
Di	内径	70μm
Wx	宽度	8μm
S	间距	5μm
Nt	圈数	4.5 圈

3）回调函数

方形电感的回调函数主要代码如下。

```
proc indCB_checkParam {inst grid dbu} {
    set inst [iPDK_getCurrentInst]
    set grid [cdf_getMfgGrid $inst]
    #获取方形电感 CDF 参数 Di、Wx、S、Nt 的值
```

```
    set Di [iPDK_getParamValue Di $inst]
    set Wx [iPDK_getParamValue Wx $inst]
    set S [iPDK_getParamValue S $inst]
    set Nt [iPDK_getParamValue Nt $inst]
    #Di、Wx、S 转换为科学数值
 set Wx [iPDK_engToSci $Wx]
    set Di [iPDK_engToSci $Di]
    set S [iPDK_engToSci $S]
    if {$Di < 0.000035} {
       set Di 0.000035
       errorMessage "min" "Di" "35u"
    } elseif {$Di >= 0.0002} {
       set Di 0.0002
       errorMessage "max" "Di" "200u"
    } else {
    }
    iPDK_setParamValue Di $Di $inst 0          #设置为修改后的参数值
    if {$Wx < 0.000008} {
       set Wx 0.000008
       errorMessage "min" "Wx" "8u"
    } elseif {$Wx >= 0.00003} {
       set Wx 0.00003
       errorMessage "max" "Wx" "30u"
    } else {
    }
    iPDK_setParamValue Wx $Wx $inst 0
    if {$S < 0.000005} {
       set S 0.000005
       errorMessage "min" "S" "5u"
    } elseif {$S >= 0.00003} {
       set S 0.00003
       errorMessage "max" "S" "30u"
    } else {
    }
    iPDK_setParamValue S $S $inst 0
    if {$Nt < 1} {
       set Nt 1
       errorMessage "min" "Nt" "1"
    } elseif {$Nt >= 30} {
       set Nt 30
       errorMessage "max" "Nt" "30"
    } else {
    }
    iPDK_setParamValue Nt $Nt $inst 0
 }
```

4）版图

方形电感的版图如图 4.12 所示。

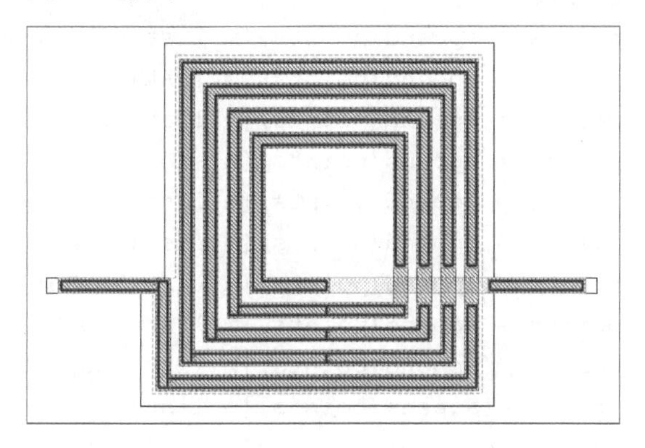

图 4.12　方形电感的版图

5）参数化单元

方形电感的参数化单元的实现主要是定义一个可以让电感沿着方形绕圈的函数，后面调用该函数即可。方形电感的参数化单元主要代码如下。

```
def Ind_square_route(cv,Diameter,Width,Space,Turn , Metal ,Metal_no_cut ,
    Space_MM_end ,shrink ,layNum ,inddmy,port,pass1) :
    xinit = None
    cv = None
    …
    Rin = Diameter / 2
    dr = Width + Space
    if Metal==0 :
        shrink = shrink
        cu = Space_MM_end + shrink
        cd = -(Width + Space_MM_end + shrink)
        if(pass1==0):
            cu = 0
            cd = 0
        else :
            shrink = 0
            cu = Space_MM_end
            if Metal_no_cut==0 :
                cd = -(Width + Space_MM_end)
            else :
                cd = 0
        xinit = -shrink
        for N in range(0,Turn):
            Ri = Rin + dr * N + shrink
            Ro = Ri + Width - 2 * shrink
```

```
        Rc = -Rin + cu
        if(inddmy==0):
            points = []
            points = append(points,[m_list(xinit,-Ri)])
            points = append(points,[m_list(-Ri,-Ri)])
            points = append(points,[m_list(-Ri,Ri)])
            points = append(points,[m_list(Ri,Ri)])
            points = append(points,[m_list(Ri,Rc)])
            points = append(points,[m_list(Ro,Rc)])
            points = append(points,[m_list(Ro,Ro)])
            points = append(points,[m_list(-Ro,Ro)])
            points = append(points,[m_list(-Ro,-Ro)])
            points = append(points,[m_list(xinit,-Ro)])
            rodCreatePolygon(['cvId',cv],['layer',layNum],['pts',
points])
    for N in range(0,Turn):
        Ri = Rin + dr * N + shrink
        Ro = Ri + Width - 2 * shrink
        Rc = -Rin + cd
        Riu = Ri + dr
        if N==Turn - 1 :
            Riu1 = Ri + dr
        else :
            Riu1 = Ri + dr
        Rou = Riu + Width - 2 * shrink
        if(inddmy==0):
            points = []
            points = append(points,[m_list(Ri,Rc)])
            points = append(points,[m_list(Ri,-Riu)])
            points = append(points,[m_list(-Riu1,-Riu)])
            points = append(points,[m_list(-Riu1,-Rou)])
            points = append(points,[m_list(Ro,-Rou)])
            points = append(points,[m_list(Ro,Rc)])
            rodCreatePolygon(['cvId',cv],['layer',layNum],['pts',
points])
    rh_lx = xinit
    rh_ly = -Rin - Width
    variable_0 = rh_lx , rh_ly
    rh_rx = Rin + Turn * dr
    variable_1 = variable_0 , rh_rx
    rh_ry = rh_ly + Width
    variable_1 , rh_ry
    L_rh = 54
    W_rh = Width
    variable_2 = L_rh , W_rh
```

```
            rh_yl = rh_ly + (Width - W_rh) / 2
            variable_3 = variable_2 , rh_yl
            rh_yu = rh_yl + W_rh
            variable_3 , rh_yu
            lh_lx = -(Rin + dr * Turn + Width)
            lh_lx1 = lh_lx + Width - shrink
            lh_lx , lh_lx1
            if(inddmy==0):
                if(Metal_no_cut==0):
                    Rect_Sind(rh_lx , rh_ly + shrink , rh_rx , rh_ry - shrink ,
layNum)
              Rect_Sind(rh_rx + shrink , rh_yl + shrink , rh_rx + L_rh -
shrink , rh_yu- shrink , layNum)
                p1x = rh_rx + L_rh
                p1y = rh_yl + W_rh / 2
                p1x , p1y
                if(port==1):
                    de_add_rectangle(rh_rx , rh_yl , (rh_rx + L_rh) , rh_yu ,
layNum)
                Rect_Sind(lh_lx + shrink , lh_lx + shrink , lh_lx1 , rh_yu -
shrink ,
            layNum)
                x2 = lh_lx + shrink
                y1 = rh_yl + shrink
                variable_4 = x2 , y1
                x1 = lh_lx - L_rh + shrink
                variable_5 = variable_4 , x1
                y2 = rh_yu - shrink
                variable_5 , y2
                Rect_Sind(x1 , y1 , x2 , y2 , layNum)
                if(port==1):
                    de_add_rectangle(x1 , y1 , x2 , y2 , layNum)
            if(inddmy==1):
                points = []
                points = append(points,[m_list(-Rou,-Rou)])
                points = append(points,[m_list(Ro,-Rou)])
                points = append(points,[m_list(Ro,Ro)])
                points = append(points,[m_list(-Ro,Ro)])
                points = append(points,[m_list(-Ro,rh_yu)])
                points = append(points,[m_list(-Rou,rh_yu)])
                return rodCreatePolygon(['cvId',cv],['layer',layNum],['pts',
points])
    ...
```

6）模型

方形电感的模型是基于 AetherMW 工具中集成的电容、电感、电阻、传输线来建立的等效电路模型，电容值、电感值、电阻值都是与电感尺寸相关的全局公式，方形电感的模型网表如下。

```
    subckt Square_Ind_EM  (N__7  N__8)
    #方形电感参数传递
    parameters  W=11.0*1e-6  Ri=100.0*1e-6  S=5.0*1e-6  Nt=1
    +Wx=W
    +Di=Ri*2
    +Thickness=100*1e-6
    +Rsub=…
    …
    #方形电感等效电路
    R4  N__5 0 resistor R=Rsub
    R2  N__4 0 resistor R=Rsub
    Cpbc5  N__7 N__1 capacitor C=CLL*1e-15
    Cpbc4  N__7 N__5 capacitor C=CL*1e-15
    Cpbc2  N__6 N__4 capacitor C=CR*1e-15
    Cpbc1  N__7 N__1 capacitor C=CB*Nt*1e-15
    #调用传输线模型 mline
    TL1  N__1 N__6 MSub1 hdtype=mline W=Wx L=40*1e-6 + Wx Wall1
    =1.0E+30*1e-6 Wall2=1.0E+30*1e-6 Mod=1
    #调用传输线模型 ms_sind
    L1  N__7 N__1 MSub1 hdtype=ms_sind N=Nt+0.5 Ri=Di/2 W=Wx S=S
    model MSub1 hdtline H=Thickness Er=ErSub Mur=1 Cond=89220000 T=5*1e-6
TanD=0.006 Rough=0*1e-6 Dlossmodel=1 Freqet=1.0*1e6 Freqtlow=1.0*1e3
Freqthigh=1.0*1e12 RoughnessModel=2         #MSub1 衬底参数
    ends Square_Ind_EM
```

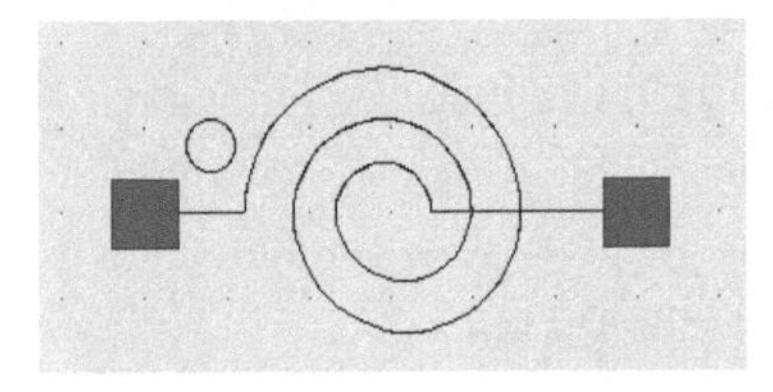

图 4.13　圆形电感的符号

2. 圆形电感

1）符号

圆形电感的符号如图 4.13 所示。

2）器件参数

圆形电感的 CDF 参数见表 4.5。

表 4.5　圆形电感的 CDF 参数

名称	描述	默认值
Di	内径	70μm
Wx	宽度	8μm

续表

名称	描述	默认值
S	间距	5μm
Nt	圈数	4.5 圈

3）回调函数

圆形电感的回调函数与方形电感基本一致，故此处省略。

4）版图

圆形电感的版图如图 4.14 所示。

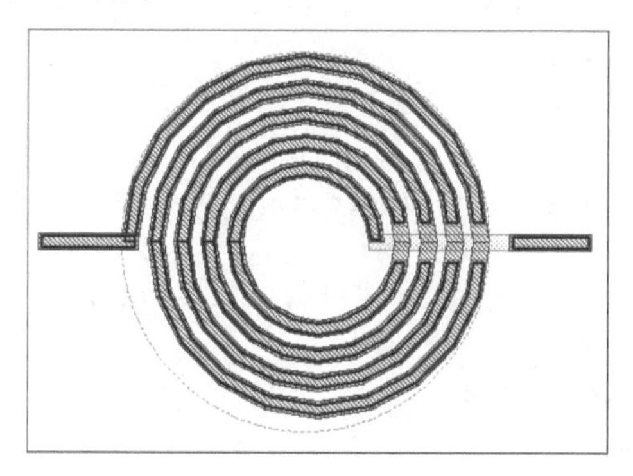

图 4.14　圆形电感的版图

5）参数化单元

与方形电感相似，圆形电感的参数化单元的实现主要是定义一个可以让电感沿着圆形绕圈的函数，后面调用该函数即可。圆形电感的参数化单元主要代码如下。

```
def Ind_circle_route(Diameter,Width,Space,Turn,Metal,Metal_no_cut,
    Space_MM_end,shr,layNum,inddmy,port,Metal_cut_compensate) :
    Rin = None
    cv = None
    PI = 3.14159
    Rin = Diameter / 2
    dr = Width + Space
    Rin , dr
    if Metal_no_cut==1 :
        gap1 = 0
    else :
        gap1 = Space_MM_end + Width / 2
    edge_per_quarter = 5
    angle = 90 / edge_per_quarter
    gap2 = gap1 * tan(PI / 4 / edge_per_quarter)
    if Metal==0 :
        shrink = shr
```

```
    else :
       shrink = 0
    Radian = PI / 180
    if Metal_cut_compensate==1 :
       shrink1 = shr
    else :
       shrink1 = 0
    if(inddmy==0):
       for N in range(0,(Turn+1)):
          Ri = Rin + dr * N + shrink
          Ro = Ri + Width - 2 * shrink
          x0 = Ri - gap2
          points = []
          if N==0 :
             points = append(points,[m_list(Rin + shrink,0)])
          else :
             points = append(points,[m_list(x0,gap1 + shrink - shrink1)])
          i = angle
          while (i<=180) :
             i<=180
             x = Ri * cos(i * Radian)
             y = Ri * sin(i * Radian)
             points = append(points,[m_list(x,y)])
             i = i + angle
          i = 180
          while (i>0) :
             i>0
             x = Ro * cos(i * Radian)
             y = Ro * sin(i * Radian)
             points = append(points,[m_list(x,y)])
             i = i - angle
          x0 = Ro - gap2
          if N==0 :
             points = append(points,[m_list(Rin + Width - shrink,0)])
          else :
             points = append(points,[m_list(x0,gap1 + shrink - shrink1)])
          rodCreatePolygon(['cvId',cv],['layer',layNum],['pts',points])
       for N in range(0,Turn):
          Ri = Rin + dr * (N + 0.5) + shrink
          Ro = Ri + Width - 2 * shrink
          points = []
          i = 180
          while (i<360) :
```

```
            i<360
            x = Ri * cos(i * Radian)
            y = Ri * sin(i * Radian)
            points = append(points,[m_list(x + 0.5 * dr,y)])
            i = i + angle
        x1 = Ri - gap2
        points = append(points,[m_list(x1 + 0.5 * dr,-gap1 - shrink +
shrink1)])
        x2 = Ro - gap2
        points = append(points,[m_list(x2 + 0.5 * dr,-gap1 - shrink +
        shrink1)])
        i = 360 - angle
        while (i>=180) :
            i>=180
            x = Ro * cos(i * Radian)
            y = Ro * sin(i * Radian)
            points = append(points,[m_list(x + 0.5 * dr,y)])
            i = i - angle
        rodCreatePolygon(['cvId',cv],['layer',layNum],['pts',points])
    rh_lx = Rin
    rh_ly = -Width / 2
    variable_6 = rh_lx , rh_ly
    rh_rx = Rin + (Turn + 1) * dr
    variable_7 = variable_6 , rh_rx
    rh_ry = rh_ly + Width
    variable_7 , rh_ry
    L_rh = 54
    W_rh = Width
    variable_8 = L_rh , W_rh
    rh_yl = rh_ly + (Width - W_rh) / 2.0
    variable_9 = variable_8 , rh_yl
    rh_yu = rh_yl + W_rh
    variable_9 , rh_yu
    lh_rx = -(Rin + dr * Turn)
    lh_xl = lh_rx - L_rh - Width
    lh_rx , lh_xl
    if(inddmy==0):
        if((Metal==1 and Metal_no_cut==0)):
            Rect_Sind(rh_lx , rh_ly , rh_rx , rh_ry , layNum)
        Rect_Sind(rh_rx + shrink , rh_yl + shrink , rh_rx + L_rh - shrink , rh_yu
        - shrink , layNum)
        if(port==1):
```

```
            de_add_rectangle(rh_rx , rh_yl , (rh_rx + L_rh) , rh_yu , layNum)
        Rect_Sind(lh_xl + shrink , rh_yl + shrink , lh_rx - shrink , rh_yu
- shrink ,
         layNum)
        if(port==1):
            de_add_rectangle(lh_xl , rh_yl , lh_rx , rh_yu , layNum)
    if(inddmy==1):
        Ri = Rin + dr * Turn + Width + shrink
        points = []
        i = 0
        while (i<=180) :
            i<=180
            x3 = Ri * cos(i * Radian)
            points = append(points,[m_list(x3,Ri * sin(i * Radian))])
            i = i + angle
        Ri = Rin + dr * (Turn - 0.5) + Width + shrink
        i = 180
        while (i<=360) :
            i<=360
            x4 = Ri * cos(i * Radian) + 0.5 * dr
            points = append(points,[m_list(x4,Ri * sin(i * Radian))])
            i = i + angle
        return rodCreatePolygon(['cvId',cv],['layer',layNum],['pts',points])
        …
```

6）模型

圆形电感的模型与方形电感类似，故此处省略。

4.2 有源器件开发实例

有源器件是半导体中重要的一类器件。与无源器件和传输线不同，有源器件的重点在器件参数的定义上，因此其 CDF 参数和回调函数较无源器件更加丰富。

我们以二极管（Diode）和一类化合物场效应晶体管（HEMT）为例，为读者提供在 EPDK 中开发有源器件的实例。

4.2.1 二极管

二极管是一种单向导电的二端器件，以肖特基二极管为例，其由金属和 N 型半导体组成，最显著的特点为反向恢复时间极短（可以短到几纳秒），正向导通压降仅 0.4V 左右。肖特基二极管在微波通信等电路中作为整流二极管、小信号检波二极管使用。二极管在通信电源、变频器中比较常见，可以用于高频和大信号的射频电路中，实现整流、检波、混频、调制等功能。

1）符号

二极管的符号如图 4.15 所示。

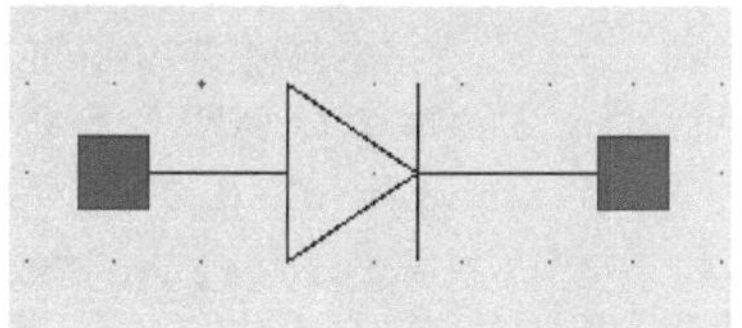

图 4.15　二极管的符号

2）器件参数

二极管的 CDF 参数见表 4.6。

表 4.6　二级管的 CDF 参数

名称	描述	默认值
NF	栅指	1
WF	栅宽	40μm
W	总栅宽	40μm
GateType	栅极类型	Sgate

3）回调函数

二极管的回调函数主要代码如下。

```
proc diode_checkParam {inst grid dbu} {
    set inst [iPDK_getCurrentInst]
    set grid [cdf_getMfgGrid $inst]
    #获取二极管 CDF 参数 WF、NF、W、GateType、Temp 的值
    set WF [iPDK_getParamValue WF $inst]
    set NF [iPDK_getParamValue NF $inst]
    set W [iPDK_getParamValue W $inst]
    set GateType [iPDK_getParamValue GateType $inst]
    set Temp [iPDK_getParamValue Temp $inst]
    #WF、W、Temp 转换为科学数值
    set WF [iPDK_engToSci $WF]
    set W [iPDK_engToSci $W]
    set Temp [iPDK_engToSci $Temp]
    if {$NF < 1} {
       set NF 1
       errorMessage "min" "NF" "1"
    } elseif {$NF >= 31} {
       set NF 31
       errorMessage "max" "NF" "31"
    } else {
    }
    iPDK_setParamValue NF $NF $inst 0    #设置为修改后的参数值
```

```
    if {$WF < 0.000009} {
        set WF 0.000009
        errorMessage "min" "WF" "9u"
    } elseif {$WF >= 0.0005} {
        set WF 0.0005
        errorMessage "max" "WF" "500u"
    } else {
    }
    iPDK_setParamValue WF $WF $inst 0

    if {$Temp < -40} {
        set Temp -40
        errorMessage "min" "Temp" "-40"
    } elseif {$Temp >= 120} {
        set Temp 120
        errorMessage "max" "Temp" "120"
    } else {
    }
    iPDK_setParamValue Temp $Temp $inst 0
    set W [expr $NF*$WF]
    iPDK_setParamValue W $W $inst 0
}
```

4）版图

二极管的版图如图 4.16 所示。

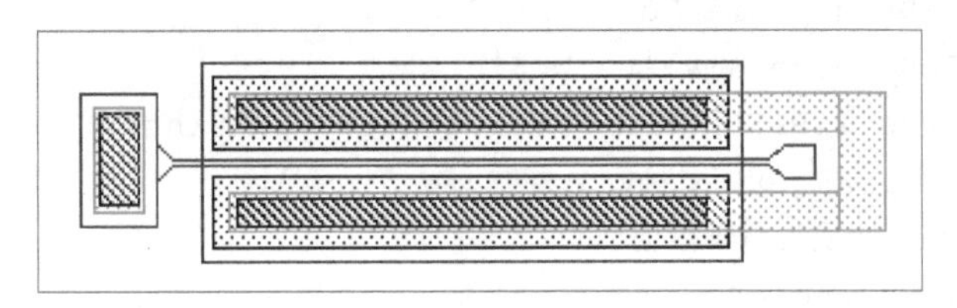

图 4.16　二极管的版图

5）参数化单元

二极管的参数化单元主要代码如下。

```
W_D = 5.5
W_G = 2.1
W_R = 1.2
WR = 7.6
W_Pitch = 0
NF1 = self.NF
cv = self
GateType = self.GateType
```

```
    for i in range(0,NF1):                    #根据 NF 的值变换二极管的结构
        W_Pitch = i * (W_D + W_G)
        SBD_GR(cv,0 , W_Pitch , L , "GR50")
    for i in range(0,(NF1+1)):
        RectX(4.714 , -W_D + 0.2 + i * (W_D + W_G) , L , W_D , "OM" , 1)
        RectX(4.714 + 1.25 , -W_D + 0.2 + i * (W_D + W_G) + 1.25 , L - 2.25 +
        9.5 , W_D - 2.5 , "M1" , 1)
        RectX(4.714 + 1.75 , -W_D + 0.2 + i * (W_D + W_G) + 1.75 , L - 3.5 , W_D
        - 3.5 , "NV1" , 1)
    RectX(4.714 - 1 , -W_D + 0.2 - 1 , L + 2 , (NF1 + 1) * (W_D + W_G) - 0.1 , "ISO" ,
    1)
    RectX(4.714 - 1 , -W_D + 0.2 - 1 , L + 2 , (NF1 + 1) * (W_D + W_G) - 0.1 ,
    "dummy_Diode" , 1)
    RectX(0.214 , -3.15 - 0.3 , -6.0 , NF1 * (W_D + W_G) + 2 * 3.15 - 4.0 ,
"GR50" ,
    1)
    rect1 = RectX(0.15 - 0.936 , -3.15 + 0.3 + 0.65 - 0.25 , -5.8 + 0.936 +
0.864 , NF1
    * (W_D + W_G) + 2 * 3.15 - 4.6 - 0.6 - 2 * 0.65 + 0.5 , "M1" , 1)
    self.addPin('PLUS','PLUS',rect1.getBBox(),self.layer.M1)
    RectX(0.15 - 0.936 - 0.5 , -3.15 + 0.3 + 0.65 + 0.5 - 0.25 , -5.8 + 0.936
+ 0.864 +
    1 , NF1 * (W_D + W_G) + 2 * 3.15 - 4.6 - 0.6 - 2 * 0.65 - 1 + 0.5 , "NV1" , 1)
    rect2 = RectX(4.714 + 1 + L - 2 + 9.5 , -4.8 + 1 - 0.25 , W_D - 2 , -5.6
+ (NF1 +
    1) * (W_D + W_G) + 1.0 , "M1" , 1)
    self.addPin('MINUS','MINUS',rect2.getBBox(),self.layer.M1)
    if (GateType =="Tgate"):                  #根据 GateType 的值变换二极管的结构
        for i in range(0,NF1):
            RectX(-1.286 , 0.65+WR*i , L+10.71 , W_R , "WR50" , 1)
            def SBD_GR1(cv,ori_X,ori_Y,L,layer_num) :
                points = None
                ext_LF_L = None
                ext_LF_R = None
                points = []
                points = append(points,[m_list(ori_X + 0.514,ori_Y - 0.374)])
                points = append(points,[m_list(ori_X +1.638,ori_Y + 0.75)])
                points = append(points,[m_list(ori_X + L+7.714,ori_Y + 0.75)])
                points = append(points,[m_list(ori_X + L+8.214,ori_Y + 0.25)])
                points = append(points,[m_list(ori_X + L+10.914,ori_Y + 0.25)])
                points = append(points,[m_list(ori_X + L+10.914,ori_Y + 2.25)])
                points = append(points,[m_list(ori_X + L+8.214,ori_Y + 2.25)])
                points = append(points,[m_list(ori_X + L+7.714,ori_Y + 1.75)])
```

```
            points = append(points,[m_list(ori_X + 1.638,ori_Y + 1.75)])
            points = append(points,[m_list(ori_X + 0.514,ori_Y + 2.874)])
            return
            rodCreatePolygon(['cvId',cv],['layer',layer_num],['pts',points])
        W_Pitch = i * (W_D + W_G)
        SBD_GR1(cv,0 , W_Pitch , L , "GH50")
    RectX(0.514 , -3.15  , -6.0 , NF1 * (W_D + W_G) + 2 * 3.15 - 4.0-0.6 ,
    "GH50" , 1)
…
```

6）模型

二极管的模型是基于 AetherMW 工具中集成的电容、电感、电阻及调用 va 文件来建立的等效电路模型，电容值、电感值、电阻值都与二极管的尺寸相关。二极管 Spectre 格式的模型网表如下。

```
subckt Diode p1 n1
#二极管参数传递
parameters Wr = 5E-05 NF = 4
+wf = Wr
+nf = NF
+l = 5E-07
+TEMPI = 25
+factor=(273.15+TEMPI)/(273.15+25)
+KBK_fu=…
…
#二极管等效电路
Rd1 (di n1) resistor R=…
Rd2 (si n1) resistor R=…
Rg1 (gi p1) resistor R=…
X1 (di gi si t) M
ahdl_include "./XXX.esp"    #挂载 va 文件
#对调用的模型进行赋值
model M XX l=l w=wf nf=nf tnom=25 …
GD (gi di) MD1 AREA = …
model MD1 Diode Tnom= 27 Rs = Rsd …
GS (gi si) MD2 AREA = …
model MD2 Diode Tnom= 27 Rs = Rsg …
ends Diode
```

4.2.2 HEMT

HEMT（High Electron Mobility Transistors，高电子迁移率晶体管）是一种异质结场效应晶体管，又称为调制掺杂场效应晶体管（MODFET），使用的材料是 GaN 及其他化合物材料。在这里，我们不讨论HEMT的物理机制，而以HEMT为例，讨论其在EPDK中的实现方法。

1）符号

HEMT的符号如图4.17所示。

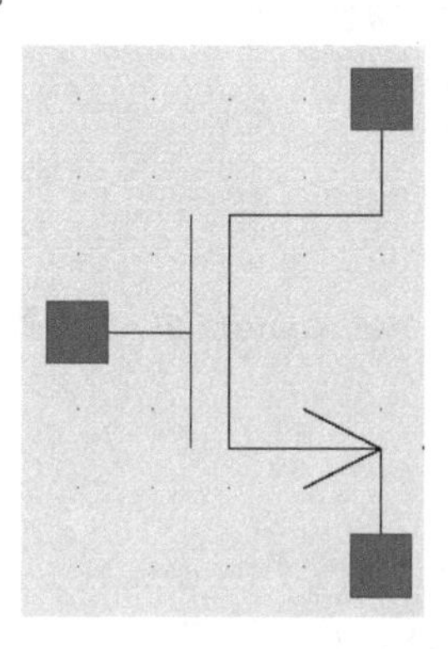

图4.17 HEMT的符号

2）器件参数

HEMT的CDF参数见表4.7。

表4.7 HEMT的CDF参数

名称	描述	默认值
NF	栅指	1
WF	栅宽	40μm

3）回调函数

HEMT的回调函数主要代码如下。

```
proc mosCB_check {inst grid dbu} {
    set inst [iPDK_getCurrentInst]
    set grid [cdf_getMfgGrid $inst]
    #获取HEMT CDF参数Model、WF、NF、Goffset、W的值
    set Model [iPDK_getParamValue Model $inst]
    set WF [iPDK_engToSci [iPDK_getParamValue WF $inst]]
    set NF [iPDK_getParamValue NF $inst]
    set Goffset [iPDK_engToSci [iPDK_getParamValue Goffset $inst]]
    set W [iPDK_engToSci [iPDK_getParamValue W $inst]]
    if {$Model == "LionLP05_YM_E_2x100" || $Model == "LionLP05_YM_D"} {
        set WF_max 300e-6
        set WF_min 30e-6
        set Go_max 20e-6
        set Go_min 0
```

```
        set NF_max 30
        set NF_min 2
    }
    if {$WF < $WF_min} {
        set WF $WF_min
        errorMessage "min" "WF" $WF_min
    } elseif {$WF > $WF_max} {
        set WF $WF_max
        errorMessage "max" "WF" $WF_max
    }
    iPDK_setParamValue WF $WF $inst 0   #设置为修改后的参数值

    if {$NF < $NF_min} {
        set NF $NF_min
        errorMessage "min" "NF" $NF_min
    } elseif {$NF > $NF_max} {
        set NF $NF_max
        errorMessage "max" "NF" $NF_max
    }
    if {$NF%2 == 1 } {
        set NF [expr $NF-1]
        aeWarning "The number of fingers must be even."
    }
    iPDK_setParamValue NF $NF $inst 0
    if {$Goffset < $Go_min} {
        set Goffset $Go_min
        errorMessage "min" "Goffset" $Go_min
    } elseif {$Goffset > $Go_max} {
        set Goffset $Go_max
        errorMessage "max" "Goffset" $Go_max
    }
    iPDK_setParamValue Goffset $Goffset $inst 0
    set W [expr $WF*$NF]
    iPDK_setParamValue W $W $inst 0
}
```

4）版图

HEMT 的版图如图 4.18 所示。

5）参数化单元

HEMT 支持多栅指结构，因此其参数化单元主要根据 NF 的值变换栅极、源极的结构。HEMT 的参数化单元主要代码如下。

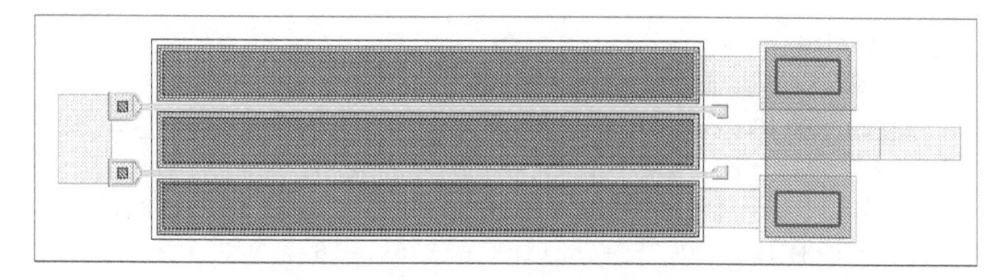

图 4.18　HEMT 的版图

```
NF1 = int(NF)
if(evenp(NF1)):
for i in range(0,NF1):                    #根据 NF 的值变换 HEMT 的结构
    if evenp(i) :
        W_Pitch = W_Pitch + W_GH + 2 * S_OM_GH + W_S
    else :
        W_Pitch = W_Pitch + W_GH + 2 * S_OM_GH + W_D
    if evenp(i) :
        CPW_GH1(-10 , W_Pitch - 3.55 , WF , "down" , "GH25")
        CPW_GR1(-10 - 0.3 - 0.1 , W_Pitch - 3.55 - 0.3 , WF , "down" ,
        "GR25")
        RectX(-10 + 1 + 0.3 , W_Pitch - 3.55 + 1 + 0.3 , 1.8 , 1.8 , "NV1" ,
        1)
        RectX(-10 + 1 + 0.3 - 1.1 , W_Pitch - 3.55 + 1 + 0.3 - 1.1 , 1.8 + 2
        * 1.1 , 1.8 + 2 * 1.1 , "M1" , 1)
    else :
        CPW_GH1(-10 , W_Pitch - 3.55 , WF , "up" , "GH25")
        CPW_GR1(-10 - 0.3 - 0.1 , W_Pitch - 3.55 - 0.3 , WF , "up" ,
        "GR25")
        RectX(-10 + 1 + 0.3 , W_Pitch - 3.55 + 1.0 + 0.3 , 1.8 , 1.8 , "NV1" ,
        1)
        RectX(-10 + 1 + 0.3 - 1.1 , W_Pitch - 3.55 + 1.0 + 0.3 - 1.1 , 1.8 *
        2 * 1.1 , 1.8 + 2 * 1.1 , "M1" , 1)
W_Pitch = 0
for i in range(0,(NF1+1)):
    if evenp(i) :
        W_Pitch = W_Pitch + W_GH + 2 * S_OM_GH + W_D
        if i==0 :
            RectX(0 - 1.3 , 0 - 0.35 , WF , W_S , "OM" , 1)
            RectX(Enc_OM_NV1 - 1.3 , Enc_OM_NV1 - 0.35 , WF - 2 *
             Enc_OM_NV1 , W_S - 2 * Enc_OM_NV1 , "NV1" , 1)
            RectX(Enc_OM_M1 - 1.3 , Enc_OM_M1 - 0.35 , WF - 2 *
            Enc_OM_M1 , W_S - 2 * Enc_OM_M1 , "M1" , 1)
            RectX(Enc_OM_M1 - 1.3 , Enc_OM_M1 - 0.35 , WF - 2 *
            Enc_OM_M1 , W_S - 2 * Enc_OM_M1 , "dummy_M2" , 1)
```

```
        shrink = 1
        RectX(Enc_OM_M1 - 1.3 + WF - 2 * Enc_OM_M1 ,
        Enc_OM_M1 - 0.35 + shrink , 12 , W_S - 2 * Enc_OM_M1 -
        2 * shrink , "M1" , 1)
        RectX(Enc_OM_M1 - 1.3 + WF - 2 * Enc_OM_M1 + 12 ,
        Enc_OM_M1 - 0.35 + shrink - 2.5 , 18 , W_S - 2 *
        Enc_OM_M1 - 2 * shrink + 5 , "M1" , 1)
        RectX(Enc_OM_M1 - 1.3 + WF - 2 * Enc_OM_M1 + 12 +
        3.0 , Enc_OM_M1 - 0.35 + shrink - 2.5 + 3.0 , 18 - 6 , W_S -
        2 * Enc_OM_M1 - 2 * shrink + 5 - 6 , "PNV2" , 1)
    else :
        RectX(0 - 1.3 , -13.55 + W_Pitch + 1.45 - 0.25 , WF , W_S ,
        "OM" , 1)
        RectX(Enc_OM_NV1 - 1.3 , -13.55 + W_Pitch + 1.45 +
        Enc_OM_NV1 - 0.25 , WF - 2 * Enc_OM_NV1 , W_S - 2 *
        Enc_OM_NV1 , "NV1" , 1)
        RectX(Enc_OM_M1 - 1.3 , -13.55 + W_Pitch + 1.45 +
        Enc_OM_M1 - 0.25 , WF - 2 * Enc_OM_M1 , W_S - 2 *
        Enc_OM_M1 , "M1" , 1)
        RectX(Enc_OM_M1 - 1.3 , -13.55 + W_Pitch + 1.45 +
        Enc_OM_M1 - 0.25 , WF - 2 * Enc_OM_M1 , W_S - 2 *
        Enc_OM_M1 , "dummy_M2" , 1)
        shrink = 1
        RectX(Enc_OM_M1 - 1.3 + WF - 2 * Enc_OM_M1 , -13.55
        + W_Pitch + 1.45 + Enc_OM_M1 - 0.25 + shrink , 12 , W_S
         - 2 * Enc_OM_M1 - 2 * shrink , "M1" , 1)
        RectX(Enc_OM_M1 - 1.3 + WF - 2 * Enc_OM_M1 + 12 , -
        13.55 + W_Pitch + 1.45 + Enc_OM_M1 - 0.25 + shrink - 2.5 ,
        18 , W_S - 2 * Enc_OM_M1 - 2 * shrink + 5 , "M1" , 1)
        RectX(Enc_OM_M1 - 1.3 + WF - 2 * Enc_OM_M1 + 12 +
        3 , -13.55 + W_Pitch + 1.45 + Enc_OM_M1 - 0.25 + shrink -
        2.5 + 3 , 18 - 6 , W_S - 2 * Enc_OM_M1 - 2 * shrink + 5 - 6 ,
        "PNV2" , 1)
else :
    W_Pitch = W_Pitch + W_GH + 2 * S_OM_GH + W_S
    RectX(0 - 1.3 , -13.55 + W_Pitch + 1.45 - 0.25 , WF , W_D , "OM" ,
    1)
    RectX(Enc_OM_NV1 - 1.3 , -13.55 + W_Pitch + 1.45 +
    Enc_OM_NV1 - 0.25 , WF - 2 * Enc_OM_NV1 , W_D - 2 *
    Enc_OM_NV1 , "NV1" , 1)
    RectX(Enc_OM_M1 - 1.3 , -13.55 + W_Pitch + 1.45 +
    Enc_OM_M1 - 0.25 , WF - 2 * Enc_OM_M1 , W_D - 2 *
    Enc_OM_M1 , "M1" , 1)
```

```
        shrink = 1.5
        RectX(Enc_OM_M1 - 1.3 + WF - 2 * Enc_OM_M1 , -13.55 +
        W_Pitch + 1.45 + Enc_OM_M1 - 0.25 + shrink , 34.5 , W_D - 2 *
        Enc_OM_M1 - 2 * shrink , "M1" , 1)
    …
```

6）模型

HEMT 的模型是基于 AetherMW 工具中集成的电容、电感、电阻及调用 va 文件来建立的等效电路模型[4]，电容值、电感值、电阻值都与 HEMT 的尺寸相关，HEMT Spectre 格式的模型网表如下。

```
subckt YM_E (dii gii S)
#HEMT 参数传递
parameters WF = 7.5E-05 NF = 4  TEMPI = 25
+wf=WF+2e-6
+nf=NF
+l = 2.5E-07
+U0_fu = …
+ETA0_fu = …
…
+Isg = …
+Nsg = …
…
#HEMT 等效电路
Lg gii giy inductor L=…
Ld dii di inductor L=…
Ls S sx inductor L=…
Rg gix gi resistor R=…
Lgh gix giy inductor L=…
Rgh gix giy resistor R=…
Lsh sx si inductor L=…
Rsh sx si resistor R=…
X1 di gi si t M
ahdl_include "./XXX.esp"                    #挂载 va 文件
#对调用的模型进行赋值
model M XX l=l w=wf nf=nf tnom=25 …
GD gi di MD1 AREA = …
model MD1 Diode Tnom= 25 Rs = Rsd …
GS gi si MD2 AREA = …
model MD2 Diode Tnom= 25 Rs = Rsg …
ends YM_E
```

4.2.3　HBT

HBT（Heterojunction Bipolar Transistor，异质结双极晶体管）是一种基于 PN 结和异质结特性的功率放大器件，常用的材料主要包括硅、蓝宝石（作为衬底材料），以及砷化镓（GaAs）或磷化铟镓（InGaP）等半导体材料。在这里，以 HBT 为例，讨论其在 EPDK 中的实现方法。

1）符号

HBT 的符号如图 4.19 所示。

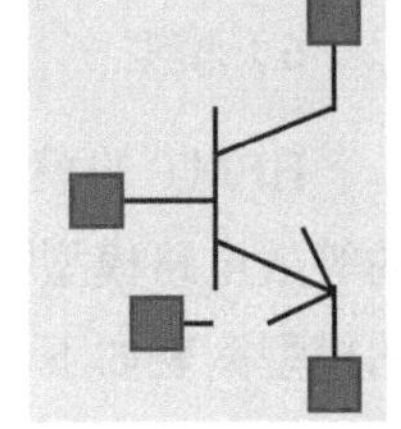

图 4.19　HBT 的符号

2）器件参数

HBT 的 CDF 参数见表 4.8。

表 4.8　HBT 的 CDF 参数

名称	描述	默认值
We	发射极宽度	2μm
Le	发射极长度	10μm
Ne	发射极指数	2

3）回调函数

HBT 的回调函数主要代码如下。

```
proc hbtCB { param } {
    set inst [iPDK_getCurrentInst]
    set grid [cdf_getMfgGrid $inst]
    set dbu 1
    switch $param {"Model" {hbt_checkParam $inst $grid $dbu}
        "We" {hbt_checkParam $inst $grid $dbu}
        "Le" {hbt_checkParam $inst $grid $dbu}
        "Ne" {hbt_checkParam $inst $grid $dbu}
        "Ta" {hbt_checkParam $inst $grid $dbu}
    }
}
proc hbt_checkParam {inst grid dbu} {
    set inst [iPDK_getCurrentInst]
    set grid [cdf_getMfgGrid $inst]
    set We [iPDK_engToSci [iPDK_getParamValue We $inst]]
    set Le [iPDK_engToSci [iPDK_getParamValue Le $inst]]
    set Ne [iPDK_getParamValue Ne $inst]
    set Ta [iPDK_getParamValue Ta $inst]
    set Model [iPDK_getParamValue Model $inst]

    if { $Le < 0.0000022 } {
```

```
        set Le 0.0000022
        aeWarning "The minimum of Le is 2.2um."
    } elseif { $Le > 0.00006} {
        set Le 0.00006
        aeWarning "The maximum of Le is 60um."
    }
    if { $Model == "horizontal_Ne_1x2x" || $Model == "horizontal_Ne_3x4x"}
  {
        if { $Ne <= 2} {set Model "horizontal_Ne_1x2x"}
       else {set Model "horizontal_Ne_3x4x"}
    } elseif {$Model == "vertical_Ne_1x2x" || $Model == "vertical_Ne_3x4x"}
  {
        if { $Ne <= 2} {set Model "vertical_Ne_1x2x"}
       else {set Model "vertical_Ne_3x4x"}
    }

    iPDK_setParamValue Le $Le $inst 0
    iPDK_setParamValue We $We $inst 0
    iPDK_setParamValue Ne $Ne $inst 0
    iPDK_setParamValue Ta $Ta $inst 0
    iPDK_setParamValue Model $Model $inst 0
}
```

4）版图

HBT 的版图如图 4.20 所示。

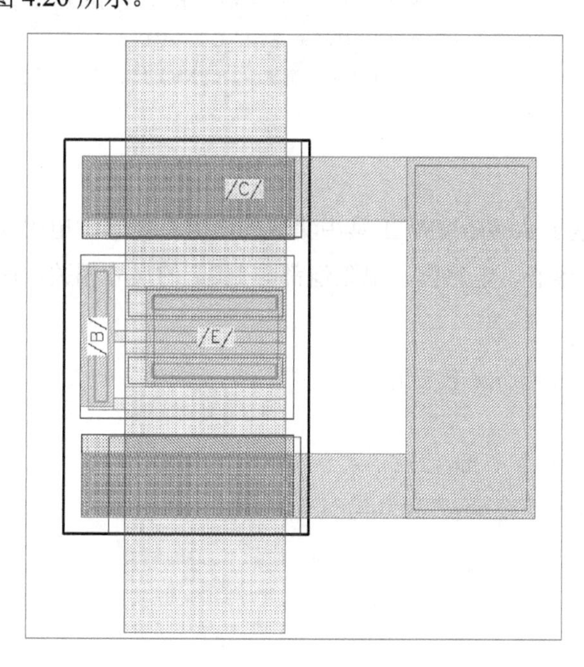

图 4.20　HBT 的版图

5）参数化单元

HBT 支持多指结构，因此其参数化单元主要根据发射极长度、发射极宽度、发射极指数的值变换结构。HBT 的参数化单元主要代码如下。

```
if( (Model == "horizontal_Ne_1x2x") | (Model == "horizontal_Ne_3x4x") ):
      Pitch_EM = We1 + Enc_EM
            for i in range(0,Ne1):
                  RectX(0 , i * Pitch_EM , We1 , Le1 , "EM" , 1 , 1)
                  RectX(Enc_EM_EC , i * Pitch_EM + Enc_EM_EC ,
                  We1 - 2  * Enc_EM_EC , Le1 - 2 * Enc_EM_EC ,
                   "EC" , 1 , 1)
                 Enc_EM_NV1 = 0.6
                 Enc_EM_NV1_L = 1.7
                 RectX(0 + Enc_EM_NV1_L , i * Pitch_EM +
                  Enc_EM_NV1 , We1 - 2 * Enc_EM_NV1 , Le1 -
                  Enc_EM_NV1 - Enc_EM_NV1_L , "NV1" , 1 , 1)
             for i in range(0,(Ne1+1)):
               RectX(-S_BC_EM , -S_BC_EM - W_BC + i * Pitch_EM ,
               W_BC , Le1 + S_BC_EM , "BC" , 1 , 1)
             if(OneCollector=="NO"):
                   RectX(-Enc_BM_EM_L , -Enc_BM_EM_V - S_CC_BM ,
                   -CW1 , L_BM , "CC" , 1 , 1)
                 RectX(-Enc_BM_EM_L + Enc_CC_NV1 ,
                 -Enc_BM_EM_V  - S_CC_BM- Enc_CC_NV1_n ,
                 -CW1 + Enc_CC_NV1+ Enc_CC_NV1_n ,
                 L_BM - 2 * Enc_CC_NV1 , "NV1" , 1 , 1)
                 …
```

6）模型

HBT 的模型是基于 AetherMW 工具中集成的电容、电感、电阻及调用 va 文件来建立的等效电路模型，电容值、电感值、电阻值都与 HBT 的尺寸相关，HBT Spectre 格式的模型网表如下。

```
subckt hopx6_khbt1_AH C B E
#HBT 参数传递
parameters We=2*1e-6 Le=2*1e-6 Ne=2
+ WE_=We FE_=Ne  LE_=Le  Ae=WE_*LE_*FE_
+ ISE_cal = …
+ ISC_cal =…
+ ISRH_cal = …
+ ISR_cal = …
#HBT 等效电路
```

```
LpB (B BI) inductor l=…
LpE (E EI ) inductor l=…
LpC (C CI) inductor l=…
ahdl_include "./XXX.va.esp"     #挂载 va 文件
#对调用的模型进行赋值
Q1 CI BI EI hbt_va_temp5a Area=1 selftmod=1
+tnom=25 re=RE_cal rci=RCI_cal rcx=RCX_cal rbi=RBI_cal …
ends hopx6_khbt1_AH
```

4.2.4　MOSFET

MOSFET（Metal Oxide Semiconductor Field Effect Transistor，金属氧化物半导体场效应晶体管）是一种半导体器件，广泛用于开关和电子设备中电子信号的放大。在这里，以 MOSFET 为例，讨论其在 EPDK 中的实现方法。

1）符号

MOSFET 的符号如图 4.21 所示。

2）器件参数

MOSFET 的 CDF 参数见表 4.9。

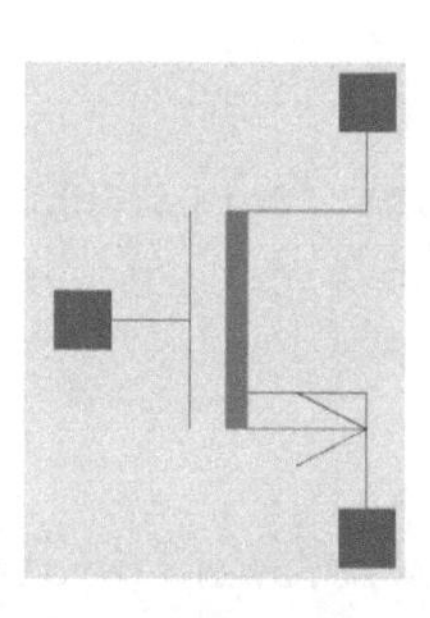

图 4.21　MOSFET 的符号

表 4.9　MOSFET 的 CDF 参数

名称	描述	默认值
w	栅宽	82μm
l	栅长	700μm
fingers	栅指	2
fw	总栅宽	41μm

3）回调函数

MOSFET 的回调函数主要代码如下。

```
proc mosCB { param } {
   set inst [iPDK_getCurrentInst]
```

```
    set grid [cdf_getMfgGrid $inst]
    set dbu 1
    switch $param {
        "l" {
            mosCheckLength $inst $grid $dbu
            mosCalcArea $param $inst $grid $dbu
        }
        "fingers" {
            set model [iPDK_getParamValue model $inst]
            set fingers [iPDK_getParamValue fingers $inst]
            if {$model=="n_mos" || $model=="p_mos"} {
                mosCheckFingers $inst $grid $dbu
            } else {
                esdmosCheckFingers $inst $grid $dbu
            }
            mosleftrighttap $param $inst
            mosCalcArea $param $inst $grid $dbu
        }
        "w" {
            mosCheckWidth $inst $grid $dbu
            mosCalcArea $param $inst $grid $dbu
        }
        "fw" {
            mosCheckFWidth $inst $grid $dbu
            mosCalcArea $param $inst $grid $dbu
        }
...
#LDE 效应计算
SCANum=expt(Scref2)/(Wdrawn*Ldrawn)*(Wid1*(1/SC1-1/(SC1+Ldrawn))
+Wid2*(1/SC2-1/(SC2+Ldrawn))+Wid3*(1/SC3-1/(SC3+Ldrawn))+Wid4*
(1/SC4-1/(SC4+Ldrawn))+Len5*(1/SC5-1/(SC5+Wdrawn))+Len6*(1/SC6-1/
(SC6+Wdrawn))+Len7*(1/SC7-1/(SC7+Wdrawn)))
...
    }
}
proc mosCheckLength { inst grid dbu } {
...
}
proc mosCalcArea { param inst grid dbu } {
...
}
...
```

4）版图

MOSFET的版图如图4.22所示。

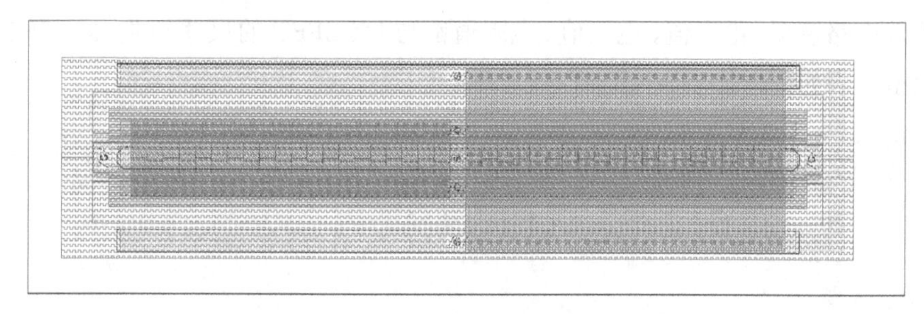

图4.22　MOSFET的版图

5）参数化单元

MOSFET支持多栅指结构，因此其参数化单元主要根据栅长、栅宽、栅指的值变换结构。MOSFET的参数化单元主要代码如下。

```
def drawIMP_rect_GDS(self,GDS_box):
        self.nimp_ext_diff_v = 0.31
        self.imp_ext_diff_h_left = self.nimp_ext_diff_h_1
        self.imp_ext_diff_h_right = self.nimp_ext_diff_h_1
        self.imp_ext_diff_h_left = self.nimp_ext_diff_h
        self.imp_ext_diff_h_right = self.nimp_ext_diff_h
        nimp_lx = GDS_box['lx'] - self.imp_ext_diff_h_left
        nimp_rx = GDS_box['rx'] + self.imp_ext_diff_h_right
        if( "Integrated" == self.BodytieType and True == self.LeftTap ):
            nimp_lx = GDS_box['lx'] + self.diff_ext_met1_h - self.viaspace / 2
        if( "Integrated" == self.BodytieType and True == self.RightTap ):
            nimp_rx = GDS_box['rx'] - self.diff_ext_met1_h + self.viaspace /2
        nimp_by = GDS_box['g_by'] - self.nimp_ext_poly_v
        nimp_ty = GDS_box['g_ty'] + self.nimp_ext_poly_v
        rect_box = Box(nimp_lx,nimp_by,nimp_rx,nimp_ty)
        if(self.model == "n_mos"):
            Rect(self.layer.nimp,rect_box)
        if(self.model == "p_mos"):
            Rect(self.layer.pimp,rect_box)
def drawTap(self,GDS_box):
        ximp = self.layer.pimp
        if(self.model == "n_mos"):
            ximp = self.layer.pimp
        if(self.model == "p_mos"):
            ximp = self.layer.nimp
        TAP_box = {}
...
```

6）模型

MOSFET 的模型是基于 AetherMW 工具中集成的电容、电感、电阻及调用 va 文件来建立的等效电路模型，电容值、电感值、电阻值都与 MOSFET 的尺寸相关。MOSFET Spectre 格式的模型网表如下。

```
subckt MOS_model G D S
#MOSFET 参数传递
parameters w=2*1e-6 l=2*1e-6 fingers=2
+U0_cal = …
+ UA_cal =…
+ UB_cal = …
#MOSFET 等效电路
Lg gii giy inductor L=…
Ld dii di inductor L=…
Ls S sx inductor L=…
Rg gix gi resistor R=…
Lgh gix giy inductor L=…
Rgh gix giy resistor R=…
Lsh sx si inductor L=…
Rsh sx si resistor R=…
ahdl_include "./XXX.va.esp"                    #挂载 va 文件
#对调用的模型进行赋值
X1 di gi si t M …
ends MOS_model
```

4.3　传输线开发实例

传输线是提供信号传输和回流的一组导体结构，用来把载有信息的电磁波沿着传输线规定的路由从一点传输到另一点。传输线采用横电磁（TEM）模的方式传输电能和（或）电信号。传输线的特点是其横向尺寸远小于工作波长。传输线的主要结构形式有平行双导线、平行多导线、同轴线、带状线等，以及工作于准 TEM 模的微带线等。在通信领域，传输线可以用于连接信号源和负载，实现阻抗匹配和信号传输。在雷达方面，传输线可以用于构成雷达系统的各个部分，如天线、馈线、滤波器、相位器、功分器等，实现雷达波束的形成、扫描和控制，以及雷达信号的处理和检测等。

传输线的 EPDK 开发，主要是为其开发符号（Symbol）、器件参数（CDF）、回调函数（Callback）、版图（Layout）、参数化单元（PyCell）和模型（Model）。为了便于理解 EPDK 中以上重要组件的开发过程，我们提供了几个传输线的 EPDK 开发实例及代码供读者学习和参考。

4.3.1　MLine

MLine 为微带线，其结构示意图如图 4.23 所示。

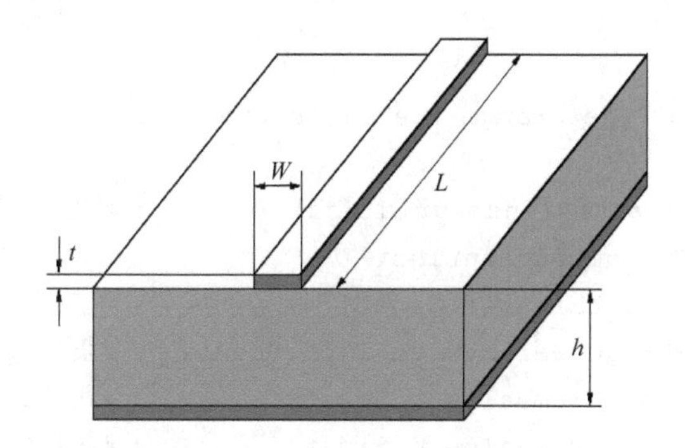

图 4.23　MLine 结构示意图

1）符号

MLine 的符号如图 4.24 所示。

图 4.24　MLine 的符号

2）器件参数

MLine 的 CDF 参数见表 4.10。

表 4.10　MLine 的 CDF 参数

名称	描述	默认值
Type	金属层	M1
W	导线宽度	20μm
L	导线长度	100μm

3）回调函数

MLine 的回调函数主要代码如下。

对于 errorMessage，其他的器件都会用到，故只在 MLine 开发过程中列出，其他器件不进行赘述。

```
proc errorMessage {range param temp} { #报错函数
        set templ [iPDK_sciToEng $temp]
        if {$range == "min"} {
            set range "minimum"
```

```
            set limit "upper"
        } elseif {$range == "max"} {
            set range "maximum"
            set limit "lower"
        }
        aeWarning "The $range $param is $temp1 ! Please set a $limit value"
    }
proc mline_checkParam {inst grid dbu} {            #MLine 回调函数
    set inst [iPDK_getCurrentInst]
    set grid [cdf_getMfgGrid $inst]
    set Type [iPDK_getParamValue Type $inst]       #获取 CDF 参数 Type 的值
    set L [iPDK_getParamValue L $inst]             #获取 CDF 参数 L 的值
    set W [iPDK_getParamValue W $inst]             #获取 CDF 参数 W 的值
    set W [iPDK_engToSci $W]                       #转换为科学数值
        if {$W < 0.000004} {
            set W 0.000004
            errorMessage "min" "W" "4u"
        } elseif {$W > 0.00005} {
            set W 0.00005
            errorMessage "max" "W" "50u"
        } else {
        }
    set L [iPDK_engToSci $L]
      if {$L < 0.000005} {
        set L 0.000005
        errorMessage "min" "L" "5u"
        } else {
        }
    iPDK_setParamValue W $W $inst 0              #设置为修改后的参数值
    iPDK_setParamValue L $L $inst 0
}
```

4）版图

MLine 的版图如图 4.25 所示。

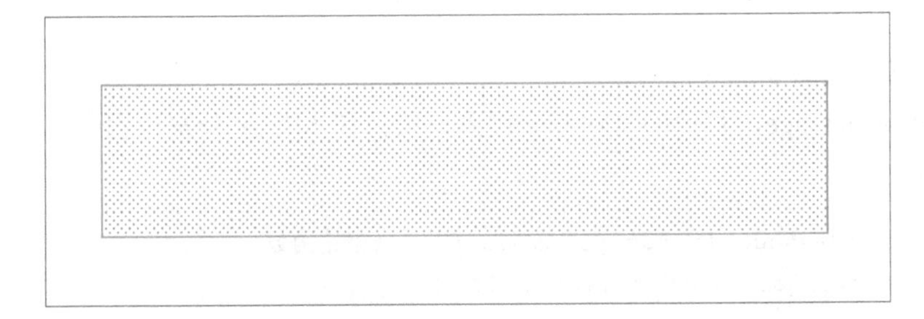

图 4.25　MLine 的版图

5）参数化单元

MLine 的参数化单元主要代码如下。

```
    Enc_I3_M2 = 2
    Enc_I3_M3 = 2
    if Type=="M2" :
        return Rect(0,0,L,W,"M2")              #M2 层 MLine
    else :
        if Type=="M1" :
            Rect(0,0,L,W,"M1")                 #M1 层 MLine
        else :
            if(Type=="M1 || M2"):
                Rect(0,0,L,W,"M1")
                Rect(0,0,L,W,"M2")
                Rect(0,0,L,W,"dummy_M1")
                Rect(0 + Enc_I3_M2,0 + Enc_I3_M2,L - 2 * Enc_I3_M2,W - 2 *
Enc_I3_M2,"PNV2")
                Rect(0 + Enc_I3_M2,0 + Enc_I3_M2,L - 2 * Enc_I3_M2,W - 2 *
Enc_I3_M2,"dummy_PNV2")
                Enc_I2_M2 = 0.9
                W_I2 = 2.
                S_I2 = 2.
                Num_I2 = floor((W - Enc_I2_M2 * 2 - W_I2) / (W_I2 + S_I2)) +1
                W_M2_real = (W_I2 + S_I2) * (Num_I2 - 1) + W_I2
                Enc_I2_M2_real = (W - W_M2_real) / 2
                return Enc_I2_M2_real
```

6）模型

MLine 的模型基于 AetherMW 工具中集成的传输线模型 mline 来建立，MLine Spectre 格式的模型网表如下。

```
    subckt MLine  (1  2)
    parameters   Type=1  W=20*1e6  L=100*1e6    #MLine 参数传递
    parameters   t = (Type == 1) ? 1.0*1e-6 : (Type == 2) ? 3.5*1e-6 : 4.5*1e-6
    model MSub1 hdtline H=Thickness Er=ErSub Mur=1 Cond=4.1e7     T=t TanD=0.001
Rough=0  Dlossmodel=0  Freqet=1.0  *1e9  Freqtlow=1.0  *1e3  Freqthigh=1.0  *1e12
Roughmodel=1                                       #MSub1 衬底参数
    #调用传输线模型 mline
    TL1  1 2 MSub1 hdtype=mline  W=W L=L Wall1=1.0E+3 Wall2=1.0E+3 Mod=1
    ends MLine
```

4.3.2　MCLine

MCLine（Microstrip Coupled Line，微带耦合线）结构示意图如图 4.26 所示。

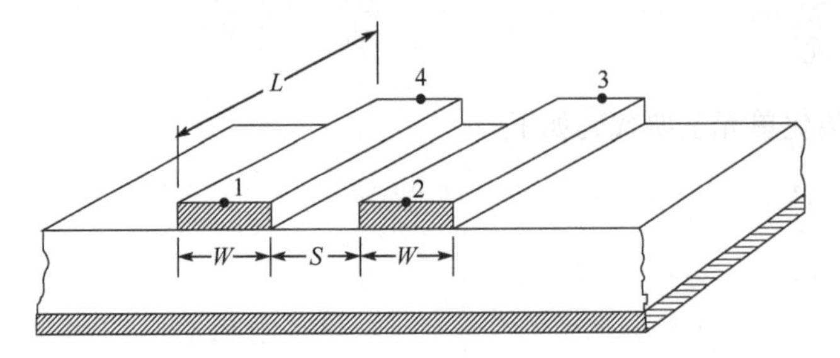

图 4.26　MCLine 结构示意图

1）符号

MCLine 的符号如图 4.27 所示。

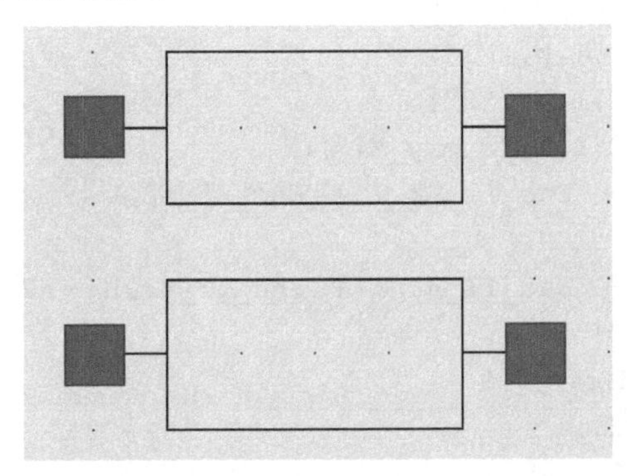

图 4.27　MCLine 的符号

2）器件参数

MCLine 的 CDF 参数见表 4.11。

表 4.11　MCLine 的 CDF 参数

名称	描述	默认值
Type	金属层	M1
W	导线宽度	20μm
L	导线长度	100μm
S	两条导线之间的距离	10μm

3）回调函数

MCLine 的回调函数主要代码如下。

```
proc mcline_checkParam {inst grid dbu} {
    set inst [iPDK_getCurrentInst]
    set grid [cdf_getMfgGrid $inst]
    set Type [iPDK_getParamValue Type $inst]    #获取 CDF 参数 Type 的值
    set L [iPDK_getParamValue L $inst]          #获取 CDF 参数 L 的值
    set W [iPDK_getParamValue W $inst]          #获取 CDF 参数 W 的值
    set S [iPDK_getParamValue S $inst]          #获取 CDF 参数 S 的值
```

```
    set W [iPDK_engToSci $W]                        #转换为科学数值
           if {$W < 0.000004} {
              set W 0.000004
              errorMessage "min" "W" "4u"
           } elseif {$W > 0.00005} {
              set W 0.00005
              errorMessage "max" "W" "50u"
           } else {
           }
    set L [iPDK_engToSci $L]
        if {$L < 0.000005} {
           set L 0.000005
           errorMessage "min" "L" "5u"
           } else {
           }
    set S [iPDK_engToSci $S]
           if {$S < 0.000004} {
              set S 0.000004
              errorMessage "min" "S" "4u"
           } elseif {$S > 0.00005} {
              set S 0.00005
              errorMessage "max" "S" "50u"
           } else {
           }
    iPDK_setParamValue W $W $inst 0             #设置为修改后的参数值
    iPDK_setParamValue L $L $inst 0
    iPDK_setParamValue S $S $inst 0
}
```

4）版图

MCLine 的版图如图 4.28 所示。

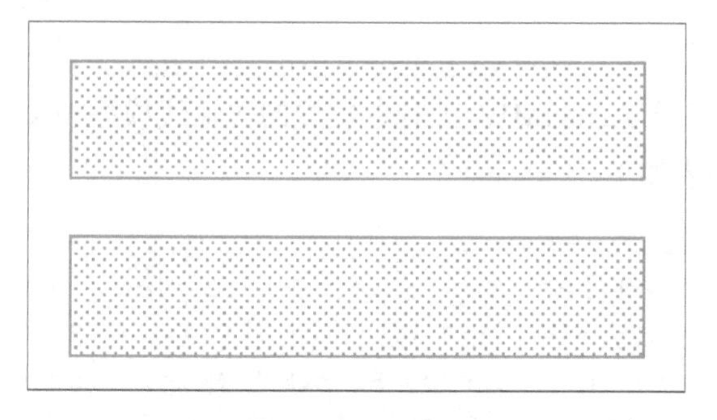

图 4.28　MCLine 的版图

5）参数化单元

MCLine 的参数化单元主要代码如下。

```
    Enc_I3_M2 = 2
    Enc_I3_M3 = 2
    if (Type=="M1") :             #M1 层 MCLine
        Rect(0,0,L,W,"M1")
        Rect(0,W + S,L,W,"M1")
    if (Type=="M2") :             #M2 层 MCLine
        Rect(0,0,L,W,"M2")
        return Rect(0,W + S,L,W,"M2")
    if(Type=="M1 || M2"):
        Rect(0,0,L,W,"M1")
        Rect(0,0,L,W,"M2")
        Rect(0,0,L,W,"dummy_M1")
        Rect(0 + Enc_I3_M2,0 + Enc_I3_M2,L - 2 * Enc_I3_M2,W - 2 * Enc_I3_M2,
"PNV2")
        Rect(0 + Enc_I3_M2,0 + Enc_I3_M2,L - 2 * Enc_I3_M2,W - 2 * Enc_I3_M2,
"dummy_PNV2")
        Rect(0,W + S,L,W,"M1")
        Rect(0,W + S,L,W,"M2")
        Rect(0,W + S,L,W,"M2")
        Rect(0 + Enc_I3_M2,W + S + Enc_I3_M2,L - 2 * Enc_I3_M2,W - 2 * Enc_I3_M2,
"PNV2")
    Rect(0 + Enc_I3_M2,W + S + Enc_I3_M2,L - 2 * Enc_I3_M2,W - 2 * Enc_I3_M2,
"dummy_PNV2")
        Enc_I2_M2 = 0.9
        W_I2 = 2
        S_I2 = 2
        Num_I2 = floor((W - Enc_I2_M2 * 2 - W_I2) / (W_I2 + S_I2)) + 1
        W_M2_real = (W_I2 + S_I2) * (Num_I2 - 1) + W_I2
        Enc_I2_M2_real = (W - W_M2_real) / 2
        return Enc_I2_M2_real
```

6）模型

MCLine 的模型基于 AetherMW 工具中集成的传输线模型 ms_cline 来建立，MCLine Spectre 格式的模型网表如下。

```
    subckt MCLine  (1  2  3  4)
    parameters   Type=1 W=20*1e6 S=10*1e6 L=100*1e6    #MCLine 参数传递
    parameters   t = (Type == 1) ? 1.0*1e-6 : (Type == 2) ? 3.5*1e-6 : 4.5*1e-6
    model MSub1 hdtline H=Thickness Er=ErSub Mur=1 Cond=4.1e7 T=t TanD=0.001
Rough=0 Dlossmodel=0 Freqet=1.0 *1e6 Freqtlow=1.0 *1e3 Freqthigh=1.0 *1e12
Roughmodel=1                                                #MSub1 衬底参数
    #调用传输线模型 ms_cline
    CLin1 1 2 3 4 MSub1 hdtype=ms_cline  W=W S=S L=L
    ends MCLine
```

4.3.3　MCFilter

MCFilter（Microstrip Coupled Line Filter Section，微带耦合线滤波器部分）近似等效于 MCLine 的 2 端口、4 端口开路。

1）符号

MCFilter 的符号如图 4.29 所示。

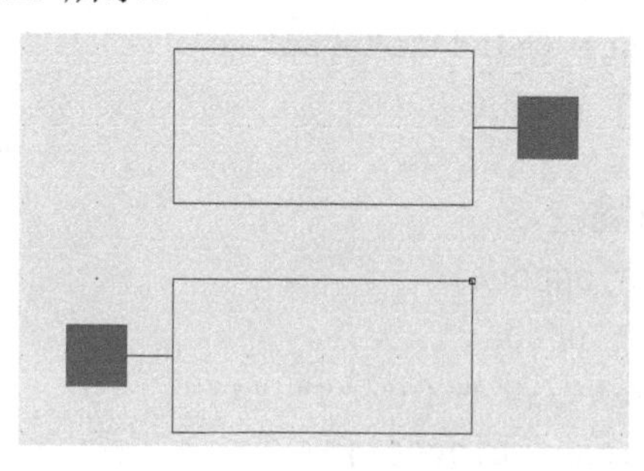

图 4.29　MCFilter 的符号

2）器件参数

MCFilter 的 CDF 参数见表 4.12。

表 4.12　MCFilter 的 CDF 参数

名称	描述	默认值
Type	金属层	M1
W	导线宽度	20μm
L	导线长度	100μm
S	两条导线之间的距离	10μm

3）回调函数

MCFilter 的回调函数主要代码如下。

```
proc mcfilter_checkParam {inst grid dbu} {
    set inst [iPDK_getCurrentInst]
    set grid [cdf_getMfgGrid $inst]
    set Type [iPDK_getParamValue Type $inst]     #获取 CDF 参数 Type 的值
    set L [iPDK_getParamValue L $inst]           #获取 CDF 参数 L 的值
    set W [iPDK_getParamValue W $inst]           #获取 CDF 参数 W 的值
    set S [iPDK_getParamValue S $inst]           #获取 CDF 参数 S 的值
    set W [iPDK_engToSci $W]                     #转换为科学数值
        if {$W < 0.000004} {
            set W 0.000004
            errorMessage "min" "W" "4u"
        } elseif {$W > 0.00005} {
```

```
                set W 0.00005
                errorMessage "max" "W" "50u"
            } else {
            }
    set L [iPDK_engToSci $L]
        if {$L < 0.000005} {
            set L 0.000005
            errorMessage "min" "L" "5u"
            } else {
            }
    set S [iPDK_engToSci $S]
            if {$S < 0.000004} {
                set S 0.000004
                errorMessage "min" "S" "4u"
            } elseif {$S > 0.00005} {
                set S 0.00005
                errorMessage "max" "S" "50u"
            } else {
            }
    iPDK_setParamValue W $W $inst 0              #设置为修改后的参数值
    iPDK_setParamValue L $L $inst 0
    iPDK_setParamValue S $S $inst 0
}
```

4）版图

MCFilter 的版图如图 4.30 所示。

图 4.30　MCFilter 的版图

5）参数化单元

MCFilter 的参数化单元主要代码如下。

```
Enc_M1_M2 = 0.0
Enc_M1_BF = 1.0
```

```
    Enc_M1_NV2 = 2.0
    if(Type=="M1"):                              #M1 层 MCFilter
        Rect(0,0,L,W,"M1")
        return Rect(0,W + S,L,W,"M1")
    if(Type=="M2"):                              #M2 层 MCFilter
        Rect(0,0,L,W,"M2")
        return Rect(0,W + S,L,W,"M2")
    if(Type=="M1 || M2"):
        Rect(0,0,L,W,"M1")
        Rect(0,0,L,W,"dummy_M1")
        Rect(0 + Enc_M1_M2,0 + Enc_M1_M2,L - 2 * Enc_M1_M2,W - 2 * Enc_M1_M2,
"M2")
        #Rect(0+Enc_M1_BF 0+Enc_M1_BF L-2*Enc_M1_BF W-2*Enc_M1_BF "BF")
        Rect(0 + Enc_M1_NV2,0 + Enc_M1_NV2,L - 2 * Enc_M1_NV2,W - 2 * Enc_M1_NV2,
"PNV2")
        Rect(0 + Enc_M1_NV2,0 + Enc_M1_NV2,L - 2 * Enc_M1_NV2,W - 2 * Enc_M1_NV2,
"dummy_PNV2")
        Rect(0,W + S,L,W,"M1")
        Rect(0,W + S,L,W,"dummy_M1")
        Rect(0 + Enc_M1_M2,W + S + Enc_M1_M2,L - 2 * Enc_M1_M2,W - 2 * Enc_M1_M2,
"M2")
        Rect(0 + Enc_M1_NV2,W + S + Enc_M1_NV2,L - 2 * Enc_M1_NV2,W - 2 * Enc_M1_NV2,
"PNV2")
        return Rect(0 + Enc_M1_NV2,W + S + Enc_M1_NV2,L - 2 * Enc_M1_NV2,W -
2 * Enc_M1_NV2,"dummy_PNV2")
```

6）模型

MCFilter 的模型基于 AetherMW 工具中集成的传输线模型 ms_cfil 来建立，MCFilter Spectre 格式的模型网表如下。

```
    subckt MCFilter  (1  2)
    parameters   Type=1 W=20*1e6 S=10*1e6 L= 100*1e6  #MCFilter 参数传递
    parameters   t = (Type == 1) ? 1.0*1e-6 : (Type == 2) ? 3.5*1e-6 : 4.5*1e-6
    model  MSub1  hdtline  H=Thickness  Er=ErSub  Mur=1  Cond=4.1e7          T=t
TanD=0.001   Rough=0   Dlossmodel=0   Freqet=1.0   *1e6   Freqtlow=1.0   *1e3
Freqthigh=1.0 *1e12 Roughmodel=1                         #MSub1 衬底参数
    #调用传输线模型 ms_cfil
    CLin1  1 2 MSub1 hdtype=ms_cfil  W=W S=S L=L
    ends MCFilter
```

4.3.4　MBend

MBend 为切角微带线转角器件，其结构示意图如图 4.31 所示。

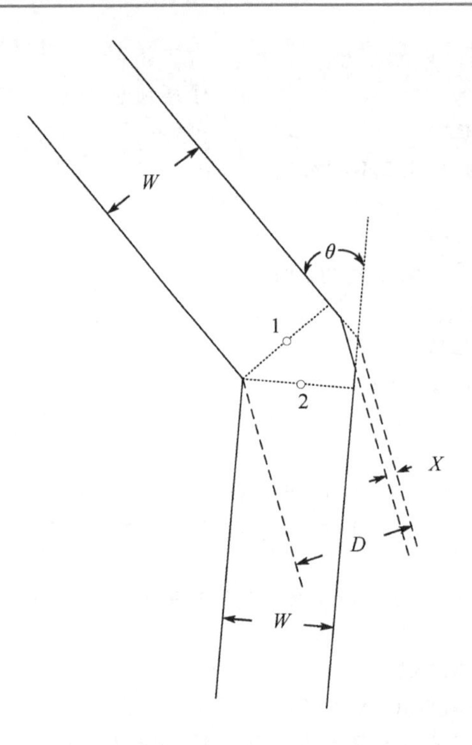

图 4.31　MBend 结构示意图

1）符号

MBend 的符号如图 4.32 所示。

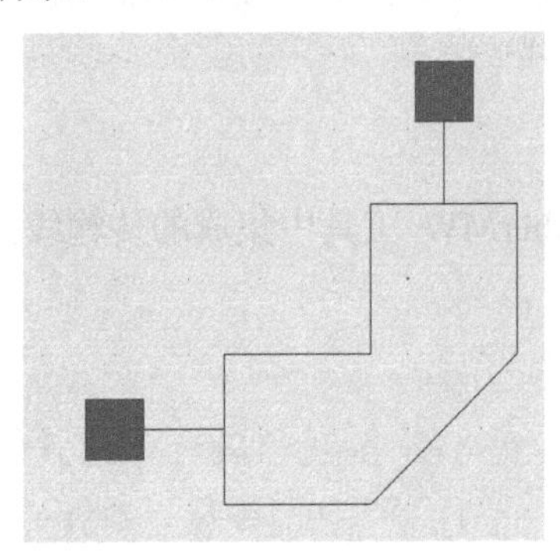

图 4.32　MBend 的符号

2）器件参数

MBend 的 CDF 参数见表 4.13。

表 4.13　MBend 的 CDF 参数

名称	描述	默认值
Type	金属层	M1
W	导线宽度	20μm
M	斜角（*X*/*D*）	0.2

3）回调函数

MBend的回调函数主要代码如下。

```
proc chamferCB_check {inst grid dbu} {
    set inst [iPDK_getCurrentInst]
    set grid [cdf_getMfgGrid $inst]
    set M [iPDK_getParamValue M $inst]  #获取CDF参数M的值
    set W [iPDK_getParamValue W $inst]  #获取CDF参数W的值
    set W [iPDK_engToSci $W]            #转换为科学数值
    if {$W<0.000002} {
       set W 0.000002
       errorMessage "min" "W" "2u"
    } elseif {$W>0.00005} {
       set W 0.00005
       errorMessage "max" "W" "50u"
    }
    iPDK_setParamValue W $W $inst 0      #设置为修改后的参数值
    if {$M>1} {
       set M 1
       errorMessage "max" "Miter" "1"
    }
    iPDK_setParamValue M $M $inst 0
}
```

4）版图

MBend的版图如图4.33所示。

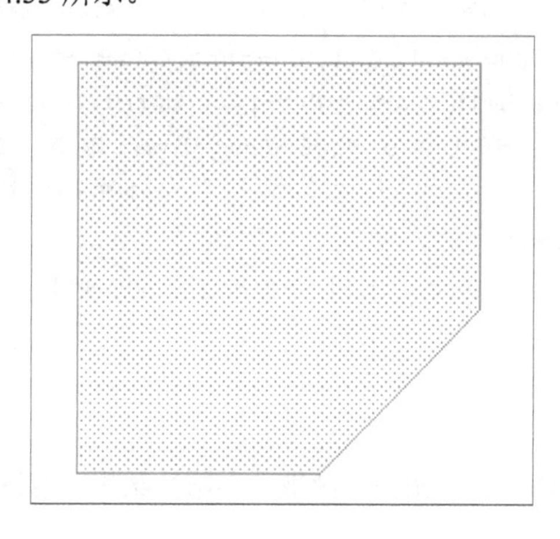

图4.33　MBend的版图

5）参数化单元

MBend的参数化单元的实现主要是写出M值不同时分别对应的结构。MBend的参数化单元主要代码如下。

```
PI = acos(-1)
Enc_NV2_M2 = 2.0
points = []
if(Type=="M1"):                              #M1 层的 MBend
    if(M<=0.5):                              #M≤0.5 时的 MBend 结构
        points = append(points,[m_list(0,0)])
        points = append(points,[m_list(0,W)])
        points = append(points,[m_list(W,W)])
        points = append(points,[m_list(W,W - W * (1 - 2 * M))])
        points = append(points,[m_list(W * (1 - 2 * M),0)])
    if(M>0.5 and M<=1.0):              #M 为 0.5~1.0（不包括 0.5）的 MBend 结构
        AA = W * (M * 2 - 1)
        points = append(points,[m_list(0,0)])
        points = append(points,[m_list(0,W)])
        points = append(points,[m_list(AA,W)])
        points = append(points,[m_list(AA,W + AA)])
        points = append(points,[m_list(AA + W,W + AA)])
        rodCreatePolygon(['cvId',cv],['layer',"M1"],['pts',points])
```

6）模型

MBend 的模型基于 AetherMW 工具中集成的传输线模型 ms_abnd 来建立，MBend Spectre 格式的模型网表如下。

```
    subckt MBend  (1  2)
    parameters   Type=1  W=20*1e6   M=0.2      #MBend 参数传递
    parameters   t = (Type == 1) ? 1.0*1e-6 : (Type == 2) ? 3.5*1e-6 : 4.5*1e-6
    model MSub1 hdtline H=Thickness Er=ErSub Mur=1 Cond=4.1e7  T=t TanD=0.001
Rough=0  Dlossmodel=0  Freqet=1.0  *1e6  Freqtlow=1.0  *1e3  Freqthigh=1.0  *1e12
Roughmodel=1                                   #MSub1 衬底参数
    #调用传输线模型 ms_abnd
    Bends1 1 2 MSub1 hdtype=ms_abnd W=W Angle=90 M=M
    ends MBend
```

4.3.5 MCross

MCross（Microstrip Cross-junction，微带十字结）结构示意图如图 4.34 所示。

1）符号

MCross 的符号如图 4.35 所示。

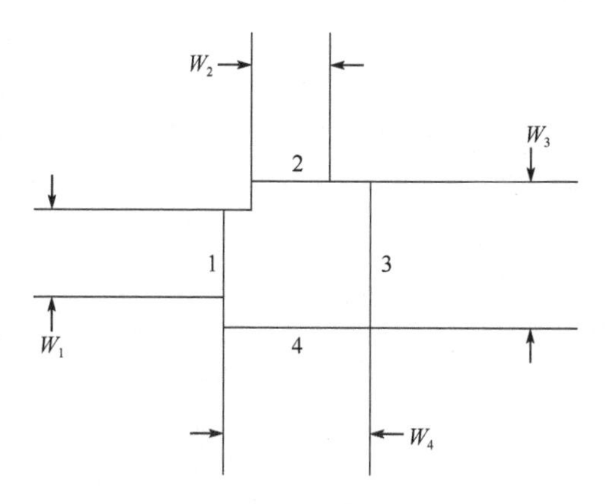

图 4.34　MCross 结构示意图

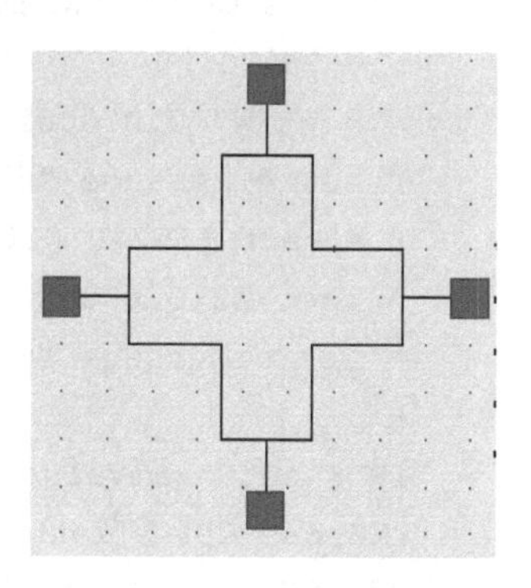

图 4.35　MCross 的符号

2）器件参数

MCross 的 CDF 参数见表 4.14。

表 4.14　MCross 的 CDF 参数

名称	描述	默认值
Type	金属层	M1
W1	导线宽度 1	20μm
W2	导线宽度 2	20μm
W3	导线宽度 3	20μm
W4	导线宽度 4	20μm

3）回调函数

MCross 的回调函数主要代码如下。

```
proc crossCB_check {inst grid dbu} {
    set inst [iPDK_getCurrentInst]
    set grid [cdf_getMfgGrid $inst]
    #获取 MCross CDF 参数 W1、W2、W3、W4 的值，且转换为科学数值
    set W1 [iPDK_engToSci [iPDK_getParamValue W1 $inst]]
    set W2 [iPDK_engToSci [iPDK_getParamValue W2 $inst]]
    set W3 [iPDK_engToSci [iPDK_getParamValue W3 $inst]]
    set W4 [iPDK_engToSci [iPDK_getParamValue W4 $inst]]
    #MCross CDF 参数 W1 的回调函数
    if {$W1<0.000002} {
        set W1 0.000002
        errorMessage "min" "W1" "2u"
    } elseif {$W1>0.00005} {
        set W1 0.00005
        errorMessage "max" "W1" "50u"
    }
    iPDK_setParamValue W1 $W1 $inst 0    #设置为修改后的参数值
```

```
    #MCross CDF 参数 W2 的回调函数
    if {$W2<0.000002} {
        set W2 0.000002
        errorMessage "min" "W2" "2u"
    } elseif {$W2>0.00005} {
        set W2 0.00005
        errorMessage "max" "W2" "50u"
    }
    iPDK_setParamValue W2 $W2 $inst 0
    #MCross CDF 参数 W3 的回调函数
    if {$W3<0.000002} {
        set W3 0.000002
        errorMessage "min" "W3" "2u"
    } elseif {$W3>0.00005} {
        set W3 0.00005
        errorMessage "max" "W3" "50u"
    }
    iPDK_setParamValue W3 $W3 $inst 0
    #MCross CDF 参数 W4 的回调函数
    if {$W4<0.000002} {
        set W4 0.000002
        errorMessage "min" "W4" "2u"
    } elseif {$W4>0.00005} {
        set W4 0.00005
        errorMessage "max" "W4" "50u"
    }
    iPDK_setParamValue W4 $W4 $inst 0
}
```

4）版图

MCross 的版图如图 4.36 所示。

图 4.36　MCross 的版图

5）参数化单元

MCross 的参数化单元主要代码如下。

```
W_large = max(W1 , W3)
W_small = min(W1 , W3)
W_delta = (W_large - W_small) / 2.0
L_large = max(W2 , W4)
L_small = min(W2 , W4)
L_delta = (L_large - L_small) / 2.0
Enc_NV2_M2 = 2.0
#当 W1<W_large 和 W2<L_large 时，MCross 的结构
if(W1<W_large and W2<L_large):
    X_cor = 0
    Y_cor = W_large - W_delta
    Wa = L_delta
    La = W_large
    X_cor1 = 0
    Y_cor1 = Y_cor - Enc_NV2_M2
    Wa1 = Wa + Enc_NV2_M2
    La1 = La + Enc_NV2_M2
#当 W1<W_large 和 W4<L_large 时，MCross 的结构
if(W1<W_large and W4<L_large):
    X_cor = 0
    Y_cor = 0
    Wa = L_delta
    La = W_delta
    X_cor1 = 0
    Y_cor1 = Y_cor
    Wa1 = Wa + Enc_NV2_M2
    La1 = La + Enc_NV2_M2
#当 W3<W_large 和 W2<L_large 时，MCross 的结构
if(W3<W_large and W2<L_large):
    X_cor = L_large - L_delta
    Y_cor = W_large - W_delta
    Wa = L_large
    La = W_large
    X_cor1 = X_cor - Enc_NV2_M2
    Y_cor1 = Y_cor - Enc_NV2_M2
    Wa1 = Wa + Enc_NV2_M2
    La1 = La + Enc_NV2_M2
#当 W3<W_large 和 W4<L_large 时，MCross 的结构
if(W3<W_large and W4<L_large):
    X_cor = L_large - L_delta
```

```
        Y_cor = 0
        Wa = L_large
        La = W_delta
        X_cor1 = X_cor - Enc_NV2_M2
        Y_cor1 = Y_cor
        Wa1 = Wa + Enc_NV2_M2
        La1 = La + Enc_NV2_M2
    if(or2(W1==W3, W2==W4)):
        X_cor = 0
        Y_cor = 0
        Wa = 0
        La = 0
        X_cor1 = 0
        Y_cor1 = 0
        Wa1 = 0
        La1 = 0
    if(Type=="M1"):
    shape_a = Rect2(context , "M1" , 0 , 0 , L_large , W_large)
    if(Wa!=0 and La!=0):
        points = append(points,[m_list(X_cor,Y_cor)])
        points = append(points,[m_list(X_cor + Wa,Y_cor)])
        points = append(points,[m_list(X_cor + Wa,Y_cor + La)])
        points = append(points,[m_list(X_cor,Y_cor + La)])
        shape_a_cut = rodCreatePolygon(['cvId',cv],['layer',"M1"],['pts',points])
        dbLayerNot(cv,"M1",shape_a,shape_a_cut)
        shape_a.destroy()
        shape_a_cut.destroy()
```

6）模型

MCross 的模型基于 AetherMW 工具中集成的传输线模型 ms_cross 来建立，MCross Spectre 格式的模型网表如下。

```
    subckt MCross  (1  2  3  4)
    #MCross 参数传递
    parameters  Type=1 W1=20*1e6 W2=20*1e6 W3=20*1e6 W4=20*1e6
    parameters    t = (Type == 1) ? 1.0*1e-6 : (Type == 2) ? 3.5*1e-6 : 4.5*1e-6
    model MSub1 hdtline H=Thickness Er=ErSub Mur=1 Cond=4.1e7      T=t TanD=0.001
Rough=0 Dlossmodel=0 Freqet=1.0  *1e6 Freqtlow=1.0  *1e3 Freqthigh=1.0  *1e12
Roughmodel=1                        #MSub1 衬底参数
    #调用传输线模型 ms_cross
    Crosl  1 2 3 4 MSub1 hdtype=ms_cross W1=W1 W2=W2 W3=W3 W4=W4
    ends Mcross
```

4.3.6 MCurve

MCurve 为微带十字结，其结构示意图如图 4.37 所示。

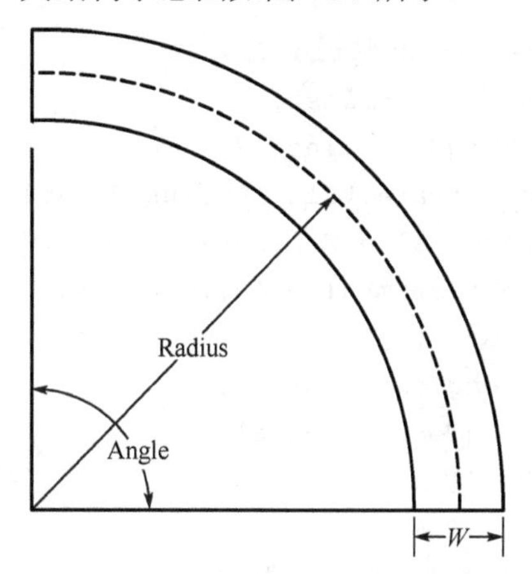

图 4.37 MCurve 结构示意图

1）符号

MCurve 的符号如图 4.38 所示。

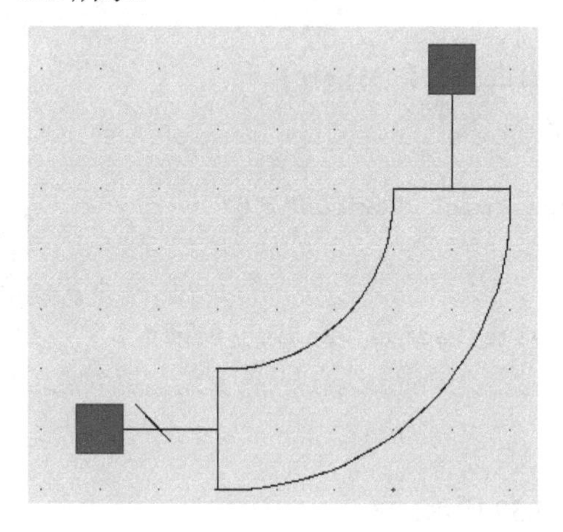

图 4.38 MCurve 的符号

2）器件参数

MCurve 的 CDF 参数见表 4.15。

表 4.15 MCurve 的 CDF 参数

名称	描述	默认值
Type	金属层	M1
Radius	半径	50μm
Angle	角度	90°
W	导线宽度	20μm

3）回调函数

MCurve 的回调函数主要代码如下。

```
proc curve_checkParam {inst grid dbu} {
    set inst [iPDK_getCurrentInst]
    set grid [cdf_getMfgGrid $inst]
    set Radius [iPDK_getParamValue Radius $inst]     #获取 CDF 参数 Radius 的值
    set W [iPDK_getParamValue W $inst]               #获取 CDF 参数 W 的值
    set Angle [iPDK_getParamValue Angle $inst]       #获取 CDF 参数 Angle 的值
    set W [iPDK_engToSci $W]                         #转换为科学数值
    set Radius [iPDK_engToSci $Radius]
    set Angle [iPDK_engToSci $Angle]
    if {$W < 0.000005} {
        set W 0.000005
        errorMessage "min" "W" "5u"
    } elseif {$W > 0.00005} {
        set W 0.00005
        errorMessage "max" "W" "50u"
    } else {
    }
    iPDK_setParamValue W $W $inst 0                  #设置为修改后的参数值
    if {$Radius >= 0} {
    } else {
        errorMessage "min" "Radius" "0"
        set Radius 0
    }
    iPDK_setParamValue Radius $Radius $inst 0
}
```

4）版图

MCurve 的版图如图 4.39 所示。

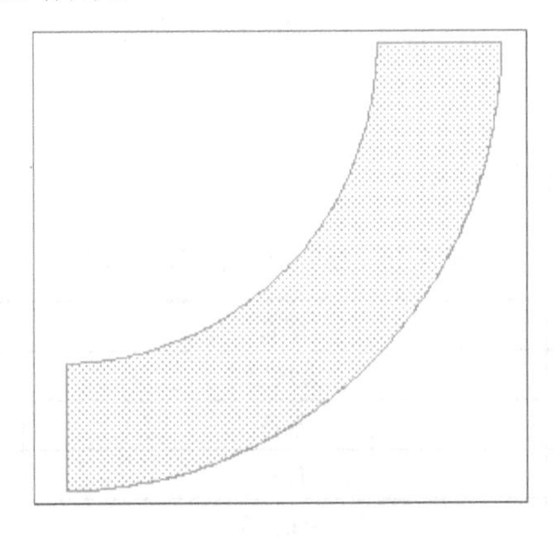

图 4.39　MCurve 的版图

5）参数化单元

MCurve 的参数化单元主要代码如下。

```
PI = acos(-1)
Ri = Radius
a = PI / 180.0
Ro = Ri + W
Enc_I3_M2 = 2
Enc_I3_M3 = 1.1
points = []
i = 0
while i<=Angle :
    i<=Angle
    xi = Ri * cos(a * i - PI / 2.0)
    yi = Ri * sin(a * i - PI / 2.0)
    points = append(points,[m_list(xi,yi)])
    variable_0 = i
    i = i + 1
variable_1 = i
i = i - 1
while i>=0 :
    xo = Ro * cos(a * i - PI / 2.0)
    yo = Ro * sin(a * i - PI / 2.0)
    points = append(points,[m_list(xo,yo)])
    variable_2 = i
    i = i - 1
if Type=="M1" : #M1 层的 MCurve
    i = 0
    points = []
    while i<=Angle :
        i<=Angle
        xi = Ri * cos(a * i - PI / 2.0)
        yi = Ri * sin(a * i - PI / 2.0)
        points = append(points,[m_list(xi,yi)])
        variable_3 = i
        i = i + 1
    variable_4 = i
    i = i - 1
    while i>=0 :
        xo = Ro * cos(a * i - PI / 2.0)
        yo = Ro * sin(a * i - PI / 2.0)
        points = append(points,[m_list(xo,yo)])
        variable_5 = i
```

```
        i = i - 1
    return rodCreatePolygon(['cvId',cv],['layer',"M1"],['pts',points])
```

6）模型

MCurve 的模型基于 AetherMW 工具中集成的传输线模型 ms_curve 来建立，MCurve Spectre 格式的模型网表如下。

```
    subckt MCurve  (1  2)
    #MCurve 参数传递
    parameters   Type=1  W=20*1e6  Angle=90  Radius= 50*1e6
    parameters   t = (Type == 1) ? 1.0*1e-6 : (Type == 2) ? 3.5*1e-6 : 4.5*1e-6
    model MSub1 hdtline H=Thickness Er=ErSub Mur=1 Cond=4.1e7     T=t TanD=0.001
Rough=0 Dlossmodel=0 Freqet=1.0 *1e6 Freqtlow=1.0 *1e3 Freqthigh=1.0 *1e12
Roughmodel=1                           #MSub1 衬底参数
    #调用传输线模型 ms_curve
    Curve1  1 2 MSub1 hdtype=ms_curve W=W Angle=Angle Radius=Radius
    ends MCurve
```

4.3.7 MStep

MStep 为阶梯型微带，其结构示意图如图 4.40 所示。

1）符号

MStep 的符号如图 4.41 所示。

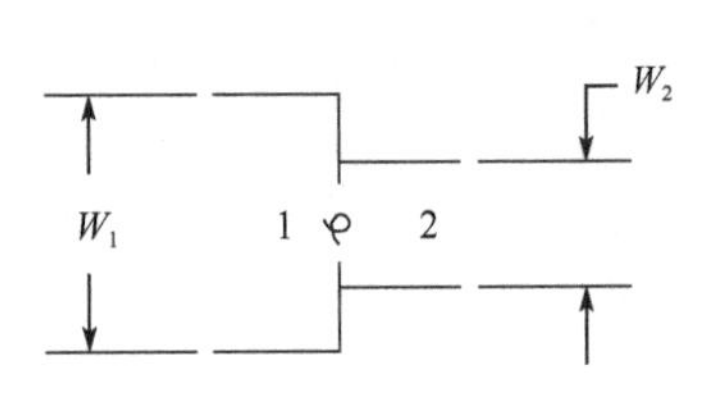

图 4.40　MStep 结构示意图

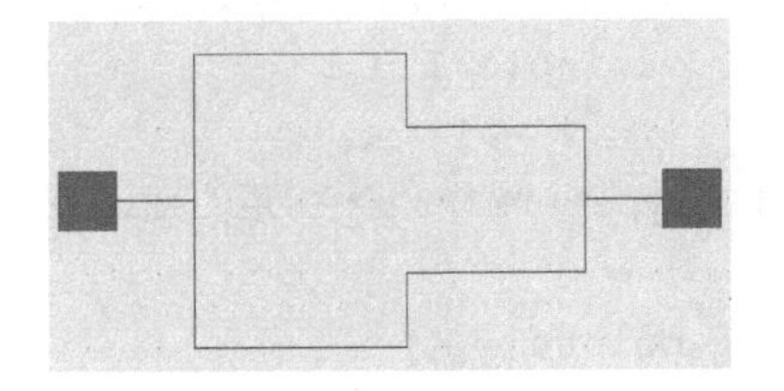

图 4.41　MStep 的符号

2）器件参数

MStep 的 CDF 参数见表 4.16。

表 4.16　MStep 的 CDF 参数

名称	描述	默认值
Type	金属层	M1
W1	导线宽度 1	20μm
W2	导线宽度 2	20μm

3）回调函数

MStep 的回调函数主要代码如下。

```
proc stepCB_check {inst grid dbu} {
    set inst [iPDK_getCurrentInst]
    set grid [cdf_getMfgGrid $inst]
    #获取 MStep CDF 参数 W1、W2 的值，且转换为科学数值
    set W1 [iPDK_engToSci [iPDK_getParamValue W1 $inst]]
    set W2 [iPDK_engToSci [iPDK_getParamValue W2 $inst]]
    if {$W1<0.000002} {
       set W1 0.000002
       errorMessage "min" "W1" "2u"
    } elseif {$W1>0.00005} {
       set W1 0.00005
       errorMessage "max" "W1" "50u"
    }
    iPDK_setParamValue W1 $W1 $inst 0            #设置为修改后的参数值
    if {$W2<0.000002} {
       set W2 0.000002
       errorMessage "min" "W2" "2u"
    } elseif {$W2>0.00005} {
       set W2 0.00005
       errorMessage "max" "W2" "50u"
    }
    iPDK_setParamValue W2 $W2 $inst 0
}
```

4）版图

MStep 的版图如图 4.42 所示。

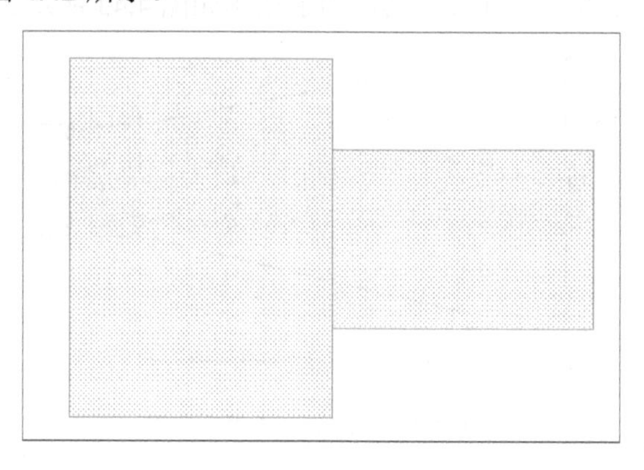

图 4.42　MStep 的版图

5）参数化单元

MStep 的参数化单元主要代码如下。

```
W_large = max(W1,W2)
W_small = min(W1,W2)
```

```
W_large , W_small
W_delta = (W_large - W_small) / 2.0
W_mid = (W_large + W_small) / 2.0
if(Type=="M1"):#M1 层的 MStep
    Rect2(context , "M1" , 0 , 0 , W_mid , W_large)
    Rect2(context , "M1" , W_mid , W_delta , W_mid , W_small)
    Rect2(context , "M1" , 0 , W_large / 2.0 , 0.1 , 0.1)
    Rect2(context , "M1" , (W1 + W2) / 2.0 - 0.1 , W_large / 2.0 , 0.1 , 0.1)
...
```

6）模型

MStep 的模型基于 AetherMW 工具中集成的传输线模型 ms_step 来建立，MStep Spectre 格式的模型网表如下。

```
subckt MStep  (1  2)
parameters   Type=1  W1=20*1e6  W2=10*1e6   #MStep 参数传递
parameters   t = (Type == 1) ? 1.0*1e-6 : (Type == 2) ? 3.5*1e-6 : 4.5*1e-6
model MSub1 hdtline H=Thickness Er=ErSub Mur=1 Cond=4.1e7      T=t TanD=
0.001 Rough=0 Dlossmodel=0 Freqet=1.0 *1e6 Freqtlow=1.0 *1e3 Freqthigh=1.0
*1e12 Roughmodel=1                                 #MSub1 衬底参数
#调用传输线模型 ms_step
Step1 1 2 MSub1 hdtype=ms_step  W1=W1 W2=W2
ends MStep
```

4.3.8 MTaper

MTaper 为微带线宽度过渡部分，其结构示意图如图 4.43 所示。

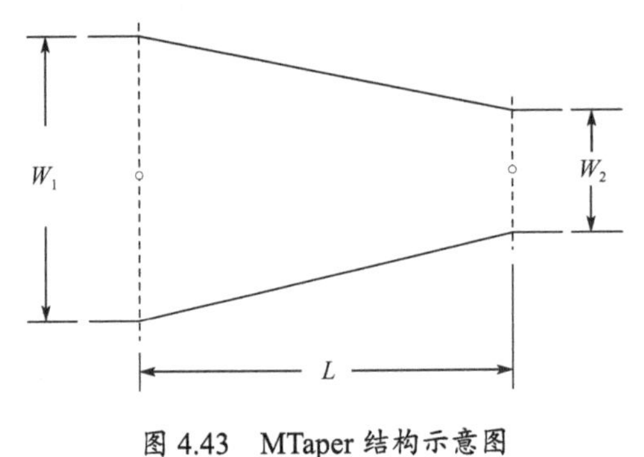

图 4.43 MTaper 结构示意图

1）符号

MTaper 的符号如图 4.44 所示。

2）器件参数

MTaper 的 CDF 参数见表 4.17。

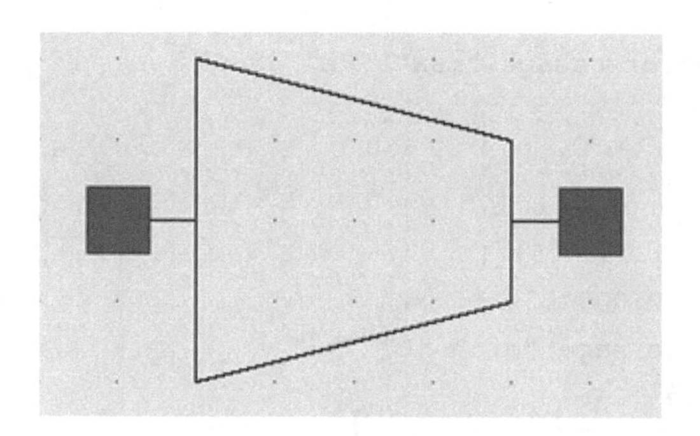

图 4.44　MTaper 的符号

表 4.17　MTaper 的 CDF 参数

名称	描述	默认值
Type	金属层	M1
W1	导线宽度 1	30μm
W2	导线宽度 2	20μm
L	长度	100μm

3）回调函数

MTaper 的回调函数主要代码如下。

```
proc taper_checkParam {inst grid dbu} {
    set inst [iPDK_getCurrentInst]
    set grid [cdf_getMfgGrid $inst]
    set Type [iPDK_getParamValue Type $inst]    #获取 CDF 参数 Type 的值
    set W1 [iPDK_getParamValue W1 $inst]        #获取 CDF 参数 W1 的值
    set W2 [iPDK_getParamValue W2 $inst]        #获取 CDF 参数 W2 的值
    set L [iPDK_getParamValue L $inst]          #获取 CDF 参数 L 的值
    set W1 [iPDK_engToSci $W1]                  #转换为科学数值
           if {$W1 < 0.000002} {
               set W1 0.000002
               errorMessage "min" "W1" "2u"
           } elseif {$W1 > 0.00005} {
               set W1 0.00005
               errorMessage "max" "W1" "50u"
           } else {
           }
     set W2 [iPDK_engToSci $W2]
           if {$W2 < 0.000002} {
               set W2 0.000002
               errorMessage "min" "W2" "2u"
           } elseif {$W2 > 0.00005} {
               set W2 0.00005
```

```
            errorMessage "max" "W2" "50u"
        } else {
        }
  set L [iPDK_engToSci $L]
     if {$L < 0.000005} {
        set L 0.000005
        errorMessage "min" "L" "5u"
        } else {
        }
  iPDK_setParamValue W1 $W1 $inst 0   #设置为修改后的参数值
  iPDK_setParamValue W2 $W2 $inst 0
  iPDK_setParamValue L $L $inst 0
}
```

4）版图

MTaper 的版图如图 4.45 所示。

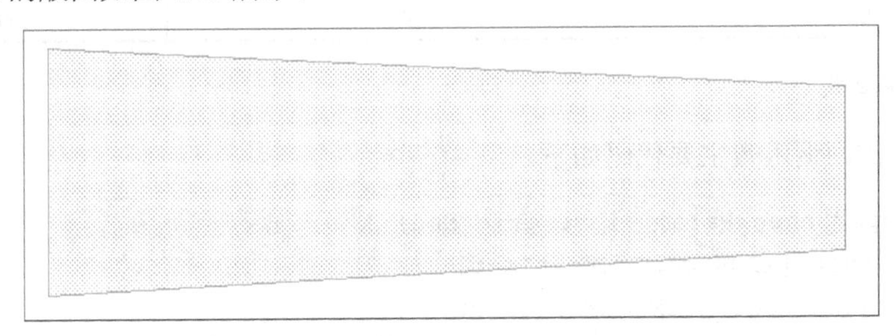

图 4.45　MTaper 的版图

5）参数化单元

MTaper 的参数化单元主要代码如下。

```
delta = (W1 - W2) / 2.
Enc_I3_M2 = 1.0
Enc_I3_M3 = 1.0
if Type=="M2" :                              #M2 层的 MTaper
   points = [m_list(0,0),m_list(0,W1),m_list(L,W1 - delta),m_list(L,delta)]
   return rodCreatePolygon(['cvId',id],['layer',"M2"],['pts',points])
else :
   if Type=="M1" :                           #M1 层的 MTaper
     points = [m_list(0,0),m_list(0,W1),m_list(L,W1 - delta),m_list(L,delta)]
      return  rodCreatePolygon(['cvId',id],['layer',"M1"],['pts',points])
   else :
      if(Type=="M1 || M2"):
    points =
    [m_list(0,0),m_list(0,W1),m_list(L,W1 - delta),m_list(L,delta)]
        rodCreatePolygon(['cvId',id],['layer',"M1"],['pts',points])
```

```
            rodCreatePolygon(['cvId',id],['layer',"M2"],['pts',points])
            rodCreatePolygon(['cvId',id],['layer',"dummy_M1"],['pts',
points])
            Enc_I3_M2 = 2
        points=
         [m_list(Enc_I3_M2,Enc_I3_M2),m_list(Enc_I3_M2,W1   -Enc_I3_M2),
m_list(L-Enc_I3_M2,W1-delta-  Enc_I3_M2  ),m_list(L  -  Enc_I3_M2,delta  +
Enc_I3_M2)]
            rodCreatePolygon(['cvId',id],['layer',"PNV2"],['pts',points])
          return rodCreatePolygon(['cvId',id],['layer',"dummy_PNV2"],
['pts',points])
   …
```

6）模型

MTaper 的模型基于 AetherMW 工具中集成的传输线模型 ms_taper 来建立，MTaper Spectre 格式的模型网表如下。

```
   subckt MTaper  (1  2)
   #MTaper 参数传递
   parameters  Type=1  W1=50*1e-6  W2=200*1e-6  L=100*1e-6
   parameters   t = (Type == 1) ? 1.0*1e-6 : (Type == 2) ? 3.5*1e-6 : 4.5*1e-6
   model  MSub1  hdtline  H=Thickness  Er=ErSub  Mur=1  Cond=4.1e7      T=t
TanD=0.001 Rough=0  Dlossmodel=0 Freqet=1.0*1e6 Freqtlow=1.0*1e3 Freqthigh=
1.0*1e12 Roughmodel=0                          #MSub1 衬底参数
   #调用传输线模型 ms_taper
   Taper1 1 2 MSub1 hdtype=ms_taper  W1=W1 W2=W2 L=L
   ends MTaper
```

4.3.9　MTee

MTee（Microstrip T-junction）为微带线 T 形结，其结构示意图如图 4.46 所示。

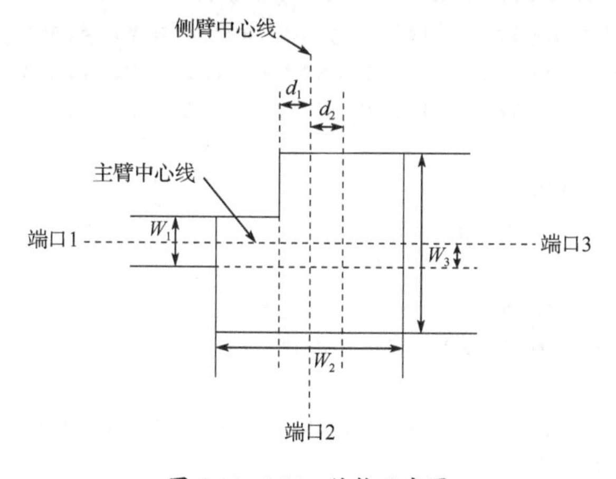

图 4.46　MTee 结构示意图

1）符号

MTee 的符号如图 4.47 所示。

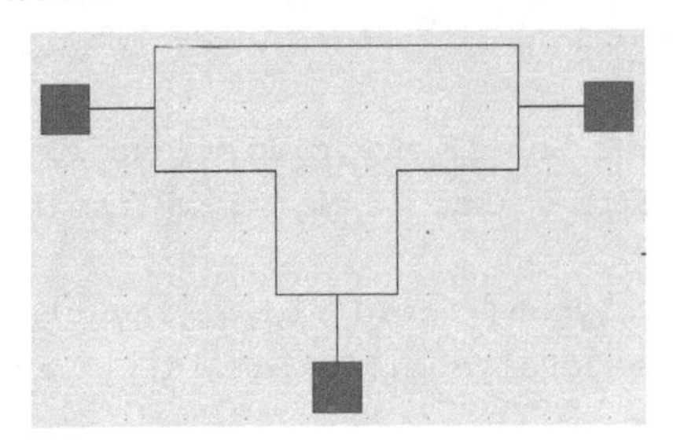

图 4.47　MTee 的符号

2）器件参数

MTee 的 CDF 参数见表 4.18。

表 4.18　MTee 的 CDF 参数

名称	描述	默认值
Type	金属层	M1
W1	导线宽度 1	20μm
W2	导线宽度 2	20μm
W3	导线宽度 3	20μm

3）回调函数

MTee 的回调函数主要代码如下。

```
proc teeCB_check {inst grid dbu} {
    set inst [iPDK_getCurrentInst]
    set grid [cdf_getMfgGrid $inst]
    #获取 MTee CDF 参数 W1、W2、W3 的值，且转换为科学数值
    set W1 [iPDK_engToSci [iPDK_getParamValue W1 $inst]]
    set W2 [iPDK_engToSci [iPDK_getParamValue W2 $inst]]
    set W3 [iPDK_engToSci [iPDK_getParamValue W3 $inst]]
    if {$W1<0.000002} {
        set W1 0.000002
        errorMessage "min" "W1" "2u"
    } elseif {$W1>0.00005} {
        set W1 0.00005
        errorMessage "max" "W1" "50u"
    }
    iPDK_setParamValue W1 $W1 $inst 0    #设置为修改后的参数值
    if {$W2<0.000002} {
        set W2 0.000002
```

```
        errorMessage "min" "W2" "2u"
    } elseif {$W2>0.00005} {
        set W2 0.00005
        errorMessage "max" "W2" "50u"
    }
    iPDK_setParamValue W2 $W2 $inst 0
        if {$W3<0.000002} {
        set W3 0.000002
        errorMessage "min" "W3" "2u"
    } elseif {$W3>0.00005} {
        set W3 0.00005
        errorMessage "max" "W3" "50u"
    }
    iPDK_setParamValue W3 $W3 $inst 0
}
```

4）版图

MTee 的版图如图 4.48 所示。

图 4.48　MTee 的版图

5）参数化单元

MTee 的参数化单元主要代码如下。

```
W_large = max(W1,W2)
W_small = min(W1,W2)
W_delta = (W_large + W_small) / 2.0
La = W_large
Lb = W_delta
if(W1<W_large):                         # 当 W1<W_large 时，MTee 的结构
    La = W_delta
    Lb = W_large
if(La , Lb):
    sys_empty_statement=0
```

```
    if(Type=="M1"):
        Rect2(context , "M1" , 0 , 0 , W3 / 2.0 , La)
        Rect2(context , "M1" , W3 / 2.0 , 0 , W3 / 2.0 , Lb)
        Rect2(context , "M1" , 0 , W_large / 2.0 , 0.1 , 0.1)
        Rect2(context , "M1" , W3 - 0.1 , W_large / 2.0 , 0.1 , 0.1)
        Rect2(context , "M1" , W3 / 2.0 , 0 , 0.1 , 0.1)
    …
```

6）模型

MTee 的模型基于 AetherMW 工具中集成的传输线模型 ms_tee 来建立，MTee Spectre 格式的模型网表如下。

```
    subckt MTee (1  2  3)
    #MTee 参数传递
    parameters   Type=1  W1=20*1e6  W2=20*1e6  W3=20*1e6
    parameters   t = (Type == 1) ? 1.0*1e-6 : (Type == 2) ? 3.5*1e-6 : 4.5*1e-6
    model MSub1 hdtline H=Thickness Er=ErSub Mur=1 Cond=4.1e7  T=t TanD=0.001
Rough=0  Dlossmodel=0  Freqet=1.0*1e6  Freqtlow=1.0  *1e3  Freqthigh=1.0*1e12
Roughmodel=1                     #MSub1 衬底参数
    #调用传输线模型 ms_tee
    Tee1 1 2 3 MSub1 hdtype=ms_tee W1=W1 W2=W2 W3=W3
    ends MTee
```

习　　题

针对电容、电阻进行 EPDK 的开发和训练（器件参数、回调函数、参数化单元、模型）。

参考文献

[1] 宋柄含. 射频集成电容的建模与仿真研究[D]. 杭州：中国计量大学，2021.

[2] 方亮. 片式薄膜电阻器薄膜层制备工艺开发与优化[D]. 成都：电子科技大学，2020.

[3] 尹璐. 功率电感的非线性行为机理及其建模方法研究[D]. 杭州：杭州电子科技大学，2023.

[4] 夏颖. 表面势基 GaAs pHEMT 大信号模型研究[D]. 杭州：杭州电子科技大学，2021.

第 5 章

EPDK 验证

完整的一套 PDK 包含很多器件，如有源器件二极管、HEMT、Switch 等，还有无源器件电阻、电感、电容和众多传输线等。一个器件包含很多内容，如回调函数、参数化单元、模型等。电路设计中需要用到 PDK 中这些器件的具体信息，所以 PDK 的准确性直接影响电路设计的准确性[1-2]。传统的 PDK 验证需要手动变换参数进行质量验证（Quality Assurance，QA），PBQ 中提供了关于 EPDK 的基本验证方法。

5.1 回调函数验证

回调函数验证用来验证器件参数的默认值与参数的范围是否正确，在 PBQ 中可以直接读取 EPDK 的回调函数代码，进行默认值、最大值、最小值的显示。

单击 PBQ 菜单栏中的 Tools 选项卡，选择 PDK QA 选项，如图 5.1 所示。

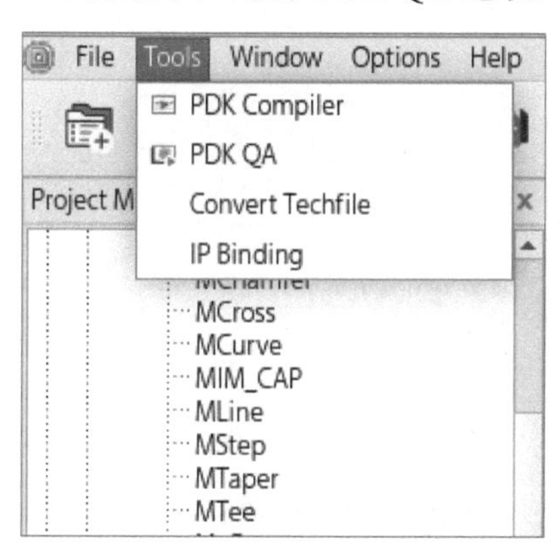

图 5.1　选择 PDK QA 选项

首先设置环境相关参数，Work Space 是验证过程中产生的相关文件的路径，Cell Env 是验证过程中需要调用工具的 Shell 文件路径，如图 5.2 所示。验证过程中需要用到 Aether 和 Ciranova 两个工具。

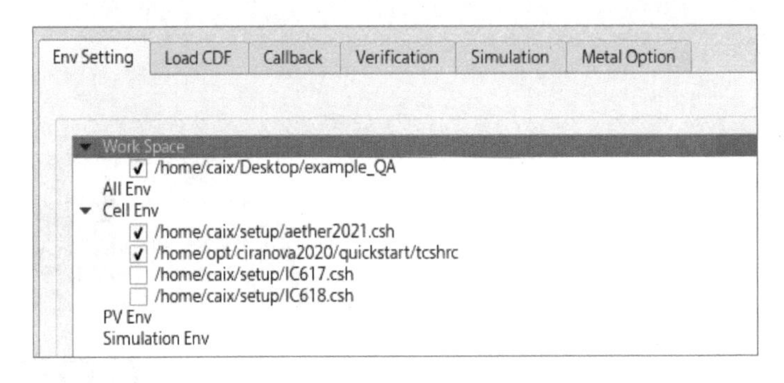

图 5.2　设置环境相关参数

单击 Load CDF 选项卡，如图 5.3 所示，选择 PDK 的库路径（Library Path），单击左下角的 Load All 按钮，将 PDK 中的所有器件加载到界面。在界面左侧可以看到器件，在界面右侧可以看到参数的默认值、最大值和最小值。

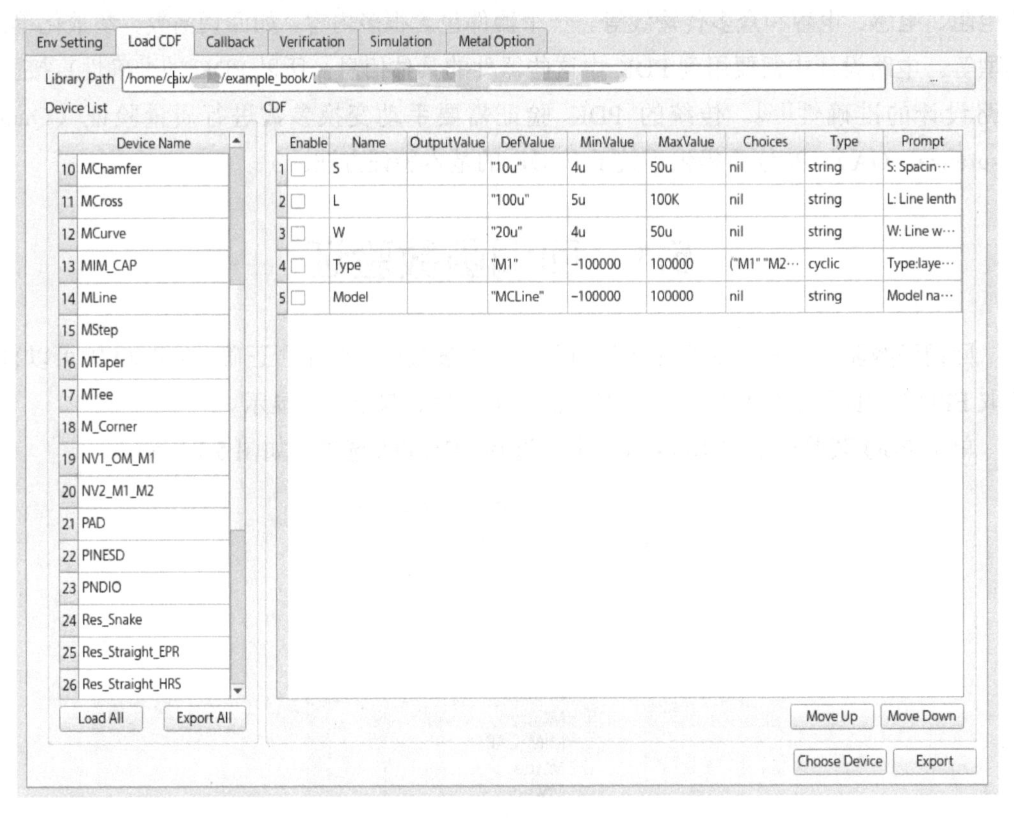

图 5.3　单击 Load CDF 选项卡

单击 Callback 选项卡，如图 5.4 所示，选择 PDK 路径，单击右侧的 Trigger 按钮，会生成一个.csv 文件，显示器件参数回调触发情况，如图 5.5 所示，绿色表示回调触发成功，红色表示回调触发失败，黑色表示无回调函数，帮助 PDK 开发者更快定位到回调错误的器件。

图 5.4 单击 Callback 选项卡

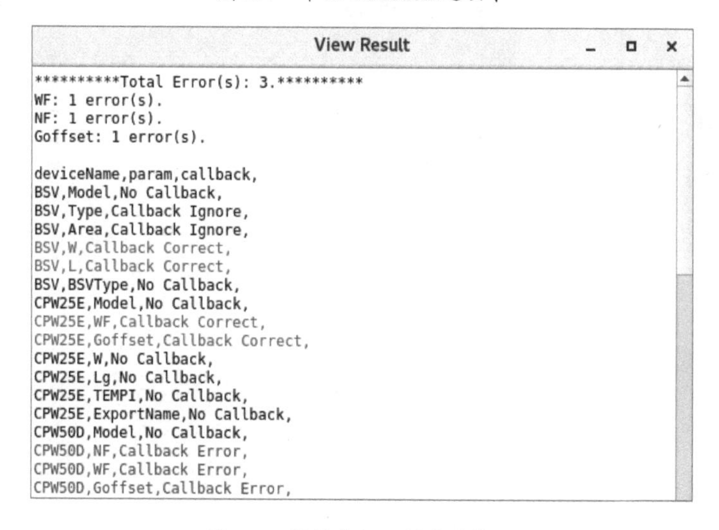

扫描二维码查看彩图

图 5.5 器件参数回调触发情况

5.2 网表验证

电路仿真之前，要先确保器件输出的网表是否正确，才能调用正确的模型进行仿真。例如，一些有源器件只使用几个固定尺寸，一个尺寸就会对应一个模型名称，模型名称随着器件参数的变化而变化，不同的器件参数，网表输出的器件模型名称也不一样，因此需要验证输出的器件参数是否和模型名称匹配。

如图 5.6 所示，在 Load CDF 界面单击需要验证的器件，在 OutputValue 一栏需要验证的参数后面输入参数值，并在 Enable 一栏打勾。

单击 Choose Device 按钮，选择验证的器件，如图 5.7 所示。

选择好器件后，首先单击 Apply 按钮，然后单击 Load CDF 界面右下角的 Export 按钮，选择输出的.csv 文件路径，结果会输出两个.csv 文件 Callback.csv 和 Pattern.csv，内容分别如下所示。这相当于把刚才的操作记录为文本文件，这些信息将由相关工具导入获取。

```
#Callback.csv 文件
category,
device, HEMT
param,GW,NF
#Pattern.csv 文件
topCell, HEMT_qa
Cells, HEMT
param,GW,50u,100u,150u
param,NF,2,4,8
```

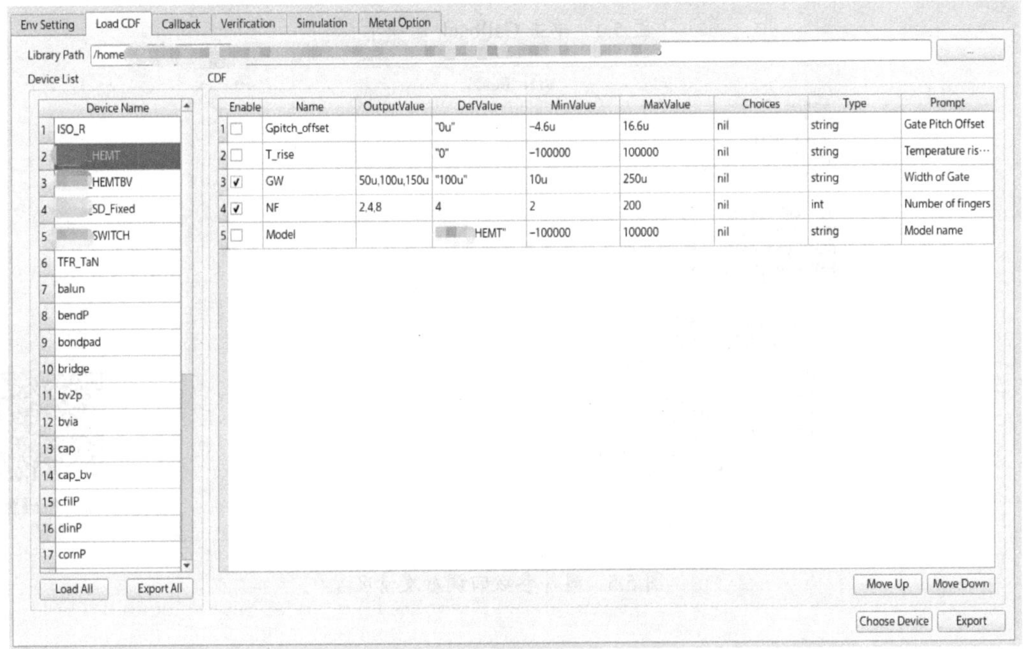

图 5.6　验证参数输入

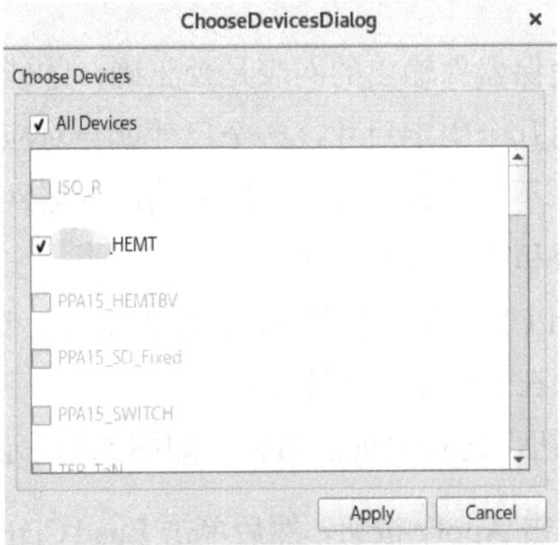

图 5.7　验证器件选择

单击 Verification 选项卡，选择 NetList 单选按钮，在 Pattern Config 文本框中输入 Pattern.csv 文件的路径，在 PDK 区域分别选择 Library Path、CDL Path、NetList OutputPath 三种路径，选择好后单击 Run Netlist 按钮。网表验证如图 5.8 所示。

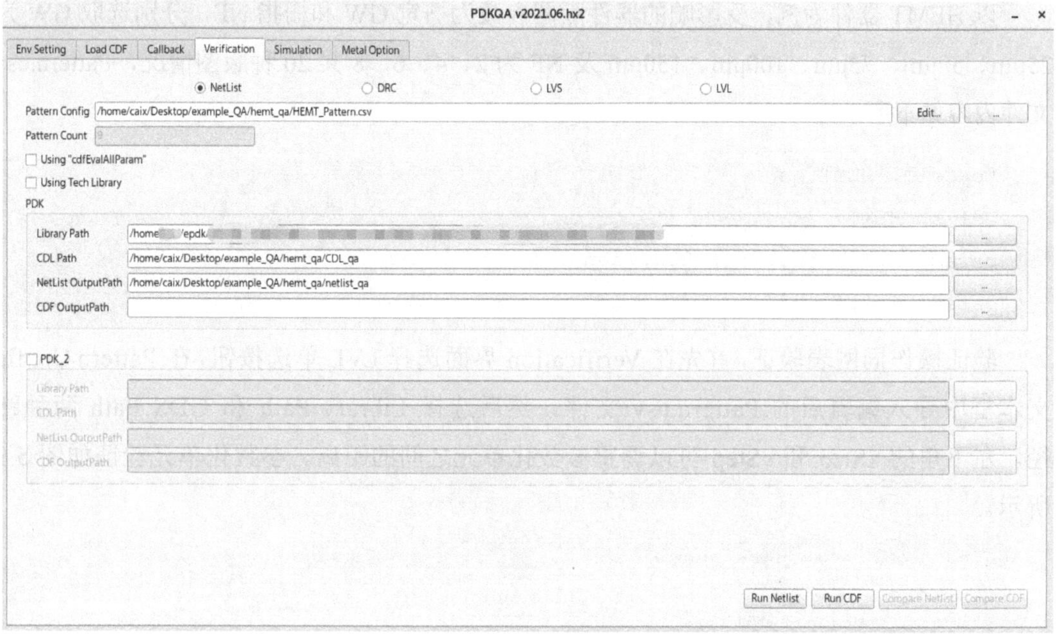

图 5.8　网表验证

网表验证的结果如下（以 Spectre 格式的网表输出结果为例），可以看出，输出的模型名称与参数值是相关的。

```
HEMT8 (net25 net24 net26) F08W150 NF=8 GW=150u T_rise=0 …
HEMT7 (net22 net21 net23) F04W150 NF=4 GW=150u T_rise=0 …
HEMT6 (net19 net18 net20) F02W150 NF=2 GW=150u T_rise=0 …
HEMT5 (net16 net15 net17) F08W100 NF=8 GW=100u T_rise=0 …
HEMT4 (net13 net12 net14) F04W100 NF=4 GW=100u T_rise=0 …
HEMT3 (net10 net9 net11) F02W100 NF=2 GW=100u T_rise=0 …
HEMT2 (net7 net6 net8) F08W050 NF=8 GW=50u T_rise=0 …
HEMT1 (net4 net3 net5) F04W050 NF=4 GW=50u T_rise=0 …
HEMT0 (net1 net0 net2) F02W050 NF=2 GW=50u T_rise=0 …
```

5.3　参数化单元验证

参数化单元验证主要验证器件版图结构随器件尺寸变化的结果，如果器件版图与参数变化不一致，就会给设计师造成困扰，影响版图设计的时间。一般通过手动调出器件修改参数验证版图结果，在 PBQ 中可以一次性设置多组参数查看结果。

设置多组参数的方法与设置网表一致，都需要使用 Pattern.csv 文件，也可以根据 Pattern.csv 文件的格式直接编辑，省去前面的一系列操作。

以 HEMT 器件为例，受影响的器件版图参数为栅宽 GW 和栅指 NF，分别选取 GW 为 25μm、50μm、75μm、100μm、150μm 及 NF 为 2、4、6、8 共 20 种版图情况，Pattern.csv 文件内容如下所示。

```
topCell, HEMT_qa
Cells, HEMT
param,GW,25u,50u,75u,100u,150u
param,NF,2,4,6,8
```

验证操作同网表验证，首先在 Verification 界面选择 LVL 单选按钮，在 Pattern Config 文本框中导入编辑后的 Pattern.csv 文件。然后选择 Library Path 和 GDS Path 两种路径。左下角的 xStep 和 yStep 可以调整参数化单元之间的距离。参数化单元验证如图 5.9 所示。

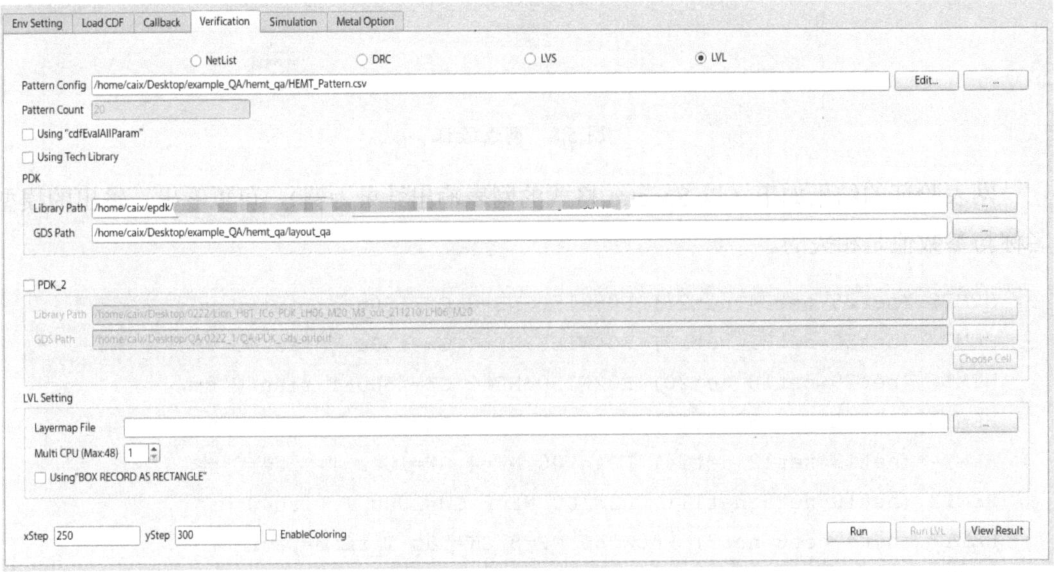

图 5.9　参数化单元验证

结果在该 QA 目录下会生成一个 PDKname_ePDK_QA_lib 文件夹，如图 5.10 所示，用 AetherMW 工具打开，其中包含该 PDK 库和验证后生成的 PDKname_ePDK_QA_lib 文件，验证结果如图 5.11 所示。

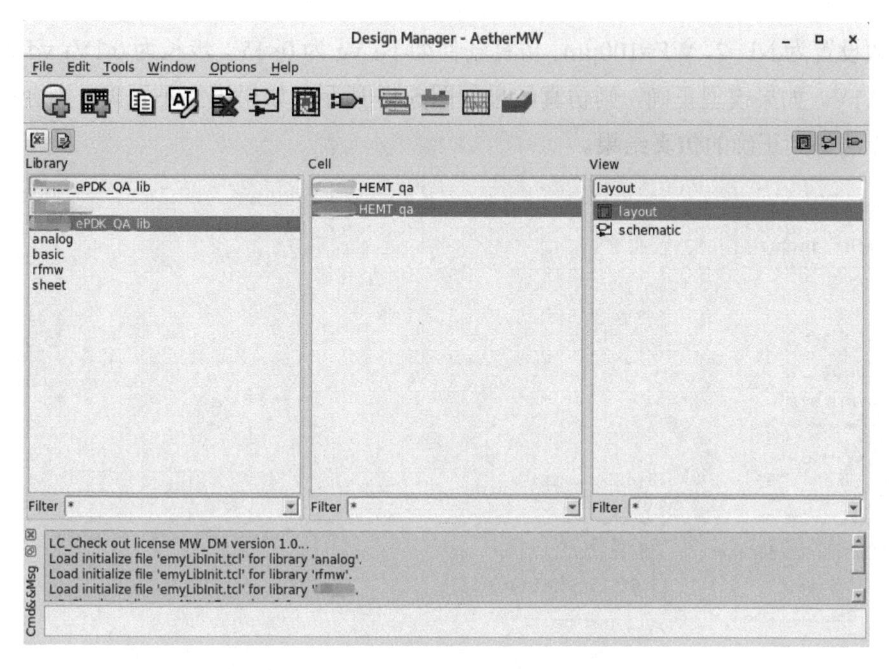

图 5.10 PDKname_ePDK_QA_lib 文件夹

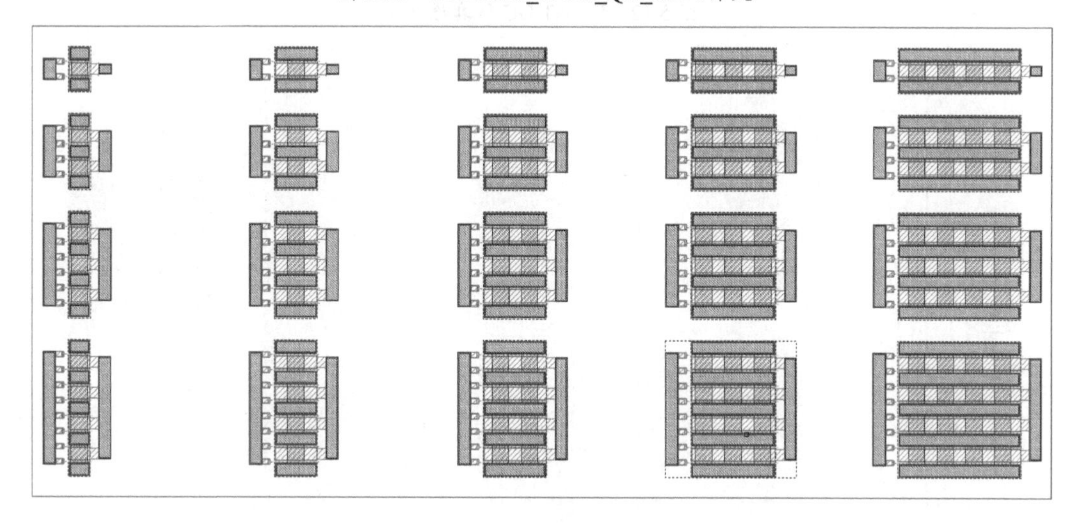

图 5.11 验证结果

5.4 模型验证

模型验证用来验证模型文件的正确性。模型文件在开发过程中可能会遇到参数赋值错误、端口不一致、器件模型名称不一致等问题，这不仅影响电路设计的效率，还影响电路设计结果的正确性，因此需要通过对器件进行多个条件的仿真数据与测试数据对比来验证模型文件的正确性。

以 HEMT 器件的 DC 仿真为例，图 5.12 展示了表征该器件的 DC 特性的仿真原理图。

器件参数设置为 NF=2、WF=100μm。仿真条件如下：vg 为 0~1V，步长为 0.1V；vd 为 0~6V，步长为 0.1V。如果模型正确，则仿真结果如图 5.13 所示；如果模型不正确，则会提示模型错误，无法得到正确的仿真结果。

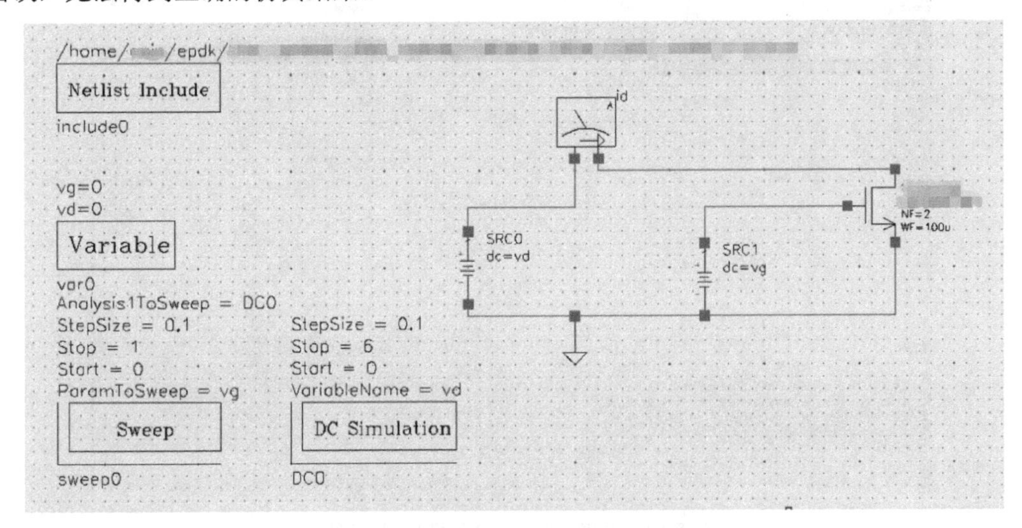

图 5.12　HEMT DC 仿真原理图

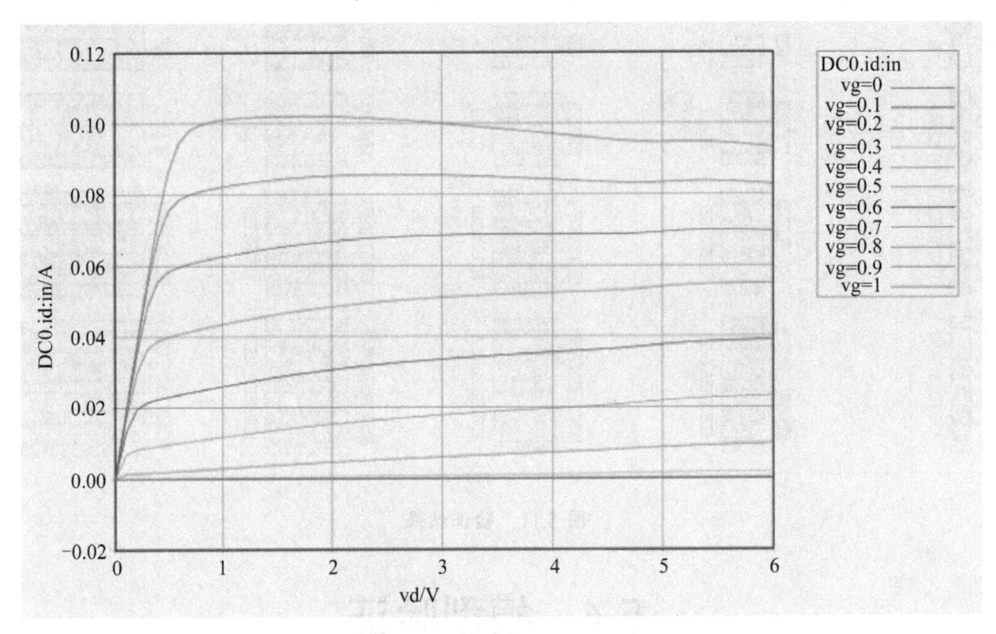

图 5.13　HEMT DC 仿真结果

以 HEMT 器件的 *S* 参数仿真为例，图 5.14 展示了表征该器件的 *S* 参数的仿真原理图。器件参数设置为 NF=2、WF=100μm。仿真条件如下：vg 为 0~1V，步长为 0.1V；vd 为 0~6V，步长为 0.1V。如果模型正确，则仿真结果如图 5.15 所示；如果模型不正确，则会提示模型错误，无法得到正确的仿真结果。

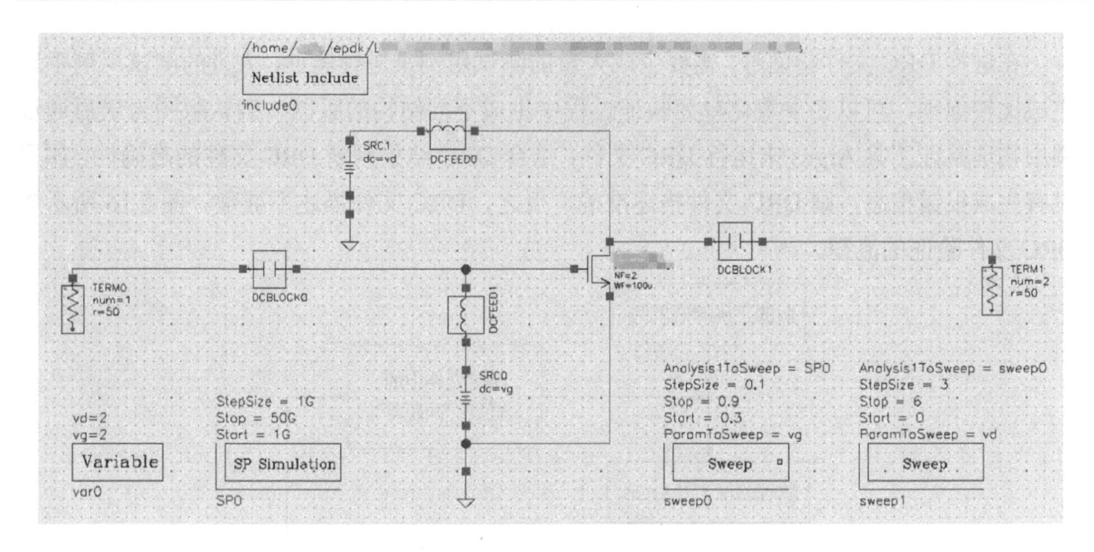

图 5.14 HEMT *S* 参数仿真原理图

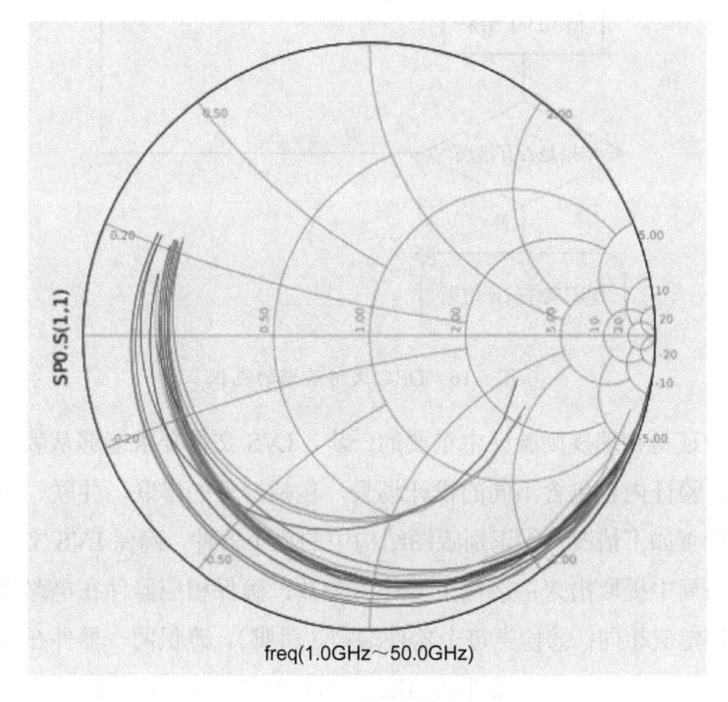

图 5.15 HEMT *S* 参数仿真结果

5.5 物理规则验证

在电路版图设计完成后，需要进行物理规则验证，确保版图设计符合工艺规则。物理规则需要保证其准确性和完整性，不准确会导致设计平台检查版图生成错误的检查结果，不完整会导致设计平台漏掉不符合规则的错误，二者都会对后续的生产制造产生严重的影响。

在进行 DRC 文件验证时，需要生成大量的测试用例来进行验证，大量的测试用例手动生成比较烦琐，可以在参数化单元验证过程中生成不同结构的版图，确认版图无误后通过调用物理验证工具 Argus 来运行 DRC 文件，结合 DRC 结果判断 DRC 文件的准确性，如果没有生成报错信息，则 DRC 文件描述准确，反之，DRC 文件描述不准确。图 5.16 所示为 DRC 文件验证的流程。

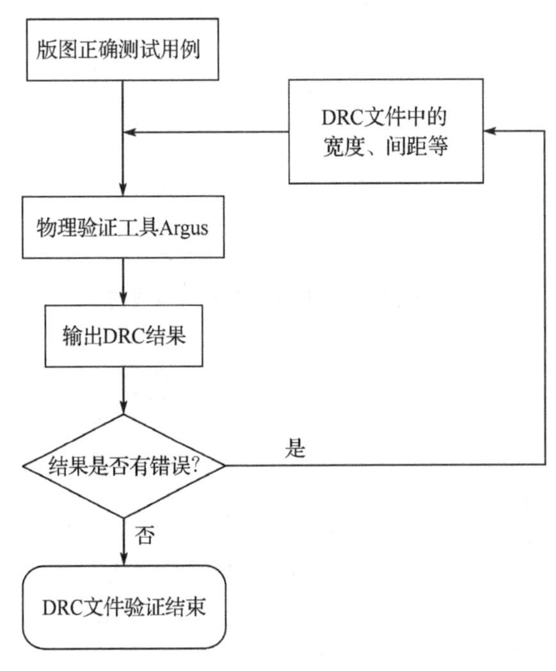

图 5.16　DRC 文件验证的流程

LVS 文件验证是物理规则验证中重要的一步。LVS 文件要求能够从版图中正确读取器件的相关信息，验证内容包含不同的设计场景，包括器件的串联、并联、短路、开路等。LVS 文件需要检查如下情况：①识别版图结构中的单个器件，确保 LVS 文件能准确地将所有器件从芯片布局中提取出来；②检查器件的参数，确保相应器件在电路设计原理图与版图之间的参数设定值相同；③检查每个器件端口（引脚），确保同一器件在原理图与版图之间有相同的端口数；④检查多个器件间的连接情况（端口顺序），确保 LVS 文件能正确地从版图布局结构中提取出器件的连接方式。

习　题

对第 4 章习题中开发的器件进行验证。

参考文献

[1] JOSHI S, PERUMAL R, GADEPALLY K, et al. An Approach for A Comprehensive QAmethodology for the PDKs[C]//9th International Symposium on Quality ElectronicDesign (isqed 2008). IEEE, 2008: 480-483.

[2] 吴林. 对 PDK 实现程序化 QA 的难点处理[J]. 中国集成电路，2013，22（5）：51-54.

第6章 结束语

本书围绕 Empyrean 的 EPDK 及对应的 EDA 工具 PBQ 和 AetherMW，介绍了 EPDK 的组成部分，包括前端（符号、CDF 参数、网表、模型）、后端（TF、参数化单元）、物理规则验证部分（DRC 文件、LVS 文件），分析 EPDK 每一部分的内容和作用，为 EPDK 的开发建立基本的框架。

以上述内容为基础，本书根据 EPDK 各部分给出了 EPDK 开发的详细流程及操作方法，对开发过程中 EDA 工具的操作界面进行介绍，同时列举一些示例作为说明，便于开发者理解。本书针对在开发过程中遇到的不同语言（TCL、Python）的常用语法与函数进行说明，并对模型文件、TF、DRC 文件、LVS 文件的写法给出详细的注释。

根据在 EPDK 中的实际应用场景，本书提供了射频电路中常用的有源器件、无源器件和传输线的开发实例，对其 EPDK 各重要组件开发内容（CDF 参数、回调函数、参数化单元、模型）进行举例说明，供开发者进行参考。

最后，本书结合 EPDK 质量验证的重要性，给出了 EPDK 的验证方法，确保 EPDK 的质量符合厂商的需求，减少后续电路设计的困扰，缩短电路设计周期。

随着半导体制造工艺的日益复杂，EPDK 的开发难度上升，器件的版图和设计规则更加复杂，需要用更多的代码实现，对 EPDK 开发的质量要求相应提高，因此需要注重 EPDK 开发的规范性，在开发过程中需要思考的工作如下。

（1）代码的重复利用性：在开发过程中，当同一套或多套 EPDK 的器件之间有相似的版图结构时，应充分利用已经开发过的代码，提高 EPDK 开发的效率。

（2）代码的可维护性：在 EPDK 开发过程中，需要考虑 EPDK 的后续维护，在开发过程中注意代码的逻辑性，尽可能用变量来代替工艺中的相关值，从而易于后期的维护。

（3）不同 PDK 平台之间的协作性：在开发过程中，不仅要开发 EPDK，还要开发其他平台的 PDK，思考针对不同 PDK 之间的转换如何能更快地完成操作。

（4）EPDK 的可靠性：在进行 EPDK 质量验证时，要尽可能多地对测试用例进行测试，需要借助更加自动化的 PDK 验证平台进行验证。

希望读者在学习完本书的理论和实践内容后，可以举一反三，开发适合自身应用场景的 EPDK。

附录 A
专业词汇表

缩略词	英文全称	中文解释
AEL	Application Extension Language	应用扩展语言
API	Application Programming Interface	应用程序接口
CDF	Component Description Format	组件描述格式
DFM	Design for Manufacturability	面向制造的设计
DRC	Design Rule Check	设计规则检查
ERC	Electrical Rule Check	电气规则检查
GDS	Graphic Database System	图形数据库系统
GTE	Graphical Technology Editor	图形化技术编辑器
HEMT	High Electron Mobility Transistor	高电子迁移率晶体管
iPDK	Interoperable PDK	可交互 PDK
IPL	Interoperable PDK Libraries Alliance	可交互 PDK 库联盟
LISP	List Processing	表处理
LVS	Layout Versus Schematic	版图与原理图一致性检查
Pcell	Parameterized Cell	参数化单元
PDK	Process Design Kit	工艺设计套件
PEX	Parasitic Extraction	寄生参数提取
PVR	Physical Verification Rule	物理验证规则
RFIC	Radio Frequency Integrated Circuit	射频集成电路
RVE	Result View Environment	结果视图环境
SDL	Schematic Driven Layout	原理图驱动版图
Si2	Silicon Integration Initiative	硅集成计划
TCL	Tool Command Language	工具命令语言
TF	Technology File	技术文件